Nukleare lokalkonvexe Räume

SCHRIFTENREIHE
DER INSTITUTE FÜR MATHEMATIK

BEI DER DEUTSCHEN AKADEMIE DER WISSENSCHAFTEN
ZU BERLIN

Herausgeber: Heinrich Grell, Josef Naas, Hans Reichardt, Willi Rinow,
Kurt Schröder, Karl Schröter, Hans-Jürgen Treder

REIHE A

REINE MATHEMATIK

HEFT 1

NUKLEARE LOKALKONVEXE RÄUME

von

ALBRECHT PIETSCH

AKADEMIE-VERLAG · BERLIN
1969

ALBRECHT PIETSCH

NUKLEARE LOKALKONVEXE RÄUME

Zweite, erweiterte Auflage

AKADEMIE-VERLAG · BERLIN
1969

Institut für Reine Mathematik, 1199 Berlin, Rudower Chaussee 5
Erschienen im Akademie-Verlag GmbH, 108 Berlin, Leipziger Str. 3—4

Lizenznummer: 202 · 100/408/69
Gesamtherstellung: VEB Druckerei „Thomas Müntzer", 582 Bad Langensalza
Bestellnummer 2069/A/1 · ES 19 B 4
40,—

VORWORT ZUR ERSTEN AUFLAGE

Abgesehen von einigen Ausnahmen lassen sich die in der Analysis auftretenden konkreten lokalkonvexen Räume in zwei Klassen einteilen. Das sind einmal die normierten Räume, die zum klassischen Bestand der Funktionalanalysis gehören und deren Theorie im wesentlichen als abgeschlossen angesehen werden kann. Die zweite Klasse besteht aus den sogenannten nuklearen lokalkonvexen Räumen, die im Jahre 1951 von A. Grothendieck eingeführt wurden. Beide Klassen haben einen trivialen Durchschnitt, denn es zeigt sich, daß nur die endlichdimensionalen lokalkonvexen Räume gleichzeitig normierbar und nuklear sind.

Ohne Übertreibung kann man sagen, daß die wesentlichsten Teile der Theorie der nuklearen lokalkonvexen Räume bereits in der fundamentalen Dissertation von A. Grothendieck enthalten sind. Leider ist der dort verwendete Apparat der lokalkonvexen Tensorprodukte sehr schwerfällig, so daß viele Beweise unnötig kompliziert werden. Ich habe mir deshalb in diesem Buch die Aufgabe gestellt, die Theorie der nuklearen lokalkonvexen Räume ohne Benutzung von lokalkonvexen Tensorprodukten aufzubauen. An ihre Stelle treten die im ersten Kapitel eingeführten lokalkonvexen Räume von summierbaren und absolutsummierbaren Familien. Der große Vorteil dieser Methode äußert sich jedoch nicht nur in den sehr einfachen Beweisen. Als wichtigste Auswirkung ergibt sich vielmehr erstmalig eine notwendige und zugleich hinreichende Bedingung dafür, daß der starke topologische Dual eines nuklearen lokalkonvexen Raumes ebenfalls nuklear ist.

In den letzten Jahren haben einige Begriffsbildungen der Approximationstheorie für die Behandlung von nuklearen lokalkonvexen Räumen große Bedeutung erlangt. Diese Behauptung trifft insbesondere für die durch A. N. Kolmogorow und A. Pełczyński eingeführte approximative Dimension zu, die von B. S. Mitiagin zur Charakterisierung der nuklearen lokalkonvexen Räume verwendet wurde. Die Hauptergebnisse dieser Untersuchungen werden in den drei letzten Kapiteln dargestellt. Besonders hervorheben möchte ich das Basis-Theorem 10.2.1, das für die Darstellungstheorie der nuklearen lokalkonvexen Räume von größter Bedeutung ist. Die wesentlichste Erkenntnis aus diesen Betrachtungen kann man in der folgenden Aussage zusammenfassen: Sollte sich in Zukunft überhaupt eine Strukturtheorie der lokalkonvexen Räume entwickeln lassen, so müßte das am ehesten für nukleare lokalkonvexe Räume möglich sein, die wesentlich enger mit den endlichdimensionalen lokalkonvexen Räumen verwandt sind als die normierbaren.

Im Interesse einer übersichtlichen Darstellung habe ich bei den einzelnen Sätzen auf genaue Literaturangaben verzichtet. Dafür beginnt jedes Kapitel mit einer kurzen Inhaltsangabe, die auch historische Bemerkungen enthält.

Deutsche Akademie der Wissenschaften zu Berlin
Institut für Reine Mathematik

Albrecht Pietsch

VORWORT ZUR ZWEITEN AUFLAGE

Seit dem Erscheinen der ersten Auflage sind in der Theorie der nuklearen lokalkonvexen Räume einige wesentliche Fortschritte erzielt wurden.

An erster Stelle muß das Universalitätstheorem von T. und Y. Kōmura erwähnt werden, das die Grothendiecksche Vermutung im vollen Umfang bestätigt hat. Von besonderem Interesse sind auch noch einige neue Existenzsätze für Basen in speziellen nuklearen lokalkonvexen Räumen. Viele Autoren haben sich in letzter Zeit mit nuklearen Funktionen- und Distributionenräumen beschäftigt. Außerdem wurden weitere Abbildungsklassen gefunden, die in der Theorie der nuklearen lokalkonvexen Räume an die Stelle der nuklearen oder absolutsummierenden Abbildungen treten können.

Leider sind mir keine neuen Ergebnisse über die diametrale bzw. approximative Dimension und die Isomorphie von nuklearen lokalkonvexen Räumen bekannt geworden. Nur für einige konkrete Funktionenräume wurde die approximative Dimension bestimmt.

Da größere Änderungen nicht unbedingt erforderlich waren, habe ich mich auf kleine Ergänzungen beschränkt. Nur das 10. Kapitel wurde entscheidend umgearbeitet. Da die Universalitätsaussagen auf Grund des bereits erwähnten Kōmura-Thoerems nicht mehr an Voraussetzungen über die Existenz einer Basis geknüpft sind, war es notwendig, ein selbständiges 11. Kapitel über universelle nukleare lokalkonvexe Räume einzurichten. Hier werden auch ganz kurz die s-nuklearen lokalkonvexen Räume behandelt.

Das Literaturverzeichnis habe ich so gut wie möglich auf den neuesten Stand gebracht. Das neu aufgenommene Symbolverzeichnis wird dem Leser sicherlich die Arbeit erleichtern.

Friedrich-Schiller-Universität Jena
Sektion Mathematik

Albrecht Pietsch

INHALTSVERZEICHNIS

KAPITEL 0

Grundlagen

Dieses Kapitel enthält eine Zusammenstellung der von uns benutzten Begriffe und Sätze. Aus der allgemeinen Topologie verwenden wir neben den wichtigsten Definitionen und einigen elementaren Aussagen nur den fundamentalen Satz von TYCHONOW. Die eigentliche Grundlage unserer Betrachtungen ist die Theorie der lokalkonvexen Räume. Hier benötigen wir außer dem HAHN-BANACH-Theorem auch noch einige andere tiefer liegende Sätze. Über Hilberträume braucht man wiederum nur wenige elementare Aussagen zu wissen. Das gleiche gilt für die Maßtheorie, aus der wir eigentlich nur die Definition der Radonschen Maße auf einem kompakten Hausdorffraum und die Konstruktion des Hilbertraumes $\mathfrak{L}^2_\mu(M)$ benötigen.

Als Literatur sind folgende Titel zu nennen:

Topologie: N. BOURBAKI [1], J. L. KELLEY [1], G. KÖTHE [4].
Lokalkonvexe Räume: N. BOURBAKI [4], A. GROTHENDIECK [8], G. KÖTHE [4], J. L. KELLEY and I. NAMIOKA [1], H. H. SCHAEFER [1].
Normierte Räume: S. BANACH [1], M. M. DAY [1].
Hilberträume: N. I. ACHIESER und I. H. GLASMAN [1], P. HALMOS [2].
Maßtheorie: N. BOURBAKI [3], P. HALMOS [1].

0.1. Topologische Räume

0.1.1. Auf einer Menge $M = \{x, y, \ldots\}$ ist eine **Topologie** $\mathfrak{T}$ gegeben, wenn jedem Element $x \in M$ ein nicht leeres System $\mathfrak{U}_{\mathfrak{T}}(x)$ von Teilmengen zugeordnet ist, so daß die folgenden Bedingungen erfüllt sind:

(U_1) *Für* $U \in \mathfrak{U}_{\mathfrak{T}}(x)$ *gilt* $x \in U$.

(U_2) *Zu endlich vielen Mengen* $U_1, \ldots, U_n \in \mathfrak{U}_{\mathfrak{T}}(x)$ *gibt es eine Menge* $U \in \mathfrak{U}_{\mathfrak{T}}(x)$ *mit* $U \subset U_1 \cap \cdots \cap U_n$.

(U_3) *Jede Menge* $U \in \mathfrak{U}_{\mathfrak{T}}(x)$ *enthält eine Teilmenge* $U' \in \mathfrak{U}_{\mathfrak{T}}(x)$, *so daß zu jedem Element* $y \in U'$ *eine Menge* $V \in \mathfrak{U}_{\mathfrak{T}}(y)$ *mit* $V \subset U$ *existiert.*

Wenn auf einer Menge M eine Topologie $\mathfrak{T}$ eingeführt ist, bezeichnet man sie als **topologischen Raum.**

0.1.2. Eine Teilmenge U eines topologischen Raumes M heißt **Umgebung des Elementes** x, wenn man in $\mathfrak{U}_{\mathfrak{T}}(x)$ eine Menge U_0 mit $U_0 \subset U$ finden kann. $\mathfrak{U}_{\mathfrak{T}}(x)$ wird als **Fundamentalsystem von Umgebungen des Elementes** x bezeichnet.

0.1.3. Eine Topologie $\mathfrak{T}_1$ ist **feiner** als eine Topologie $\mathfrak{T}_2$, wenn jede $\mathfrak{T}_2$-Umgebung eines beliebigen Elementes $x \in M$ auch eine $\mathfrak{T}_1$-Umgebung ist. Man nennt dann die Topologie $\mathfrak{T}_2$ **gröber** als die Topologie $\mathfrak{T}_1$. Zwei Topologien einer Menge M sind **gleich,** wenn alle Elemente $x \in M$ dieselben Umgebungen besitzen.

0.1.4. Auf jeder Teilmenge M' eines topologischen Raumes M kann man ebenfalls eine Topologie einführen, wenn jedem Element $x \in M'$ die Gesamtheit der Durchschnitte $U' = M' \cap U$ mit $U \in \mathfrak{U}_{\mathfrak{F}}(x)$ als Fundamentalsystem von Umgebungen zugeordnet wird. Man spricht dann von der **durch M auf M' induzierten Topologie.**

0.1.5. Unter einem **gerichteten System** $\{x_\alpha\}$ aus einem topologischen Raum M versteht man eine Menge von Elementen $x_\alpha \in M$, die auf eindeutige Weise den Elementen einer Indexmenge A zugeordnet sind. Dabei soll in A für gewisse Paare von Indizes α und β eine Relation $\alpha \geqq \beta$ (gelesen: α ist größer als β) definiert sein, die folgende Eigenschaften besitzt:

(G_1) *Für $\alpha, \beta, \gamma \in A$ folgt aus $\alpha \geqq \beta$ und $\beta \geqq \gamma$ stets $\alpha \geqq \gamma$.*

(G_2) *Zu endlich vielen Indizes $\alpha_1, \ldots, \alpha_n \in A$ gibt es einen Index $\alpha \in A$ mit $\alpha \geqq \alpha_1, \ldots, \alpha \geqq \alpha_n$.*

Gerichtete Systeme über der Menge der natürlichen Zahlen werden als **Folgen** bezeichnet.

Ein gerichtetes System $\{x_\alpha\}$ **konvergiert** gegen ein Element $x \in M$, wenn zu jeder Umgebung $U \in \mathfrak{U}_{\mathfrak{F}}(x)$ ein Index $\alpha_0 \in A$ mit

$$x_\alpha \in U \qquad \text{für } \alpha \geqq \alpha_0$$

existiert. Man schreibt dann

$$\lim x_\alpha = x \,,$$

und x wird als **Grenzwert** des gerichteten Systems $\{x_\alpha\}$ bezeichnet.

In einem topologischen Raum ist der Grenzwert jedes konvergenten gerichteten Systems dann und nur dann eindeutig bestimmt, wenn die folgende Bedingung gilt:

(U_4) *Zu zwei verschiedenen Elementen, $x, y \in M$ gibt es stets Mengen $U \in \mathfrak{U}_{\mathfrak{F}}(x)$ und $V \in \mathfrak{U}_{\mathfrak{F}}(y)$ mit $U \cap V = \emptyset$.*

Ein derartiger topologischer Raum wird **Hausdorffraum** genannt.

0.1.6. Eine Teilmenge G eines topologischen Raumes M heißt **offen,** wenn zu jedem Element $x \in G$ eine Menge $U \in \mathfrak{U}_{\mathfrak{F}}(x)$ mit $U \subset G$ existiert. Die leere Menge wird als offen betrachtet.

0.1.7. Die **abgeschlossene Hülle** $\bar{S}$ einer beliebigen Teilmenge S eines topologischen Raumes M besteht aus allen Elementen $x \in M$, für die sämtliche Durchschnitte $S \cap U$ mit $U \in \mathfrak{U}_{\mathfrak{F}}(x)$ nicht leer sind. Jede Teilmenge ist in ihrer abgeschlossenen Hülle enthalten. Diejenigen Teilmengen, die mit ihrer abgeschlossenen Hülle zusammenfallen, nennt man **abgeschlossen.** Die leere Menge wird als abgeschlossen betrachtet.

0.1.8. Eine Teilmenge D eines topologischen Raumes M **liegt dicht** in M, wenn ihre abgeschlossene Hülle $\bar{D}$ mit M übereinstimmt. Man nennt einen topologischen Raum **separabel,** wenn in ihm eine abzählbare Teilmenge dicht liegt.

0.1.9. Ein topologischer Hausdorffraum M heißt **kompakt,** wenn man aus jedem System von offenen Teilmengen, das M überdeckt, ein endliches Teilsystem mit der gleichen Eigenschaft auswählen kann.

SATZ: *Ist auf einem kompakten Hausdorffraum M mit der Topologie $\mathfrak{T}$ eine gröbere Hausdorfftopologie $\mathfrak{T}'$ gegeben, so sind beide Topologien gleich.*

Man nennt eine Teilmenge K eines topologischen Raumes M **kompakt,** wenn K bezüglich der durch M induzierten Topologie ein kompakter Hausdorffraum ist.

0.1.10. Hat man einige Menge von topologischen Räumen M_i mit $i \in I$, so kann die Gesamtheit $M = \prod_I M_i$ aller Familien $x = [x_i, I]$ mit $x_i \in M_i$ ebenfalls zu einem topologischen Raum gemacht werden, wenn man jedem Element $[x_i, I] \in M$ das von den Mengen

$$U = [U_i, I] = \{[y_i, I] : y_i \in U_i\}$$

gebildete Fundamentalsystem von Umgebungen zuordnet. Dabei müssen die Umgebungen U_i der Elemente x_i so gewählt sein, daß U_i nur für endlich viele Indizes $i \in I$ von M_i verschieden ist. Der so gewonnene topologische Raum M wird als **topologisches Produkt** der topologischen Räume M_i bezeichnet.

SATZ von TYCHONOW. *Das topologische Produkt von beliebig vielen kompakten Hausdorffräumen ist ebenfalls ein kompakter Hausdorffraum.*

0.1.11. Sind M und M' zwei topologische Räume, so wird eine Abbildung T von M in M' als **stetig** bezeichnet, wenn das vollständige Urbild

$$G = T^{-1}(G') = \{x \in M : T\,x \in G'\}$$

jeder offenen Teilmenge G' von M' eine offene Teilmenge G von M ist.

0.2. Metrische Räume

0.2.1. Eine Abbildung ϱ, die jedem Paar von Elementen x und y aus einer Menge M eine nicht negative Zahl $\varrho(x, y)$ zuordnet, heißt **Metrik,** wenn sie folgende Eigenschaften besitzt:

(M_1) *Für $x, y \in M$ sind die Aussagen $\varrho(x, y) = 0$ und $x = y$ äquivalent.*
(M_2) *Für $x, y \in M$ hat man $\varrho(x, y) = \varrho(y, x)$.*
(M_3) *Für drei Elemente $x, y, z \in M$ gilt die Dreiecksungleichung*

$$\varrho(x, z) \leqq \varrho(x, y) + \varrho(y, z)\ .$$

0.2.2. Aus jeder auf einer Menge M definierten Metrik ϱ erhält man eine Hausdorffsche Topologie $\mathfrak{T}$, wenn jedem Element $x \in M$ die Gesamtheit der Teilmengen

$$U_\varepsilon(x) = \{y \in M : \varrho(x, y) \leqq \varepsilon\} \qquad \text{mit } \varepsilon > 0$$

als Fundamentalsystem von Umgebungen zugeordnet wird. Eine Topologie heißt **metrisch,** wenn sie sich auf die angegebene Weise aus einer Metrik erzeugen läßt.

0.2.3. In metrischen topologischen Räumen vereinfachen sich viele Beweise, weil man sich bei allen Konvergenzuntersuchungen auf die Betrachtung von Folgen beschränken kann. So ist etwa eine Teilmenge dann und nur dann abgeschlossen, wenn sie mit jeder konvergenten Folge auch deren Grenzwert enthält.

0.2.4. SATZ. *Ein metrischer Raum ist dann und nur dann kompakt, wenn jede Folge von Elementen eine konvergente Teilfolge enthält.*

0.2.5. Ein metrischer Raum M heißt **präkompakt,** wenn es zu jeder positiven Zahl ε endlich viele Elemente $x_1, \ldots, x_s \in M$ mit

$$M = \bigcup_{n=1}^{s} U_\varepsilon(x_n)$$

gibt. Alle kompakten metrischen Räume sind präkompakt.

SATZ. *Jeder präkompakte metrische Raum ist separabel.*

0.3. Lineare Räume

0.3.1. Ein **linearer Raum** E über einem kommutativen Körper $K = \{\alpha, \beta, \ldots\}$ ist eine Menge von Elementen $x, y, z, \ldots$ mit der folgenden abgebraischen Struktur.

Je zwei Elementen $x, y \in E$ ist eine Summe $x + y \in E$ zugeordnet, und für jedes $\alpha \in K$ und alle $x \in E$ ist ein Produkt $\alpha\, x = x\, \alpha \in E$ erklärt. Dabei gelten die Regeln:

$$x + y = y + x \quad \textit{für } x, y \in E\,. \tag{1}$$

$$x + (y + z) = (x + y) + z \quad \textit{für } x, y, z \in E\,. \tag{2}$$

$$\textit{Es gibt ein Nullelement } 0 \in E \textit{ mit } x + 0 = x \quad \textit{für } x \in E\,. \tag{3}$$

$$1\, x = x \quad \textit{für } x \in E\,. \tag{4}$$

$$0\, x = 0 \quad \textit{für } x \in E\,. \tag{5}$$

$$\alpha(\beta\, x) = (\alpha\, \beta)x \quad \textit{für } \alpha, \beta \in K \textit{ und } x \in E\,. \tag{6}$$

$$\alpha\,(x + y) = \alpha\, x + \alpha\, y \quad \textit{für } \alpha \in K \textit{ und } x, y \in E\,. \tag{7}$$

$$(\alpha + \beta)\, x = \alpha\, x + \beta\, x \quad \textit{für } \alpha, \beta \in K \textit{ und } x \in E\,. \tag{8}$$

In allen folgenden Betrachtungen ist K stets der Körper der reellen oder komplexen Zahlen. Dementsprechend wird E als **reeller** bzw. **komplexer linearer Raum** bezeichnet.

0.3.2. Eine Summe $\alpha_1 x_1 + \cdots + \alpha_n x_n$ mit $\alpha_1, \ldots, \alpha_n \in K$ heißt **Linearkombination** der Elemente $x_1, \ldots, x_n \in E$. Die Elemente $x_1, \ldots, x_n$ werden **linear unabhängig** genannt, wenn aus $\alpha_1 x_1 + \cdots + \alpha_n x_n = 0$ stets die Aussage $\alpha_1 = \cdots = \alpha_n = 0$ folgt. Ein linearer Raum E ist n-**dimensional,** wenn sich alle Elemente $x \in E$ aus n linear unabhängigen Elemente linear kombinieren lassen.

0.3.3. Jede Teilmenge F eines linearen Raumes E, die mit zwei Elementen x und y auch alle Linearkombinationen $\alpha\, x + \beta\, y$ enthält, bildet ebenfalls einen linearen Raum, sie wird deshalb als **linearer Teilraum** von E bezeichnet.

0.3.4. Ausgehend von einem linearen Teilraum F eines linearen Raumes E kann man für alle Elemente $x \in E$ die Mengen

$$x(F) = x + F = \{x + y : y \in F\}$$

betrachten. Die Gesamtheit dieser sogenannten **Restklassen** wird zu einem linearen Raum E/F, dem **Quotientenraum von E nach F**, wenn man

$$x(F) + y(F) = x + y + F = \{x + y + z : z \in F\}$$

und

$$\alpha\, x(F) = \alpha\, x + F = \{\alpha\, x + z : z \in F\}$$

setzt.

0.3.5. Unter einer **Linearform** a auf einem linearen Raum E über dem Körper K versteht man eine Abbildung, die jedem Element $x \in E$ eine Zahl $\langle y, a\rangle \in K$ zuordnet, so daß

$$\langle \alpha\, x + \beta\, y, a\rangle = \alpha\langle x, a\rangle + \beta\langle y, a\rangle \qquad \text{für } \alpha, \beta \in K \text{ und } x, y \in E$$

gilt.

Definiert man für zwei Linearformen a und b die Linearkombination $\alpha\, a + \beta\, b$ durch den Ansatz

$$\langle x, \alpha\, a + \beta\, b\rangle = \alpha\langle x, a\rangle + \beta\langle x, b\rangle \qquad \text{für } x \in E\,,$$

so wird die Gesamtheit aller auf E möglichen Linearformen zu einem linearen Raum E^*, den man als **algebraischen Dual** von E bezeichnet.

0.4. Halbnormen

0.4.1. Eine **Halbnorm** auf einen linearen Raum E ist eine reellwertige Funktion $p = [p(x)]$ mit den folgenden Eigenschaften:

(N_1) $p\,(x + y) \leqq p(x) + p(y)$ *für* $x, y \in E$.

(N_2) $p(\alpha\, x) = |\alpha|\, p(x)$ *für* $\alpha \in K$ *und* $x \in E$.

0.4.2. Eine Teilmenge A eines linearen Raumes E ist **absolutkonvex,** wenn aus $x, y \in A$ und $\alpha, \beta \in K$ mit $|\alpha| + |\beta| \leqq 1$ stets $\alpha\, x + \beta\, y \in A$ folgt. Gibt es außerdem zu jedem Element $x \in E$ eine positive Zahl ϱ mit $x \in \varrho\, A$, so heißt A **absorbierend.** Schließlich wollen wir eine absorbierende absolutkonvexe Teilmenge A als **zentral** bezeichnen, wenn aus $\alpha\, x \in A$ für alle $\alpha \in K$ mit $|\alpha| < 1$ sogar $x \in A$ folgt.

0.4.3. In jedem linearen Raum E besteht eine eindeutige Beziehung zwischen Halbnormen und zentralen Teilmengen. Für jede solche Menge A erhält man nämlich durch den Ansatz

$$p_A(x) = \inf\{\varrho > 0 : x \in \varrho\, A\} \qquad \text{für } x \in E$$

eine Halbnorm p_A, für die

$$A = \{x \in E : p_A(x) \leqq 1\}$$

gilt. Andererseits kann jede Halbnorm $p = [p(x)]$ auf diese Weise aus der zentralen Teilmenge

$$A = \{x \in E : p(x) \leqq 1\}$$

gewonnen werden.

0.4.4. Zu den fundamentalen Sätzen der Theorie der lokalkonvexen Räume gehört das

Hahn-Banach-THEOREM. *Ist p eine Halbnorm auf einem linearen Raum E, so läßt sich jede auf einem linearen Teilraum F erklärte Linearform a_0 mit*

$$|\langle x, a_0\rangle| \leqq p(x) \qquad \textit{für } x \in F$$

zu einer auf ganz E definierten Linearform a fortsetzen, so daß

$$|\langle x, a\rangle| \leqq p(x) \quad \textit{für } x \in E$$

gilt.

0.5. Lokalkonvexe Räume

0.5.1. Auf einem reellen oder komplexen linearen Raum E sei ein System $\mathfrak{U}_{\mathfrak{F}}(E)$ von zentralen Teilmengen gegeben, das die folgenden Eigenschaften besitzt:

(L_1) *Zu endlich vielen Mengen $U_1, \ldots, U_n \in \mathfrak{U}_{\mathfrak{F}}(E)$ gibt es eine Menge $U \in \mathfrak{U}_{\mathfrak{F}}(E)$ mit $U \subset U_1 \cap \cdots \cap U_n$.*

(L_2) *Zu jeder Menge $U \in \mathfrak{U}_{\mathfrak{F}}(E)$ existiert eine Menge $V \in \mathfrak{U}_{\mathfrak{F}}(E)$ mit $2\,V \subset U$.*

(L_3) *Zu jedem Element $x_0 \neq 0$ aus E enthält $\mathfrak{U}_{\mathfrak{F}}(E)$ eine Menge U_0 mit $x_0 \notin U_0$.*

Dann bilden die Mengen

$$x + U = \{x + y : y \in U\} \qquad \text{mit } U \in \mathfrak{U}_{\mathfrak{F}}(E)$$

ein Fundamentalsystem von Umgebungen des Elementes $x \in E$. Jeder lineare Raum E, den man auf diese Weise zu einem topologischen Hausdorffraum gemacht hat, wird als **lokalkonvexer Raum** bezeichnet.

Für jeden lokalkonvexen Raum E ist die Gesamtheit $\mathfrak{U}(E)$ aller zentralen Teilmengen U, zu denen es eine Menge $U_0 \in \mathfrak{U}_{\mathfrak{F}}(E)$ mit $U_0 \subset U$ gibt, eindeutig festgelegt. Da die zu $\mathfrak{U}(E)$ gehörigen Teilmengen Umgebungen des Nullelementes von E sind, werden sie kurz **Nullumgebungen** genannt.

0.5.2. Eine auf einem lokalkonvexen Raum E definierte Halbnorm p ist dann und nur dann stetig, wenn sie sich mit einer Nullumgebung $U \in \mathfrak{U}(E)$ in der Form

$$p(x) = \inf\{\varrho > 0 : x \in \varrho\, U\}$$

darstellen läßt. Die Topologie von E ist folglich durch die Gesamtheit aller stetigen Halbnormen eindeutig bestimmt. Man kann deshalb auf einem linearen Raum E eine lokalkonvexe Topologie auch dadurch erzeugen, daß man sich ein System $\mathfrak{P}_{\mathfrak{F}}(E)$ von Halbnormen $p = [p(x)]$ mit den folgenden Eigenschaften vorgibt:

(P_1) *Zu endlich vielen Halbnormen $p_1, \ldots, p_n \in \mathfrak{P}_{\mathfrak{F}}(E)$ gibt es eine Halbnorm $p \in \mathfrak{P}_{\mathfrak{F}}(E)$ mit $p_r(x) \leqq p(x)$ für $x \in E$ und $r = 1, \ldots, n$.*

(P_2) *Zu jedem Element $x_0 \neq 0$ aus E existiert eine Halbnorm $p_0 \in \mathfrak{P}_{\mathfrak{F}}(E)$ mit $p_0(x_0) > 0$.*

Dann bilden nämlich die Mengen

$$\varepsilon\, U = \{x \in E : p(x) \leqq \varepsilon\} \qquad \text{für } p \in \mathfrak{P}_{\mathfrak{F}}(E) \text{ und } \varepsilon > 0$$

ein Fundamentalsystem $\mathfrak{U}_{\mathfrak{F}}(E)$ von zentralen Nullumgebungen, das die in 0.5.1. angegebenen Eigenschaften besitzt.

Es zeigt sich, daß eine auf dem so erzeugten lokalkonvexen Raum E erklärte Halbnorm p dann und nur dann stetig ist, wenn es in $\mathfrak{P}_{\mathfrak{F}}(E)$ eine Halbnorm p_0 gibt, so daß mit einer positiven Zahl ϱ die Abschätzung

$$p(x) \leqq \varrho\, p_0(x) \qquad \text{für } x \in E$$

gilt.

0.5.3. Jeder lineare Teilraum F eines lokalkonvexen Raumes E ist ebenfalls ein lokalkonvexer Raum. Dabei kann man die Topologie von F entweder aus den Einschränkungen der auf E stetigen Halbnormen oder aus den Nullumgebungen $U_0 = F \cap U$ mit $U \in \mathfrak{U}(E)$ erzeugen.

0.5.4. Wenn F ein abgeschlossener linearer Teilraum eines lokalkonvexen Raumes E ist, erhält man auf dem Quotientenraum $Q = E/F$ aus den Halbnormen

$$p_U[x(F)] = \inf \{p_U(x + y) : y \in F\} \qquad \text{mit } U \in \mathfrak{U}(E)$$

eine lokalkonvexe Topologie. Das zugehörige Fundamentalsystem von Nullumgebungen wird von den Mengen

$$\overline{U(F)} = \{x(F) \in Q : \alpha\, x \in U + F \quad \text{für alle } \alpha \in K \text{ mit } |\alpha| < 1\}$$

gebildet.

0.5.5. Eine Teilmenge B eines lokalkonvexen Raumes E heißt **beschränkt,** wenn zu jeder Nullumgebung $U \in \mathfrak{U}(E)$ eine positive Zahl ϱ mit $B \subset \varrho\, U$ existiert. Ist $\mathfrak{B}(E)$ die Gesamtheit aller abgeschlossenen und absolutkonvexen beschränkten Teilmengen von E, so kann man zu jeder beliebigen beschränkten Teilmenge A von E eine Teilmenge $B \in \mathfrak{B}(E)$ mit $A \subset B$ finden. Jedes Teilsystem $\mathfrak{B}_{\mathfrak{F}}(E)$ von $\mathfrak{B}(E)$, das dieselbe Eigenschaft besitzt, wird als **Fundamentalsystem von beschränkten Teilmengen** bezeichnet.

0.5.6. Man nennt eine Teilmenge K eines lokalkonvexen Raumes E **präkompakt,** wenn es zu jeder Nullumgebung U endlich viele Elemente $x_1, \ldots,$ mit

$$x_s \in E \qquad K \subset \bigcup_{n=1}^{s} \{x_n + U\}$$

gibt. Jede präkompakte Teilmenge ist beschränkt. Bezeichnet man die Gesamtheit aller abgeschlossenen und absolutkonvexen präkompakten Teilmengen von E mit $\mathfrak{K}(E)$, so zeigt sich, daß jede beliebige präkompakte Teilmenge von E in einer Teilmenge aus $\mathfrak{K}(E)$ enthalten ist.

0.5.7. Wir bezeichnen ein gerichtetes System $\{x_\alpha\}$ aus einem lokalkonvexen Raum E als **Cauchy-System,** wenn es zu jeder Nullumgebung $U \in \mathfrak{U}(E)$ einen Index α_0 mit

$$x_\alpha - x_\beta \in U \qquad \text{für } \alpha, \beta \geqq \alpha_0$$

gibt. Jedes konvergente gerichtete System ist ein Cauchy-System. Gilt auch die Umkehrung dieser Aussage, so heißt der lokalkonvexe Raum **vollständig.**

Zu jedem lokalkonvexen Raum E gibt es einen (bis auf Isomorphie eindeutig bestimmten) vollständigen lokalkonvexen Raum $\tilde{E}$, der E als dichten linearen Teilraum enthält. $\tilde{E}$ wird als **vollständige Hülle** von E bezeichnet.

Ein gerichtetes Cauchy-System $\{x_\alpha\}$ heißt **beschränkt,** wenn die Menge der Elemente x_α beschränkt ist. Man nennt einen lokalkonvexen Raum E **quasivollständig,** wenn in ihm jedes beschränkte Cauchy-System konvergiert. Jeder lokalkonvexe Raum E besitzt eine **quasivollständige Hülle** $\hat{E}$, die E als dichten linearen Raum enthält.

SATZ. *Jede abgeschlossene und präkompakte Teilmenge eines quasivollständigen lokalkonvexen Raumes ist kompakt.*

0.6. Der topologische Dual eines lokalkonvexen Raumes

0.6.1. Der **topologische Dual** eines lokalkonvexen Raumes R ist derjenige lineare Teilraum E' des algebraischen Duals E^*, der von allen stetigen Linearformen gebildet wird.

0.6.2. Aus der Gesamtheit aller Halbnormen

$$p(a) = \sup \{ |\langle x_r, a\rangle| : r = 1, \ldots, n\} \qquad \text{mit } x_1, \ldots, x_n \in E$$

kann man auf dem topologischen Dual E' eines lokalkonvexen Raumes E die sogenannte **schwache Topologie** erzeugen. Der dadurch gewonnene lokalkonvexe Raum wird mit E'_s bezeichnet.

Alle Aussagen und Begriffe, die sich auf die schwache Topologie beziehen, werden durch den Zusatz „**schwach**" gekennzeichnet.

0.6.3. Der Ausdruck $\langle x, a\rangle$ ist bei festgehaltenem x eine stetige Linearform auf E'_s. Da man auf diese Weise alle stetigen Linearformen von E'_s gewinnt, kann man E mit dem topologischen Dual von E'_s identifizieren. Folglich ist auch auf E eine schwache Topologie erklärt, die man aus den Halbnormen

$$p(x) = \sup \{ |\langle x, a_r\rangle| : r = 1, \ldots, n\} \qquad \text{mit } a_1, \ldots, a_n \in E'$$

erhält.

SATZ von MACKEY. *Jede schwach beschränkte Teilmenge eines lokalkonvexen Raumes ist beschränkt.*

0.6.4. Für jede beliebige Teilmenge M eines lokalkonvexen Raumes E ist die (absolute) **Polare**

$$M^0 = \{a \in E' : |\langle x, a\rangle| \leqq 1 \qquad \text{für } x \in M\}$$

eine schwach abgeschlossene und absolutkonvexe Teilmenge von E'. Wendet man die Polarenbildung auf M^0 an, so erhält man die **Bipolare** M^{00}, die M umfaßt. Genauere Beziehungen zwischen M und M^{00} liefert der

BIPOLARENSATZ. *Für jede absolutkonvexe Teilmenge M eines lokalkonvexen Raumes fällt M^{00} mit der abgeschlossenen Hülle von M zusammen.*

Für jeden linearen Teilraum F von E ist F^0 ein linearer Teilraum von E', und es gilt

$$F^0 = \{a \in E' : \langle x, a\rangle = 0 \qquad \text{für } x \in F\} .$$

0.6.5. SATZ von ALAOGLU-BOURBAKI. *Für jede Nullumgebung U eines lokalkonvexen Raumes E ist die Polare U^0 eine schwach kompakte Teilmenge von E'.*

0.6.6. Eine Menge G von Linearformen, die auf einem lokalkonvexen Raum E definiert sind, heißt **gleichstetig** wenn es eine Nullumgebung $U \in \mathfrak{U}(E)$ mit $G \subset U^0$ gibt.

0.6.7. Die Gesamtheit der Halbnormen

$$p'_K(a) = \sup \{ |\langle x, a\rangle| : x \in K\} ,$$

wobei K alle präkompakten Teilmengen eines lokalkonvexen Raumes E durchläuft, macht den topologischen Dual E' zu einem lokalkonvexen Raum E'_k. Es gilt der folgende

SATZ. *Auf jeder gleichstetigen Teilmenge des topologischen Duals eines lokalkonvexen Raumes E fallen die durch E'_s und E'_k induzierten Topologien zusammen.*

0.6.8. Aus dem System der Halbnormen

$$p'_B(a) = \sup \{ |\langle x, a\rangle| : x \in B\} \qquad \text{mit } B \in \mathfrak{B}(E)$$

erhält man auf dem topologischen Dual eines lokalkonvexen Raumes E die sogenannte **starke Topologie.** Der dadurch gewonnene lokalkonvexe Raum wird mit E'_b bezeichnet.

Da die Aussage

$$B^0 = \{a \in E' : p'_B(a) \leqq 1\}$$

gilt, hat man

$$p'_B(a) = \inf \{\varrho > 0 : a \in \varrho\, B^0\} .$$

Auf Grund dieser Beziehung überzeugt man sich leicht, daß die Polaren B^0 mit $B \in \mathfrak{B}(E)$ ein Fundamentalsystem von Nullumgebungen für die starke Topologie liefern. Es reicht sogar schon aus, wenn B nur ein Fundamentalsystem $\mathfrak{B}_{\mathfrak{F}}(E)$ von beschränkten Teilmengen durchläuft.

Alle Aussagen und Begriffe, die sich auf die starke Topologie beziehen, werden durch den Zusatz „**stark**" gekennzeichnet.

0.6.9. Der topologische Dual von E'_b wird als topologischer **Bidual** E'' des lokalkonvexen Raumes E bezeichnet. Da $\langle x, a\rangle$ bei festgehaltenem x eine stetige Linearform auf E'_b ist, kann man E mit einem linearen Teilraum von E'' identifizieren.

Aus den für $x \in E''$ definierten Halbnormen

$$p'_{U^0}(x) = \sup \{ |\langle x, a\rangle| : a \in U^0\} \qquad \text{mit } U \in \mathfrak{U}(E)$$

erhält man auf E'' die sogenannte **natürliche Topologie.** Der dadurch gewonnene lokalkonvexe Raum wird mit E''_n bezeichnet. Die durch E''_n auf E induzierte natürliche Topologie fällt mit der Ausgangstopologie von E zusammen.

0.7. Spezielle lokalkonvexe Räume

0.7.1. Ein lokalkonvexer Raum E heißt **quasitonneliert,** wenn jede stark beschränkte Teilmenge von E' gleichstetig ist. Diese Aussage bedeutet, daß auf dem topologischen Bidual E'' die starke Topologie mit der natürlichen Topologie übereinstimmt, so daß E als linearer Teilraum von E''_b aufgefaßt werden kann. Man erkennt leicht, daß sich die quasitonnelierten lokalkonvexen Räume E durch die folgende Eigenschaft charakterisieren lassen: Jede abgeschlossene und absolutkonvexe Teilmenge U, zu der es für jede beschränkte Menge A eine positive Zahl ϱ mit $A \subset \varrho\, U$ gibt, ist eine Nullumgebung.

Sind wenigstens alle abzählbaren stark beschränkten Teilmengen des topologischen Duals eines lokalkonvexen Raumes E gleichstetig, so bezeichnen wir E als **σ-quasitonneliert.**

0.7.2. Ein lokalkonvexer Raum E wird **halbreflexiv** genannt, wenn E nicht nur ein linearer Teilraum von E'' ist, sondern mit E'' zusammenfällt. Dieser Fall tritt genau dann ein, wenn alle Mengen aus $\mathfrak{B}(E)$ schwach kompakt sind.

0.7.3. Man bezeichnet einen lokalkonvexen Raum E als **reflexiv,** wenn er gleichzeitig quasitonneliert und halbreflexiv ist. Dann kann E sowohl algebraisch als auch topologisch mit seinem Bidual E''_b identifiziert werden, und es besteht eine vollständige Symmetrie zwischen E und E'_b, denn jeder der beiden lokalkonvexen Räume ist der starke topologische Dual des anderen.

0.7.4. Wenn ein lokalkonvexer Raum E ein abzählbares Fundamentalsystem von Nullumgebungen besitzt, nennt man ihn **metrisch,** weil sich seine Topologie aus einer Metrik erzeugen läßt. Ein vollständiger lokalkonvexer Raum wird als **(F)-Raum** bezeichnet.

SATZ. *Jeder metrische lokalkonvexe Raum ist quasitonneliert.*

0.7.5. Ein σ-quasitonnelierter lokalkonvexer Raum E, in dem ein abzählbares Fundamentalsystem von beschränkten Teilmengen existiert, soll im folgenden **dualmetrisch** genannt werden. Ein vollständiger dualmetrischer lokalkonvexer Raum wird als **(F')-Raum** bezeichnet.

0.7.6. Die Beziehungen zwischen den metrischen und dualmetrischen lokalkonvexen Räumen werden durch die beiden folgenden Sätze geklärt.

SATZ. *Der topologische Dual E'_b jedes metrischen lokalkonvexen Raumes E ist ein (F')-Raum.*

SATZ. *Der topologische Dual E'_b jedes dualmetrischen lokalkonvexen Raumes E ist ein (F)-Raum.*

0.8. Banachräume

0.8.1. Ist auf einem reellen oder komplexen linearen Raum E eine Halbnorm p_U mit $p_U(x) > 0$ für $x \neq 0$ gegeben, so spricht man von einer **Norm.** Jede Norm p_U liefert auf E eine Topologie, wenn man die Mengen $\varepsilon\, U$ mit $\varepsilon > 0$ und

$$U = \{x \in E : p_U(x) \leqq 1\}$$

als Fundamentalsystem von Nullumgebungen verwendet. Ein so erzeugter lokalkonvexer Raum E heißt **normiert** oder **normierbar** und U wird als **abgeschlossene Einheitskugel** von E bezeichnet. Ein vollständiger normierter Raum wird **Banachraum** genannt.

Der starke topologische Dual E'_b jedes normierten Raumes E ist ein Banachraum mit der Norm

$$p'_U(a) = \sup \{|\langle x, a\rangle| : x \in U\}$$

und der abgeschlossenen Einheitskugel U^0. Deshalb gilt

$$p_{U^0}(a) = p'_U(a) \quad \text{für } a \in E' .$$

0.8.2. Auf die Frage, unter welchen Voraussetzungen sich die Topologie eines lokalkonvexen Raumes aus einer Norm erzeugen läßt, ergibt sich die folgende Antwort.

SATZ von KOLMOGOROFF. *Ein lokalkonvexer Raum E ist dann und nur dann normierbar, wenn in ihm eine beschränkte Nullumgebung existiert.*

0.8.3. Als wesentliche Ergänzung des obigen Normierbarkeitskriteriums formulieren wir noch den folgenden

SATZ. *Ein lokalkonvexer Raum E ist dann und nur dann endlichdimensional, wenn in ihm eine präkompakte Nullumgebung existiert.*

0.9. Hilberträume

0.9.1. Eine Abbildung, die jedem Paar von Elementen x und y aus einem linearen Raum E über den Körper K der reellen oder komplexen Zahlen eine Zahl $(x, y) \in K$ zuordnet, heißt **Halbskalarprodukt,** wenn sie folgende Eigenschaften besitzt:

(S_1) *Für $x, y, z \in E$ und $\alpha, \beta \in K$ besteht die Beziehung*

$$(\alpha x + \beta y, z) = \alpha(x, z) + \beta(y, z) .$$

(S_2) *Für $x, y \in E$ hat man $(x, y) = \overline{(y, x)}$.*

(S_3) *Für $x \in E$ gilt $(x, x) \geqq 0$.*

Folgt zusätzlich aus $(x, x) = 0$ stets $x = 0$, so spricht man von einem **Skalarprodukt.**

Aus jedem Halbskalarprodukt erhält man durch den Ansatz

$$p_U(x) = (x, x)^{1/2} \quad \text{für } x \in E$$

eine Halbnorm p_U.

0.9.2. Ein **Hilbertraum** ist ein reeller oder komplexer Banachraum, dessen Norm aus einem Skalarprodukt gewonnen wird.

0.9.3. RIESZSCHER DARSTELLUNGSSATZ. *Auf einem Hilbertraum E läßt sich jede Linearform $a \in E'$ mit einem eindeutig bestimmten Element $y \in E$ in der Form*

$$\langle x, a\rangle = (x, y) \quad \text{für } x \in E$$

darstellen. Dabei gilt

$$p_{U^\circ}(a) = (y, y)^{1/2} .$$

0.9.4. Zwei Elemente x und y eines Hilbertraumes E heißen **orthogonal,** wenn $(x, y) = 0$ gilt. Unter einem **Orthonormalsystem** $[e_i, I]$ versteht man eine Menge von Elementen e_i, die auf eindeutige Weise den Elementen einer Indexmenge I zugeordnet sind, und für die die Relationen

$$(e_i, e_j) = \delta_{ij}$$

gelten. Für jedes Orthonormalsystem $[e_i, I]$ besteht die **Besselsche Ungleichung**

$$\sum_I |(x, e_i)|^2 \leqq (x, x) \quad \text{für } x \in E .$$

Die Definition der linksstehenden Summe findet man in 1.1. Für eine beliebige Linearform $a \in E'$ gilt die Besselsche Ungleichung auf Grund des Rieszschen Darstellungssatzes in der folgenden Form

$$\sum_I |\langle e_i, a\rangle|^2 \leqq p_{U^\circ}(a)^2 .$$

Ein Orthonormalsystem $[e_i, I]$ heißt **vollständig,** wenn sich jedes Element $x \in E$ im Sinne von 1.3. als Summe

$$x = \sum_I (x, y_i)\, e_i$$

darstellen läßt.

SATZ. *In jedem Hilbertraum gibt es vollständige Orthonormalsysteme.*

0.10. Stetige lineare Abbildungen in lokalkonvexen Räumen

0.10.1. Sind E und F zwei beliebige reelle oder komplexe lokalkonvexe Räume, so heißt eine Abbildung T von E in F **linear,** wenn für $x, y \in E$ und $\alpha, \beta \in K$ stets die Beziehung

$$T(\alpha x + \beta y) = \alpha T x + \beta T y$$

besteht. Die Gesamtheit $\mathfrak{R}(T)$ aller Elemente $T x$ mit $x \in E$ wird als **Bildraum** von T bezeichnet.

Eine lineare Abbildung T ist genau dann **stetig,** wenn zu jeder Nullumgebung $V \in \mathfrak{U}(F)$ eine Nullumgebung $U \in \mathfrak{U}(E)$ mit $T(U) \subset V$ existiert.

0.10.2. Jeder stetigen linearen Abbildung T von E in F entspricht eine lineare Abbildung T' von F' in E', die jeder Linearform $b \in F'$ die durch den Ansatz

$$\langle x, a\rangle = \langle T x, b\rangle \qquad \text{für } x \in E$$

definierte Linearform $a \in E'$ zuordnet. T' wird als die zu T **duale Abbildung** bezeichnet. Es zeigt sich, daß die Abbildung T' stetig ist, wenn man auf E' und F' die starke oder schwache Topologie einführt.

Sind E und F zwei Hilberträume, so betrachtet man anstelle der dualen Abbildung T' die **adjungierte Abbildung** T^*, die folgendermaßen definiert wird. Für jedes Element $y \in E$ ist $T^* y$ das auf Grund des Rieszschen Darstellungssatzes eindeutig bestimmte Element $z \in E$ mit

$$(x, z) = (T x, y) \qquad \text{für } x \in E\,.$$

0.10.3. Für zwei lokalkonvexe Räume E und F ist die Gesamtheit aller stetigen linearen Abbildungen von E in F ein linearer Raum $\mathfrak{L}(E, F)$, wenn man für $S, T \in \mathfrak{L}(E, F)$ und $\alpha, \beta \in K$ die stetige lineare Abbildung $\alpha S + \beta T$ durch den Ansatz

$$(\alpha S + \beta T) x = \alpha S x + \beta T x \qquad \text{für } x \in E$$

definiert.

0.10.4. Auf dem linearen Raum $\mathfrak{L}(E, F)$ kann man aus den Halbnormen

$$p_{(A, U)}(T) = \sup \{|\langle T x, a\rangle| : x \in A, a \in U^0\} \quad \text{mit } A \in \mathfrak{B}(E) \text{ und } U \in \mathfrak{U}(E)$$

eine Topologie erzeugen. Der auf diese Weise gewonnene lokalkonvexe Raum wird mit $\mathfrak{L}_b(E, F)$ bezeichnet.

Sind E und F zwei normierte Räume mit den abgeschlossenen Einheitskugeln U und V, so erhält man die Topologie von $\mathfrak{L}_b(E, F)$ aus der Norm

$$\beta(T) = \inf \{\varrho > 0 : T(U) \subset \varrho V\}\,.$$

SATZ. *Für einen normierten Raum E und einen Banachraum F ist auch $\mathfrak{L}_b(E, F)$ ein Banachraum.*

0.10.5. Sind E und F zwei lokalkonvexe Räume, so wird eine Abbildung $T \in \mathfrak{L}(E, F)$ als **ausgeartet** bezeichnet, wenn ihr Bildraum endlich dimensional ist. Jede derartige Abbildung T läßt sich mit Linearformen $a_1 \ldots, a_n \in E'$ und Elementen $y_1, \ldots, y_n \in F$ in der Form

$$T x = \sum_{r=1}^{n} \langle x, a_r\rangle\, y_r \quad \text{für } x \in E$$

darstellen.

Die Gesamtheit aller ausgearteten Abbildungen ist ein linearer Teilraum von $\mathcal{L}(E, F)$, der mit $\mathcal{A}(E, F)$ bezeichnet wird.

0.10.6. Eine lineare Abbildung T, die einen normierten Raum E in einen normierten Raum F abbildet, heißt **präkompakt,** wenn das Bild $T(U)$ der abgeschlossenen Einheitskugel U von E eine präkompakte Teilmenge von F ist.

SATZ. *Jede präkompakte lineare Abbildung besitzt einen separablen Bildraum.*

SATZ. *Jede Abbildung $T \in \mathcal{L}(E, F)$, zu der es ein gerichtetes System von ausgearteten Abbildungen $T_\alpha \in \mathcal{A}(E, F)$ mit*

$$\lim_\alpha \beta(T - T_\alpha) = 0$$

gibt, ist präkompakt.

Eine lineare Abbildung T von E in F wird **kompakt** genannt, wenn es in F eine kompakte Teilmenge K mit $T(U) \subset K$ gibt.

SATZ. *Jede präkompakte lineare Abbildung T von einem normierten Raum E in einen Banachraum F ist kompakt.*

Außerdem gilt der

SATZ. *Die duale Abbildung T' jeder präkompakten linearen Abbildung T ist kompakt.*

0.10.7. Ist E ein Hilbertraum, so wird eine Abbildung $P \in \mathcal{L}(E, E)$ als **Projektor** bezeichnet, wenn die Aussagen

$$P = P^* \quad \text{und} \quad P^2 = P$$

gelten. Die Norm $\beta(P)$ eines Projektors ist niemals größer als 1.

SATZ. *Zu jedem abgeschlossenen linearen Teilraum H eines Hilbertraumes E gibt es einen Projektor P mit $\mathfrak{R}(P) = H$.*

0.11. Die zu einem lokalkonvexen Raum gehörigen normierten Räume

0.11.1. Ist U eine beliebige abgeschlossene und absolutkonvexe Nullumgebung des lokalkonvexen Raumes E, so setzen wir

$$N(U) = \{x \in E : p_U(x) = 0\}$$

und bezeichnen die dem Element $x \in E$ zugeordnete Restklasse des Quotientenraumes $E(U) = E/N(U)$ mit $x(U)$. Schließlich vereinbaren wir, daß auf dem linearen Raum $E(U)$ stets die aus der Norm

$$p[x(U)] = p_U(x) \quad \text{für } x \in E$$

erzeugte Topologie verwendet werden soll.

0.11.2. Für jede abgeschlossene und absolutkonvexe beschränkte Teilmenge A eines lokalkonvexen Raumes E ist

$$E(A) = \{x \in E : x \in \varrho A \text{ für ein } \varrho > 0\}$$

ein linearer Teilraum von E, auf dem man aus der Norm

$$p_A(x) = \inf \{\varrho > 0 : x \in \varrho A\} \quad \text{für } x \in E(A)$$

eine Topologie erzeugen kann.

0.11.3. Hat man eine beliebige Nullumgebung $U \in \mathfrak{U}(E)$, so läßt sich aus jeder Linearform $a \in E'(U^0)$ durch den Ansatz

$$\langle x(U), \mathfrak{a}\rangle = \langle x, a\rangle \qquad \text{für } x \in E$$

auf $E(U)$ eine stetige Linearform $\mathfrak{a}$ mit der Norm

$$p'(\mathfrak{a}) = \sup \{|\langle x, a\rangle| : x \in U\} = p_{U^0}(a)$$

erzeugen. Da man auf diese Art alle Linearformen $\mathfrak{a} \in [E(U)]_b'$ erhält, kann der topologische Dual $[E(U)]_b'$ mit dem im Sinne von 0.11.2 gebildeten Banachraum $E'(U^0)$ identifiziert werden.

0.11.4. Ist A eine beliebige Menge aus $\mathfrak{B}(E)$, so wird für jede Linearform $a \in E'$ durch den Ansatz

$$\langle x, \mathfrak{a}\rangle = \langle x, a\rangle \qquad \text{für } x \in E(A)$$

eine Linearform $\mathfrak{a} \in [E(A)]'$ mit der Norm

$$p'(\mathfrak{a}) = \sup \{|\langle x, a\rangle| : x \in A\} = p_{A^0}(a) = p[a(A^0)]$$

definiert. Der im Sinne von 0.11.1 gebildete normierte Raum $E'(A^0)$ läßt sich deshalb als linearer Teilraum des topologischen Duals $[E(A)]_b'$ auffassen, falls man die Restklasse $a(A^0)$ mit der Linearform $\mathfrak{a}$ identifiziert.

Man kann aber auch den normierten Raum $E(A)$ als linearen Teilraum des topologischen Duals $[E'(A^0)]_b'$ betrachten. Dazu muß man jedem Element $x \in E(A)$ die durch den Absatz

$$\langle \mathfrak{x}, a(A^0)\rangle = \langle x, a\rangle \qquad \text{für } a \in E'$$

definierte Linearform $\mathfrak{x} \in [E'(A^0)]'$ mit der Norm

$$p'(\mathfrak{x}) = \sup \{|\{x, a\rangle| : a \in A^0\} = p_A(x)$$

zuordnen.

0.11.5. Sind M und N zwei absolutkonvexe Teilmengen von E, für die mit einer positiven Zahl ϱ die Beziehung $N \subset \varrho M$ besteht, so schreiben wir $N \prec M$ (gelesen: M absorbiert N, N wird von M absorbiert). Man erkennt sofort, daß die so erklärte Relation $\prec$ transitiv ist.

Für zwei Nullumgebungen $U, V \in \mathfrak{U}(E)$ mit $V \prec U$ kann man eine **kanonische Abbildung** $E(V, U)$ von $E(V)$ auf $E(U)$ dadurch definieren, daß man jeder Restklasse $x(V) \in E(V)$ die eindeutig bestimmte Restklasse $x(U) \in E(U)$ zuordnet.

Hat man andererseits zwei beschränkte Teilmengen $A, B \in \mathfrak{B}(E)$ mit $A \prec B$, so gilt $E(A) \subset E(B)$ und die **kanonische Abbildung** $E(A, B)$ von $E(A)$ in $E(B)$ wird durch den Ansatz

$$E(A, B)\, x = x \qquad \text{für } x \in E(A)$$

erklärt.

Schließlich gilt für $A \in \mathfrak{B}(E)$ und $U \in \mathfrak{U}(E)$ stets $A \prec U$, und man kann eine **kanonische Abbildung** $E(A, U)$ von $E(A)$ in $E(U)$ definieren, indem man

$$E(A, U)\, x = x(U) \qquad \text{für } x \in E(A)$$

setzt.

0.12. Radonsche Maße

0.12.1. Die Gesamtheit der auf einem kompakten Hausdorffraum M erklärten stetigen reellen oder komplexen Funktionen $\varphi = [\varphi(x)]$ ist bezüglich der Operationen

$$[\varphi(x)] + [\psi(x)] = [\varphi(x) + \psi(x)] \quad \text{und} \quad \alpha[\varphi(x)] = [\alpha\,\varphi(x)]$$

ein linearer Raum $\mathscr{C}(M)$, der durch Einführung der Norm

$$\|\varphi\| = \sup\{|\varphi(x)| : x \in M\}$$

zu einem Banachraum wird. Außerdem hat $\mathscr{C}(M)$ die Eigenschaft, daß aus $\varphi = [\varphi(x)] \in \mathscr{C}(M)$ stets $|\varphi| = [|\varphi(x)|] \in \mathscr{C}(M)$ folgt.

0.12.2. Die auf $\mathscr{C}(M)$ stetigen Linearformen μ bezeichnet man als **Radonsche Maße**. Ein Radonsches Maß μ heißt **positiv**, wenn für jede Funktion $\varphi \in \mathscr{C}(M)$ mit $\varphi(x) \geqq 0$ die Aussage $\langle \varphi, \mu \rangle \geqq 0$ gilt. Ist μ ein beliebiges positives Radonsches Maß, so besteht die Abschätzung

$$|\langle \varphi, \mu \rangle| \leqq \langle |\varphi|, \mu \rangle \quad \text{für alle } \varphi \in \mathscr{C}(M)\,,$$

und für die Norm von μ, die mit $\mu(M)$ bezeichnet werden soll, gilt die Beziehung

$$\mu(M) = \langle [1]\,\mu \rangle,\,.$$

0.12.3. Für jedes Radonsche Maß μ erhält man durch den Ansatz

$$\langle \varphi, |\mu| \rangle = \sup\{|\langle \psi, \mu \rangle \langle \psi, \mu \rangle : \psi \in \mathscr{C}(M) \text{ mit } |\psi(x)| \leqq \varphi(x)\}$$

auf der Menge $\mathscr{C}^+(M)$ aller Funktionen $\varphi \in \mathscr{C}(M)$ mit $\varphi(x) \geqq 0$ eine reellwertige Funktion $|\mu|$ mit den folgenden Eigenschaften:

$$\langle \varphi + \psi, |\mu| \rangle = \langle \varphi, |\mu| \rangle + \langle \psi, |\mu| \rangle \qquad \text{für } \varphi, \psi \in \mathscr{C}^+(M)\,,$$

$$\langle \alpha\,\varphi, |\mu| \rangle = \alpha\,\langle \varphi, |\mu| \rangle \qquad \text{für } \varphi \in \mathscr{C}^+(M) \text{ und } \alpha \geqq 0.$$

Diese Funktion kann auf eindeutige Weise zu einem positiven Radonschen Maß fortgesetzt werden, das wir ebenfalls mit $|\mu|$ bezeichnen wollen. Es gilt dann stets

$$|\langle \varphi, \mu \rangle| \leqq \langle |\varphi|, |\mu| \rangle \quad \text{für } \varphi \in \mathscr{C}(M)\,.$$

0.12.4. Zu jedem positiven Radonschen Maß μ gibt es einen eindeutig bestimmten σ-Ring $\mathfrak{R}_\mu(M)$ von sogenannten **μ-meßbaren Teilmengen** des kompakten Hausdorffraumes M. Jeder Menge $A \in \mathfrak{R}_\mu(M)$ ist dann eine nicht negative Zahl $\mu(A)$ zugeordnet, die als **Maß** von A bezeichnet wird. Da sich der Wert von μ für alle stetigen Funktionen φ durch einen Integrationsprozeß aus der zugehörigen Mengenfunktion berechnen läßt, schreiben wir im folgenden die Zahl $\langle \varphi, \mu \rangle$ meistens in der Form

$$\int_M \varphi(x)\; d\mu\,.$$

0.12.5. Für jedes positive Radonsche Maß μ erhält man auf $\mathscr{C}(M)$ durch den Ansatz

$$(\varphi, \psi) = \int_M \varphi(x)\,\overline{\psi(x)}\; d\mu$$

ein Halbskalarprodukt mit der zugehörigen Halbnorm

$$\lambda_2(\varphi) = \left\{ \int_M |\varphi(x)|^2 \, d\mu \right\}^{1/2}.$$

Aus dem im Sinne von 0.11.1 gebildeten Quotientenraum von $\mathscr{C}(M)$ nach dem linearen Teilraum $\{\varphi \in \mathscr{C}(M) : \lambda_2(\varphi) = 0\}$ entsteht dann durch Vervollständigung der Hilbertraum $\mathfrak{L}^2_\mu(M)$, dessen Elemente als Restklassen $\hat{f}$ von reellen oder komplexen Funktionen f interpretiert werden können. Dabei gehören zwei Funktionen genau dann zur selben Restklasse, wenn sie nur auf einer Menge $A \in \mathfrak{R}_\mu(M)$ mit $\mu(A) = 0$ voneinander verschieden sind.

0.12.6. Die Funktion f_A mit

$$f_A(x) = 1 \quad \text{für } x \in A \quad \text{und} \quad f_A(x) = 0 \quad \text{für } x \notin A$$

heißt **charakteristische Funktion** der Teilmenge A. Es zeigt sich, daß die den sogenannten **μ-Treppenfunktionen**

$$f(x) = \sum_{r=1}^{n} \alpha_r f_{A_r}(x) \quad \text{mit} \quad A_r \in \mathfrak{R}_\mu(M)$$

zugeordneten Restklassen $\hat{f}$ einen dichten linearen Teilraum von $\mathfrak{L}^2_\mu(M)$ bilden.

KAPITEL 1

Summierbare Familien

Unbedingt konvergente unendliche Reihen von Elementen eines Banachraumes wurden schon 1931 von W. ORLICZ [1] betrachtet, der auch den Begriff der schwachen unbedingten Konvergenz einführte. Dagegen gelang erst 1950 der Nachweis, daß es in jedem unendlichdimensionalen normierten Raum unbedingt konvergente Reihen gibt, die nicht absolut konvergieren (Theorem von DVORETZKY und ROGERS 3.4.1).

Die in 1.1.1 angegebene Definition der *summierbaren Zahlenfamilien* stammt von E. H. MOORE, der zeigen konnte, daß eine unendliche Reihe von reellen oder komplexen Zahlen dann und nur dann unbedingt konvergiert, wenn sie summierbar ist. Der große Vorteil dieser Definition besteht darin, daß sie sich auch auf überabzählbare Zahlenfamilien anwenden läßt. Die Übertragung dieser Untersuchungen auf Familien aus normierten Räumen wurde von T. H. HILDEBRANDT vorgenommen.

Wir beschäftigen uns in diesem Kapitel mit *schwachsummierbaren, summierbaren* und *absolutsummierbaren Familien* aus einem beliebigen lokalkonvexen Raum. Dabei wird sich zeigen, daß diese Familien lineare Räume bilden, auf denen man in sinnvoller Weise lokalkonvexe Topologien erzeugen kann.

Große Bedeutung hat auch die in 1.5.5 eingeführte *Eigenschaft* (B). In Theorem 4.3.1 werden wir nämlich beweisen, daß nur diejenigen nuklearen lokalkonvexen Räume, die diese Eigenschaft haben, einen ebenfalls nuklearen starken topologischen Dual besitzen.

1.1. Summierbare Zahlenfamilien

1.1.1. Unter einer **Zahlenfamilie** $[\xi_i, I]$ verstehen wir eine Menge von reellen oder komplexen Zahlen ξ_i, die auf eindeutige Weise den Elementen i einer Indexmenge I zugeordnet sind.

Wird die Gesamtheit alle endlichen Teilmengen $\mathfrak{i}$ von I mit $\mathfrak{F}(I)$ bezeichnet, so bilden die endlichen **Partialsummen**

$$\sigma_{\mathfrak{i}} = \sum_{\mathfrak{i}} \xi_i \quad \text{mit} \quad \mathfrak{i} \in \mathfrak{F}(I)$$

für jede Zahlenfamilie $[\xi_i, I]$ ein gerichtetes System, wenn man in $\mathfrak{F}(I)$ die mengentheoretische Inklusion $\mathfrak{j} \supset \mathfrak{i}$ als $\geqq$-Relation verwendet.

Ist das gerichtete System $\{\sigma_{\mathfrak{i}}\}$ konvergent, so heißt die Zahlenfamilie $[\xi_i, I]$ **summierbar.** Der eindeutig bestimmte Grenzwert σ wird dann als **Summe** der Zahlenfamilie bezeichnet, und man schreibt

$$\sigma = \sum_{I} \xi_i \,.$$

Ist die Indexmenge I endlich, so fällt σ selbstverständlich mit der gewöhnlichen Summe zusammen.

Es muß hervorgehoben werden, daß die Anordnung der Zahlen ξ_i bei der Bestimmung von σ keine Rolle spielt.

1.1.2. LEMMA. *Gibt es zu der Zahlenfamilie* $[\xi_i, I]$ *eine positive Zahl* ϱ *mit*

$$\left|\sum_{\mathfrak{i}} \xi_i\right| \leqq \varrho \quad \textit{für alle} \quad \mathfrak{i} \in \mathfrak{F}(I)\,,$$

so bestehen die Ungleichungen

$$\sum_{\mathfrak{i}} |\xi_i| \leqq 4\,\varrho\,.$$

Beweis. Zuerst nehmen wir an, daß die Zahlenfamilie $[\xi_i, I]$ reell ist. Dann kann man jede Menge $\mathfrak{i} \in \mathfrak{F}(I)$ in zwei disjunkte Teile

$$\mathfrak{i}_+ = \{i \in \mathfrak{i} : \xi_i \geqq 0\} \quad \text{und} \quad \mathfrak{i}_- = \{i \in \mathfrak{i} : \xi_i < 0\}$$

zerlegen. Wegen

$$\sum_{\mathfrak{i}_+} |\xi_i| = \sum_{\mathfrak{i}_+} \xi_i \leqq \varrho \quad \text{und} \quad \sum_{\mathfrak{i}_-} |\xi_i| = -\sum_{\mathfrak{i}_-} \xi_i \leqq \varrho$$

besteht dann aber die Ungleichung

$$\sum_{\mathfrak{i}} |\xi_i| = \sum_{\mathfrak{i}_+} |\xi_i| + \sum_{\mathfrak{i}_-} |\xi_i| \leqq 2\,\varrho\,.$$

Ist die Zahlenfamilie $[\xi_i, I]$ dagegen komplex, so gelten für die reellen Zahlenfamilien $[\mathrm{Re}(\xi_i), I]$ und $[\mathrm{Im}(\xi_i), I]$ wegen

$$\left|\sum_{\mathfrak{i}} \mathrm{Re}(\xi_i)\right| = \left|\mathrm{Re}(\sum_{\mathfrak{i}} \xi_i)\right| \leqq \varrho \quad \text{und} \quad \left|\sum_{\mathfrak{i}} \mathrm{Im}(\xi_i)\right| = \left|\mathrm{Im}(\sum_{\mathfrak{i}} \xi_i)\right| \leqq \varrho$$

die Ungleichungen

$$\sum_{\mathfrak{i}} |\mathrm{Re}(\xi_i)| \leqq 2\,\varrho \quad \text{und} \quad \sum_{\mathfrak{i}} |\mathrm{Im}(\xi_i)| \leqq 2\,\varrho\,.$$

Folglich hat man

$$\sum_{\mathfrak{i}} |\xi_i| \leqq 4\,\varrho\,.$$

1.1.3. THEOREM. *Eine Zahlenfamilie* $[\xi_i, I]$ *ist dann und nur dann summierbar, wenn es eine positive Zahl* ϱ *gibt, so daß die Ungleichung*

$$\sum_{\mathfrak{i}} |\xi_i| \leqq \varrho \quad \textit{für alle} \ \mathfrak{i} \in \mathfrak{F}(I)$$

besteht.

Beweis. Wenn $[\xi_i, I]$ eine Zahlenfamilie mit der Summe σ ist, bestimmen wir eine Menge $\mathfrak{i}_0 \in \mathfrak{F}(I)$, so daß

$$|\sigma_{\mathfrak{j}} - \sigma| \leqq 1 \quad \text{für alle } \mathfrak{j} \in \mathfrak{F}(I) \text{ mit } \mathfrak{j} \supset \mathfrak{i}_0$$

gilt. Dann ergibt sich für jede Menge $\mathfrak{i} \in \mathfrak{F}(I)$ die Abschätzung

$$\left|\sum_{\mathfrak{i}} \xi_i\right| = \left|\sum_{\mathfrak{i} \cup \mathfrak{i}_0} \xi_i - \sigma + \sigma - \sum_{\mathfrak{i}_0 \setminus \mathfrak{i}} \xi_i\right| \leqq 1 + |\sigma| + \sum_{\mathfrak{i}_0} |\xi_i|\,.$$

Deshalb besteht auf Grund von Lemma 1.1.2 für alle $\mathfrak{i} \in \mathfrak{F}(I)$ die Ungleichung

$$\sum_{\mathfrak{i}} |\xi_i| \leqq (1 + |\sigma| + \sum_{\mathfrak{i}_0} |\xi_i|)\,,$$

in der die rechtsstehende Zahl konstant ist.

Wir betrachten nun eine Zahlenfamilie $[\xi_i, I]$, zu der es eine positive Zahl ϱ mit

$$\sum_{\mathfrak{i}} |\xi_i| \leqq \varrho \quad \text{für alle } \mathfrak{i} \in \mathfrak{F}(I)$$

gibt. Dann gilt die Ungleichung

$$\varrho_0 = \sup \left\{ \sum_{\mathfrak{i}} |\xi_i| : \mathfrak{i} \in \mathfrak{F}(I) \right\} \leqq \varrho < +\infty . \tag{1}$$

Deshalb existiert eine monoton wachsende Folge $\mathfrak{i}_1, \mathfrak{i}_2, \ldots$ von Mengen aus $\mathfrak{F}(I)$ mit

$$\sum_{\mathfrak{i}_n} |\xi_i| \geqq \varrho_0 - \frac{1}{n} . \tag{2}$$

Wegen (1) und (2) besteht dann die Ungleichung

$$\sum_{\mathfrak{i}} |\xi_i| \leqq \frac{1}{n} \quad \text{für alle } \mathfrak{i} \in \mathfrak{F}(I) \text{ mit } \mathfrak{i} \cup \mathfrak{i}_n = \emptyset . \tag{3}$$

Setzt man

$$\sigma_n = \sum_{\mathfrak{i}_n} \xi_i ,$$

so ergibt sich aus (3) für alle natürlichen Zahlen m und n mit $m \geqq n$ die Abschätzung

$$|\sigma_m - \sigma_n| \leqq \sum_{\mathfrak{i}_m \setminus \mathfrak{i}_n} |\xi_i| \leqq \frac{1}{n} .$$

Folglich ist $\{\sigma_n\}$ eine Cauchy-Folge, die einen Grenzwert σ besitzen muß. Wir können deshalb zu jeder positiven Zahl δ eine natürliche Zahl n mit $n \geqq \frac{2}{\delta}$ und $|\sigma_n - \sigma| \leqq \frac{\delta}{2}$ bestimmen. Dann gilt aber für alle Menge $\mathfrak{i} \in \mathfrak{F}(I)$ mit $\mathfrak{i} \supset \mathfrak{i}_n$ die Ungleichung

$$|\sigma_{\mathfrak{i}} - \sigma| = \left| \sum_{\mathfrak{i} \setminus \mathfrak{i}_n} \xi_i + \sigma_n - \sigma \right| \leqq \frac{1}{n} + \frac{\delta}{2} \leqq \delta .$$

Damit haben wir bewiesen, daß das gerichtete System der endlichen Partialsummen gegen σ konvergiert.

1.1.4. Aus Theorem 1.1.3 folgt, daß mit $[\xi_i, I]$ stets auch die Zahlenfamilie $[|\xi_i|, I]$ summierbar sein muß. Es existiert demnach auch der Grenzwert

$$\sum_{I} |\xi_i| = \sup \left\{ \sum_{\mathfrak{i}} |\xi_i| : \mathfrak{i} \in \mathfrak{F}(I) \right\} .$$

Folglich kann man die Aussage, daß eine Zahlenfamilie $[\xi_i, I]$ summierbar ist, auch durch die Ungleichung

$$\sum_{I} |\xi_i| < +\infty$$

zum Ausdruck bringen.

1.1.5. SATZ. *Jede summierbare Zahlenfamilie enthält höchstens abzählbar viele nicht verschwindende Glieder.*

Beweis. Mit der Bezeichnung von 1.1.3 setzen wir

$$I_0 = \bigcup_{n=1}^{\infty} \mathfrak{i}_n .$$

Dann ist I_0 endlich oder abzählbar unendlich, und für jeden Index $i \in I \setminus I_0$ folgt aus (3) wegen $\{i\} \cap \mathfrak{i}_n = \emptyset$, daß für alle natürlichen Zahlen n die Ungleichung $|\xi_i| \leqq \frac{1}{n}$ besteht. Deshalb hat man

$$\xi_i = 0 \quad \text{für } i \in I \setminus I_0 .$$

1.1.6. Man sagt, daß eine Zahlenfamilie $[\alpha_i, I]$ **gegen 0 konvergiert,** wenn es zu jeder positiven Zahl δ eine Menge $\mathfrak{i} \in \mathfrak{F}(I)$ gibt, so daß die Ungleichung

$$|\alpha_i| \leqq \delta \qquad \text{für alle } i \notin \mathfrak{i}$$

gilt.

Die Gesamtheit $\boldsymbol{c}_I$ dieser Zahlenfamilien bildet bezüglich der Operationen

$$[\alpha_i, I] + [\beta_i, I] = [\alpha_i + \beta_i, I] \text{ und } \lambda[\alpha_i, I] = [\lambda\,\alpha_i, I]$$

einen Banachraum mit der Norm

$$\lambda_\infty[\alpha_i, I] = \sup\{|\alpha_i| : i \in I\} .$$

Da sich jede auf $\boldsymbol{c}_I$ stetige Linearform x mit einer eindeutig bestimmten summierbaren Zahlenfamilie $[\xi_i, I]$ in der Form

$$\langle [\alpha_i, I], x\rangle = \sum_I \alpha_i \xi_i$$

darstellen läßt, fällt der topologische Dual von $\boldsymbol{c}_I$ mit dem Banachraum $\boldsymbol{l}_I^1$ aller summierbaren Zahlenfamilien zusammen. Dabei muß man auf $\boldsymbol{l}_I^1$ die Norm

$$\lambda_1[\xi_i, I] = \sum_I |\xi_i|$$

verwenden.

Ganz analog ergibt sich, daß der topologische Dual von $\boldsymbol{l}_I^1$ mit dem Banachraum $\boldsymbol{m}_I$ alle beschränkten Zahlenfamilien identifiziert werden kann.

Als Ergänzung zu diesen Bemerkungen formulieren wir das

LEMMA. *Ist $[\xi_i, I]$ eine Zahlenfamilie, für die mit $[\alpha_i, I] \in \boldsymbol{c}_I$ stets*

$$\sum_I |\alpha_i \xi_i| < +\infty$$

gilt, so besteht die Ungleichung

$$\sum_I |\xi_i| < +\infty .$$

Beweis. Wenn für die Zahlenfamilie $[\xi_i, I]$ die Beziehung

$$\sum_I |\xi_i| = +\infty$$

bestehen würde, könnte man eine mit $\mathfrak{i}_0 = \emptyset$ beginnende monoton wachsende Folge von Menge $\mathfrak{i}_r \in \mathfrak{F}(I)$ bestimmen, so daß die Ungleichungen

$$\sum_{\mathfrak{i}_r} |\xi_i| \geqq r^2$$

gelten. Dann würde die Zahlenfamilie $[\alpha_i, I]$ mit $\alpha_i = \frac{1}{n}$ für $i \in \mathfrak{i}_n \setminus \mathfrak{i}_{n-1}$ und $n = 1, 2, \ldots$ sowie $\alpha_i = 0$ für $i \notin \bigcup_{n=1}^{\infty} \mathfrak{i}_n$ zu $\boldsymbol{c}_I$ gehören, und es müßte die Ungleichung

$$\sum_I |\alpha_i \xi_i| < +\infty$$

bestehen. Das kann aber wegen

$$\sum_I |\alpha_i \xi_i| \geqq \sum_{i_r} |\alpha_i \xi_i| \geqq r \quad \text{für } r = 0, 1, \ldots$$

nicht sein.

1.1.7. Eine Zahlenfamilie $[\xi_i, I]$ heißt **quadratischsummierbar,** wenn die Ungleichung

$$\sum_I |\xi_i|^2 < +\infty$$

gilt.

Die Gesamtheit l_I^2 dieser Zahlenfamilien bildet bezüglich der Operationen

$$[\xi_i, I] + [\eta_i, I] = [\xi_i + \eta_i, I] \quad \text{und} \quad \lambda[\xi_i, I] = [\lambda\,\xi_i, I]$$

einen linearen Raum, auf dem durch den Ansatz

$$([\xi_i, I], [\eta_i, I]) = \sum_I \xi_i \bar{\eta}_i$$

ein Skalarprodukt eingeführt werden kann, denn die rechtsstehende Summe existiert auf Grund der **Hölderschen Ungleichung**

$$\sum_I |\xi_i \eta_i| \leqq \left\{\sum_I |\xi_i|^2\right\}^{1/2} \left\{\sum_I |\eta_i|^2\right\}^{1/2} < +\infty$$

für alle Paare von quadratischsummierbaren Zahlenfamilien. Man kann zeigen, daß l_I^2 für die aus der zugehörigen Norm

$$\lambda_2[\xi_i, I] = \left\{\sum_I |\xi_i|^2\right\}^{1/2}$$

gewonnenen Topologie vollständig ist. Deshalb ist l_I^2 ein Hilbertraum.

Wir erwähnen noch das folgende

LEMMA. *Ist $[\alpha_i, I]$ eine Zahlenfamilie, für die mit $[\xi_i, I] \in l_I^2$ stets*

$$\sum_I |\alpha_i \xi_i| \leqq \alpha \left\{\sum_I |\xi_i|^2\right\}^{1/2}$$

gilt, so besteht die Ungleichung

$$\sum_I |\alpha_i|^2 \leqq \alpha^2 .$$

1.2 Schwachsummierbare Familien in lokalkonvexen Räumen

1.2.1. Unter einer Familie $[x_i, I]$ aus einem lokalkonvexen Raum E verstehen wir eine Menge von Elementen $x_i \in E$, die auf eindeutige Weise den Elementen i einer Indexmenge I zugeordnet sind.

Eine solche Familie $[x_i, I]$ heißt **schwachsummierbar,** wenn für jede stetige Linearform $a \in E'$ die Ungleichung

$$\sum_I |\langle x_i, a\rangle| < +\infty$$

besteht.

1.2.2. Unmittelbar aus dieser Definition folgt, daß die Gesamtheit $\boldsymbol{l}_I^1[E]$ aller schwachsummierbaren Familien $[x_i, I]$ aus E bezüglich der Operationen

$$[x_i, I] + [y_i, I] = [x_i + y_i, I] \quad \text{und} \quad \alpha[x_i, I] = [\alpha\, x_i, I]$$

einen linearen Raum bildet.

1.2.3. Für jede Familie $[x_i, I] \in \boldsymbol{l}_I^1[E]$ ist

$$A = \left\{\sum_{\mathfrak{i}} \alpha_i\, x_i : |\alpha_i| \leqq 1 \quad \text{und} \quad \mathfrak{i} \in \mathfrak{F}(I)\right\}$$

eine schwach beschränkte Teilmenge von E, denn mit jeder stetigen Linearform $a \in E'$ gilt die Abschätzung

$$\left|\left\langle \sum_{\mathfrak{i}} \alpha_i\, x_i\, a\right\rangle\right| \leqq \sum_I |\langle x_i, a\rangle| < +\infty\,.$$

Folglich muß A nach 0.6.3 eine beschränkte Teilmenge von E sein. Es gibt demnach zu jeder Nullumgebung $U \in \mathfrak{U}(E)$ eine positive Zahl ϱ mit

$$\sum_{\mathfrak{i}} \alpha_i\, x_i \in \varrho\, U \qquad \text{für } |\alpha_i| \leqq 1 \text{ und } \mathfrak{i} \in \mathfrak{F}(I)\,.$$

Bestimmt man insbesondere zu jeder stetigen Linearform $a \in U^0$ die Zahlen α_i mit $|\alpha_i| = 1$ so, daß $\alpha_i\langle x_i, a\rangle = |\langle x_i, a\rangle|$ gilt, dann ergibt sich die Abschätzung

$$\sum_{\mathfrak{i}} |\langle x_i, a\rangle| = \left\langle \sum_{\mathfrak{i}} \alpha_i\, x_i, a\right\rangle \leqq \varrho \qquad \text{für } \mathfrak{i} \in \mathfrak{F}(I) \text{ und } a \in U^0\,.$$

Deshalb hat man

$$\boldsymbol{\varepsilon}_U[x_i, I] = \sup\left\{\sum_I |\langle x_i, a\rangle| : a \in U^0\right\} \leqq \varrho < +\infty\,.$$

Man überzeugt sich leicht, daß durch diesen Ansatz auf $\boldsymbol{l}_I^1[E]$ ein System von Halbnormen $\boldsymbol{\varepsilon}_U[x_i, I]$ gewonnen wird, aus dem man in der üblichen Weise eine Topologie erhält, die wir als **$\boldsymbol{\varepsilon}$-Topologie** bezeichnen wollen.

Es ist klar, daß man zur Erzeugung dieser $\boldsymbol{\varepsilon}$-Topologie nicht unbedingt alle Halbnormen $\boldsymbol{\varepsilon}_U[x_i, I]$ mit $U \in \mathfrak{U}(E)$ benötigt. Vielmehr reicht es aus, wenn U ein beliebiges Fundamentalsystem von Nullumgebungen durchläuft.

1.2.4. SATZ. *Für jeden vollständigen lokalkonvexen Raum E ist auch $\boldsymbol{l}_I^1[E]$ vollständig.*

Beweis. Wir betrachten in $\boldsymbol{l}_I^1[E]$ ein beliebiges gerichtetes Cauchy-System $\{[x_i^{[\alpha]}, I]\}$. Dann ist $\{x_i^{[\alpha]}\}$ für jeden Index $i \in I$ ein gerichtetes Cauchy-System in E, und es gibt ein Element $x_i \in E$ mit

$$\lim_{\alpha} x_i^{[\alpha]} = x_i\,. \tag{1}$$

Wir zeigen nun, daß das vorgegebene gerichtete Cauchy-System in der $\boldsymbol{\varepsilon}$-Topologie gegen die aus den Elementen x_i gebildete Familie $[x_i, I]$ konvergiert. Zu diesem Zweck bestimmen wir für jede Nullumgebung $U \in \mathfrak{U}(E)$ ein β_0 mit

$$\sum_I |\langle x_i^{[\alpha]} - x_i^{[\beta]}, a\rangle| \leqq 1 \quad \text{für} \quad a \in U^0 \quad \text{und} \quad \alpha, \beta \geqq \beta_0\,. \tag{2}$$

Wegen (1) ergibt sich aus (2) durch Grenzübergang

$$\sum_I |\langle x_i - x_i^{[\beta]}, a\rangle| \leqq 1 \quad \text{für} \quad a \in U^0 \text{ und } \beta \geqq \beta_0 . \tag{3}$$

Somit besteht für alle $a \in U^0$ die Ungleichung

$$\sum_I |\langle x_i, a\rangle| \leqq \sum_I |\langle x_i - x_i^{[\beta]}, a\rangle| + \sum_I |\langle x_i^{[\beta]}, a\rangle \leqq 1 + \sum_I |\langle x_i^{[\beta]}, a\rangle| < +\infty .$$

Da aber jede stetige Linearform $a \in E'$ für eine geeignete Nullumgebung $U \in \mathfrak{U}(E)$ in U^0 liegt, erkennt man, daß die Familie $[x_i, I]$ zu $\boldsymbol{l}_I^1[E]$ gehört. Nun folgt aber unmittelbar aus (3) die Beziehung

$$\varepsilon - \lim_\beta [x_i^{[\beta]}, I] = [x_i, I] .$$

Damit ist die Vollständigkeit von $\boldsymbol{l}_I^1[E]$ bewiesen.

1.3. Summierbare Familien in lokalkonvexen Räumen

1.3.1. Für jede schwachsummierbare Familie $[x_i, I] \in \boldsymbol{l}_I^1[E]$ und alle Mengen $\mathfrak{i} \in \mathfrak{F}(I)$ gehören auch die Familien $[x_i(\mathfrak{i}), I]$ mit $x_i(\mathfrak{i}) = x_i$ für $i \in \mathfrak{i}$ und $x_i(\mathfrak{i}) = 0$ für $i \notin \mathfrak{i}$ zu $\boldsymbol{l}_I^1[E]$. Diese Familien bilden ein gerichtetes System, wenn man in $\mathfrak{F}(I)$ die mengentheoretische Inklusion $\mathfrak{j} \supset \mathfrak{i}$ als $\geqq$-Relation verwendet.

Wir werden im folgenden eine Familie $[x_i, I] \in \boldsymbol{l}_I^1[E]$ als **summierbar** bezeichnen, wenn für sie die Beziehung

$$\varepsilon - \lim_{\mathfrak{i}} [x_i(\mathfrak{i}), I] = [x_i, I]$$

besteht.

1.3.2. Unmittelbar aus dieser Definition folgt, daß die Gesamtheit $\boldsymbol{l}_I^1(E)$ aller summierbaren Familien $[x_i, I]$ aus E bezüglich der Operationen

$$[x_i, I] + [y_i, I] = [x_i + y_i, I] \quad \text{und} \quad \alpha[x_i, I] = [\alpha\, x_i, I]$$

einen linearen Raum bildet, auf dem wir stets die durch $\boldsymbol{l}_I^1[E]$ induzierte ε-Topologie verwenden wollen.

1.3.3. SATZ. *Für jeden lokalkonvexen Raum E ist $\boldsymbol{l}_I^1(E)$ ein abgeschlossener linearer Teilraum von $\boldsymbol{l}_I^1[E]$.*

Beweis. Wir betrachten eine Familie $[x_i, I] \in \boldsymbol{l}_I^1[E]$, die in der abgeschlossenen Hülle von $\boldsymbol{l}_I^1(E)$ liegt. Dann gibt es zu jeder Nullumgebung $U \in \mathfrak{U}(E)$ eine Familie $[y_i, I] \in \boldsymbol{l}_I^1(E)$ mit

$$\varepsilon_U[x_i - y_i, I] \leqq \frac{1}{3} .$$

Nun bestimmen wir eine Menge $\mathfrak{i}_0 \in \mathfrak{F}(I)$, so daß

$$\varepsilon_U[y_i - y_i(\mathfrak{i}), I] \leqq \frac{1}{3} \quad \text{für alle } \mathfrak{i} \in \mathfrak{F}(I) \text{ mit } \mathfrak{i} \supset \mathfrak{i}_0$$

gilt. Dann besteht wegen

$$\varepsilon_U[x_i - x_i(\mathfrak{i}), I] \leqq \varepsilon_U[x_i - y_i, I] + \varepsilon_U[y_i - y_i(\mathfrak{i}), I] + \varepsilon_U[y_i(\mathfrak{i}) - x_i(\mathfrak{i}), I]$$

die Ungleichung

$$\varepsilon_U[x_i - x_i(\mathfrak{i}), I] \leqq 1 \text{ für alle } \mathfrak{i} \in \mathfrak{F}(I) \text{ mit } \mathfrak{i} \supset \mathfrak{i}_0 .$$

Folglich hat man

$$\varepsilon - \lim_{\mathfrak{i}} [x_\iota(\mathfrak{i}),\ I] = [x_\iota,\ I]\ ,$$

und wir haben gezeigt, daß die Familie $[x_\iota, I]$ in $\mathfrak{l}_I^1(E)$ liegt. Damit ist unsere Behauptung bewiesen.

1.3.4. Wegen 1.2.4 und 1.3.3 gilt der

SATZ. *Für jeden vollständigen lokalkonvexen Raum E ist auch $\mathfrak{l}_I^1(E)$ vollständig.*

1.3.5. Ohne Beweis vermerken wir die Tatsache, daß in einem schwach quasivollständigen lokalkonvexen Raum alle schwachsummierbaren Familien summierbar sind. Im allgemeinen ist jedoch $\mathfrak{l}_I^1(E)$ ein echter linear Teilraum von $\mathfrak{l}_I^1[E]$. Immerhin gilt der

SATZ. *Aus $[x_\iota, I] \in \mathfrak{l}_I^1[E]$ und $[\alpha_\iota, I] \in \mathfrak{c}_I$ folgt stets $[\alpha_\iota x_\iota, I] \in \mathfrak{l}_I^1(E)$.*

Beweis. Ist U eine beliebige Nullumgebung aus $\mathfrak{U}(E)$, so bestimmen wir eine Menge $\mathfrak{i}_0 \in \mathfrak{F}(I)$ mit

$$|\alpha_\iota| \leqq (\varepsilon_U[x_\iota,\ I] + 1)^{-1} \quad \text{für } \iota \notin \mathfrak{i}_0\ .$$

Dann besteht für jede Menge $\mathfrak{i} \in \mathfrak{F}(I)$ mit $\mathfrak{i} \supset \mathfrak{i}_0$ und alle $a \in U^0$ die Ungleichung

$$\sum_{I \setminus \mathfrak{i}} |\langle \alpha_\iota x_\iota, a\rangle| \leqq (\varepsilon_U[x_\iota,\ I] + 1)^{-1} \sum_I |\langle x_\iota, a\rangle| \leqq 1\ ,$$

und die Beziehung

$$\varepsilon - \lim_{\mathfrak{i}} [\alpha_\iota x_\iota(\mathfrak{i}),\ I] = [\alpha_\iota x_\iota,\ I]$$

ist bewiesen.

1.3.6. THEOREM. *Eine Familie $[x_\iota, I]$ aus einem lokalkonvexen Raum E ist dann und nur dann summierbar, wenn die endlichen Partialsummen*

$$s_{\mathfrak{i}} = \sum_{\mathfrak{i}} x_\iota \qquad \textit{mit } \mathfrak{i} \in \mathfrak{F}(I)$$

ein gerichtetes Cauchy-System bilden.

Beweis. Wenn $\{s_{\mathfrak{i}}\}$ ein gerichtetes Cauchy-System ist, kann man zu jeder Nullumgebung $U \in \mathfrak{U}(E)$ eine Menge $\mathfrak{i}_0 \in \mathfrak{F}(I)$ bestimmen, so daß

$$s_{\mathfrak{i}_1} - s_{\mathfrak{i}_2} \in \frac{1}{4}\, U \quad \text{für alle } \mathfrak{i}_1,\ \mathfrak{i}_2 \in \mathfrak{F}(I) \text{ mit } \mathfrak{i}_1,\ \mathfrak{i}_2 \supset \mathfrak{i}_0$$

gilt. Demnach besteht für $a \in U^0$ und $\mathfrak{j} \in \mathfrak{F}(I \setminus \mathfrak{i}_0)$ die Ungleichung

$$\Big|\sum_{\mathfrak{j}} \langle x_\iota,\ a\rangle\Big| = |\langle s_{\mathfrak{j} \cup \mathfrak{i}_0} - s_{\mathfrak{i}_0},\ a\rangle| \leqq \frac{1}{4}\,,$$

so daß sich auf Grund von Lemma 1.1.2 die Abschätzung

$$\sum_{I \setminus \mathfrak{i}_0} |\langle x,\ a\rangle| = \sup\Big\{\sum_{\mathfrak{j}} |\langle x_\iota,\ a\rangle| : \mathfrak{j} \in \mathfrak{F}(I \setminus \mathfrak{i}_0)\Big\} \leqq 1 \quad \text{für } a \in U^0$$

ergibt. Das bedeutet aber, daß für jede Menge $\mathfrak{i} \in \mathfrak{F}(I)$ mit $\mathfrak{i} \supset \mathfrak{i}_0$ die Aussage $\varepsilon_U[x_\iota - x_\iota(\mathfrak{i}), I] \leqq 1$ gilt. Weil U eine beliebige Nullumgebung aus $\mathfrak{U}(E)$ war, ist damit die Beziehung

$$\varepsilon - \lim_{\mathfrak{i}} [x_\iota(\mathfrak{i}),\ I] = [x_\iota,\ I] \quad \text{oder} \quad [x_\iota,\ I] \in \mathfrak{l}_I^1(E)$$

bewiesen.

Hat man andererseits eine beliebige summierbare Familie $[x_\iota, I]$ aus E, so gilt die Aussage

$$\varepsilon - \lim_{\mathfrak{i}} [x_\iota(\mathfrak{i}), I] = [x_\iota, I] ,$$

und die Familien $[x_\iota(\mathfrak{i}), I]$ bilden ein gerichtetes Cauchy-System in $l_I^1(E)$. Deshalb gibt es zu jeder Nullumgebung $U \in \mathfrak{U}(E)$ eine Menge $\mathfrak{i}_0 \in \mathfrak{F}(I)$, so daß

$$\varepsilon_U[x_\iota(\mathfrak{i}_1) - x_\iota(\mathfrak{i}_2), I] \leqq 1 \quad \text{für } \mathfrak{i}_1, \mathfrak{i}_2 \in \mathfrak{F}(I) \text{ mit } \mathfrak{i}_1, \mathfrak{i}_2 \supset \mathfrak{i}_0$$

gilt. Daraus folgt für alle stetigen Linearformen $a \in U^0$ die Ungleichung

$$|\langle s_{\mathfrak{i}_1} - s_{\mathfrak{i}_2}, a\rangle| = \left|\left\langle \sum_I [x_\iota(\mathfrak{i}_1) - x(\mathfrak{i}_2)], a \right\rangle\right| \leqq$$

$$\leqq \sum_I |\langle x_\iota(\mathfrak{i}_1) - x_\iota(\mathfrak{i}_2), a\rangle| = \varepsilon_U [x_\iota(\mathfrak{i}_1) - x_\iota(\mathfrak{i}_2), I] \leqq 1 ,$$

so daß auf Grund des Bipolarensatzes die Beziehung

$$s_{\mathfrak{i}_1} - s_{\mathfrak{i}_2} \in U \quad \text{für } \mathfrak{i}_1, \mathfrak{i}_2 \in \mathfrak{F}(I) \text{ mit } \mathfrak{i}_1, \mathfrak{i}_2 \supset \mathfrak{i}_0$$

besteht. Damit haben wir aber gezeigt, daß die endlichen Partialsummen $s_{\mathfrak{i}}$ für jede summierbare Familie $[x_\iota, I]$ ein gerichtetes Cauchy-System bilden.

1.3.7. Aus dem soeben bewiesenen Theorem folgt, daß man jeder Familie $[x_\iota, I] \in l_I^1(E)$ als **Summe** den in der vollständigen Hülle von E liegenden Grenzwert s des gerichteten Cauchy-Systems $\{s_{\mathfrak{i}}\}$ zuordnen kann. Man schreibt dann

$$s = \sum_I x_\iota .$$

Ist die Indexmenge I endlich, so fällt s selbstverständlich mit der gewöhnlichen Summe zusammen.

Es muß hervorgehoben werden, daß die Anordnung der Elemente x_ι bei der Bestimmung von s keine Rolle spielt.

1.4. Absolutsummierbare Familien in lokalkonvexen Räumen

1.4.1. Eine Familie $[x_\iota, I]$ aus einem lokalkonvexen Raum E heißt **absolutsummierbar,** wenn für jede Nullumgebung $U \in \mathfrak{U}(E)$ die Ungleichung

$$\sum_I p_U(x_\iota) < +\infty$$

besteht.

1.4.2. Unmittelbar aus dieser Definition folgt, daß die Gesamtheit $l_I^1\{E\}$ aller absolutsummierbaren Familien $[x_\iota, I]$ aus E bezüglich der Operationen

$$[x_\iota, I] + [y_\iota, I] = [x_\iota + y_\iota, I] \quad \text{und} \quad \alpha[x_\iota, I] = [\alpha\, x_\iota\, I]$$

einen linearen Raum bildet, auf dem man aus den Halbnormen

$$\pi_U[x_\iota, I] = \sum_I p_U(x_\iota) \quad \text{mit } U \in \mathfrak{U}(E)$$

eine lokalkonvexe Topologie erzeugen kann, die wir als **π-Topologie** bezeichnen wollen.

Es ist klar, daß man zur Erzeugung dieser π-Topologie nicht unbedingt alle Halbnormen $\pi_U[x_i, I]$ mit $U \in \mathfrak{U}(E)$ benötigt. Vielmehr reicht es aus, wenn U ein beliebiges Fundamentalsystem von Nullumgebungen durchläuft.

1.4.3. SATZ. *Für jeden vollständigen lokalkonvexen Raum E ist auch $l_I^1\{E\}$ vollständig*

Beweis. Wir betrachten in $l_I^1\{E\}$ ein beliebiges gerichtetes Cauchy-System $\{[x_i^{[\alpha]}, I]\}$. Dann ist $\{x_i^{[\alpha]}\}$ für jeden Index $i \in I$ ein gerichtetes Cauchy-System in E, und es gibt ein Element $x_i \in E$ mit

$$\lim_\alpha x_i^{[\alpha]} = x_i \,. \tag{1}$$

Wir zeigen nun, daß das vorgegebene gerichtete Cauchy-System in der π-Topologie gegen die aus den Elementen x_i gebildete Familie $[x_i, I]$ konvergiert. Zu diesem Zweck bestimmen wir zu jeder Nullumgebung $U \in \mathfrak{U}(E)$ ein β_0 mit

$$\sum_I p_U\,(x_i^{[\alpha]} - x_i^{[\beta]}) \leqq 1 \quad \text{für } \alpha, \beta \geqq \beta_0 \,. \tag{2}$$

Wegen (1) ergibt sich aus (2) durch Grenzübergang

$$\sum_I p_U\,(x_i - x_i^{[\beta]}) \leqq 1 \quad \text{für } \beta \geqq \beta_0 \,. \tag{3}$$

Folglich besteht für jede Nullumgebung $U \in \mathfrak{U}(E)$ die Ungleichung

$$\sum_I p_U\,(x_i) \leqq \sum_I p_U(x_i - x_i^{[\beta]}) + \sum_I p_U(x_i^{[\beta]}) \leqq 1 + \sum_I p_U(x_i^{[\beta]}) < +\infty \,,$$

so daß die Familie $[x_i, I]$ zu $l_I^1\{E\}$ gehört. Nun folgt aber unmittelbar aus (3) die Beziehung

$$\pi - \lim_\alpha\, [x_i^{[\alpha]}, I] = [x_i, I] \,.$$

Damit ist die Vollständigkeit von $l_I^1\{E\}$ bewiesen.

1.4.4. Als Analogon zu der in 1.3.1 angegebenen Definition der summierbaren Familien erhält man den

SATZ. *Für jede absolutsummierbare Familie $[x_i, I]$ aus einem lokalkonvexen Raum E gilt*

$$\pi - \lim_{\mathfrak{i}}\, [x_i(\mathfrak{i}), I] = [x_i, \lambda] \,.$$

Beweis. Ist U eine beliebige Nullumgebung aus $\mathfrak{U}(E)$, so gibt es wegen

$$\sum_I p_U(x_i) < +\infty$$

eine Menge $\mathfrak{i}_0 \in \mathfrak{F}(I)$ mit

$$\sum_{I \setminus \mathfrak{i}_0} p_U(x_i) \leqq 1 \,.$$

Folglich hat man

$$\pi_U[x_i - x_i(\mathfrak{i}), I] \leqq 1 \quad \text{für alle } \mathfrak{i} \in \mathfrak{F}(I) \text{ mit } \mathfrak{i} \supset \mathfrak{i}_0 \,,$$

und die behauptete Beziehung ist bewiesen.

1.4.5. SATZ. *Für jeden lokalkonvexen Raum E besteht die Beziehung*

$$\mathfrak{l}_I^1\{E\} \subset \mathfrak{l}_I^1(E) ,$$

und die identische Abbildung von $\mathfrak{l}_I^1\{E\}$ in $\mathfrak{l}_I^1(E)$ ist stetig.

Beweis. Wir betrachten eine beliebige absolutsummierbare Familie $[x_i, I]$ aus dem lokalkonvexen Raum E. Da es zu jeder stetigen Linearform $a \in E'$ eine Nullumgebung $U \in \mathfrak{U}(E)$ mit $a \in U^0$ gibt, gilt stets die Ungleichung

$$\sum_I |\langle x_i, a\rangle| \leqq \sum_I p_U(x_i) < +\infty ,$$

und die Familie $[x_i, I]$ ist schwachsummierbar. Folglich besteht die Beziehung

$$\mathfrak{l}_I^1\{E\} \subset \mathfrak{l}_I^1[E] .$$

Da für jede Nullumgebung $U \in \mathfrak{U}(E)$ und alle Familien $[x_i, I] \in \mathfrak{l}_I^1\{E\}$ die Abschätzung

$$\sum_I |\langle x_i, a\rangle| \leqq \sum_I p_U(x_i) \quad \text{mit } a \in U^0$$

gilt, hat man

$$\varepsilon_U[x_i, I] \leqq \pi_U[x_i, I] \quad \text{für } [x_i, I] \in \mathfrak{l}_I^1\{E\} .$$

Deshalb ist die identische Abbildung von $\mathfrak{l}_I^1\{E\}$ in $\mathfrak{l}_I^1[E]$ stetig. Nun erkennt man, daß jede absolutsummierbare Familie auch summierbar ist, denn aus der in 1.4.4 bewiesenen Beziehung

$$\pi - \lim_{\mathfrak{i}} [x_i(\mathfrak{i}), I] = [x_i, I]$$

folgt

$$\varepsilon - \lim_{\mathfrak{i}} [x_i(\mathfrak{i}), I] = [x_i, I] .$$

1.5. Totalsummierbare Familien in lokalkonvexen Räumen

1.5.1. Eine Familie $[x_i, I]$ aus einem lokalkonvexen Raum E heißt **totalsummierbar,** wenn es eine beschränkte Teilmenge $B \in \mathfrak{B}(E)$ gibt, so daß die Ungleichung

$$\sum_I p_B(x_i) < +\infty$$

besteht.

1.5.2. Unmittelbar aus dieser Definition folgt, daß die Gesamtheit $\mathfrak{l}_I^1\langle E\rangle$ aller totalsummierbaren Familien $[x_i, I]$ aus E bezüglich der Operationen

$$[x_i, I] + [y_i, I] = [x_i + y_i, I] \quad \text{und} \quad \alpha[x_i, I] = [\alpha\, x_i, I]$$

einen linearen Raum bildet.

1.3.5. SATZ. *Jede totalsummierbare Familie $[x_i, I]$ aus einem lokalkonvexen Raum E enthält höchstens abzählbar viele Elemente $x_i \neq 0$.*

Beweis. Aus der Ungleichung

$$\sum_I p_B(x_i) < +\infty$$

und Satz 1.1.5 folgt, daß die Menge

$$I_0 = \{i \in I : p_B(x_i) > 0\} = \{i \in I : x_i \neq 0\}$$

höchstens abzählbar unendlich sein kann.

1.5.4. SATZ. *Jede totalsummierbare Familie aus einem lokalkonvexen Raum ist absolutsummierbar.*

Beweis. Zu jeder totalsummierbaren Familie $[x_i, I]$ aus einem lokalkonvexen Raum E gibt es nach Definition eine beschränkte Teilmenge $B \in \mathfrak{B}(E)$ mit

$$\sum_I p_B(x_i) < +\infty .$$

Da aber zu jeder Nullumgebung $U \in \mathfrak{U}(E)$ eine positive Zahl ϱ mit $B \subset \varrho\, U$ existiert, gelten auch die Ungleichungen

$$\sum_I p_U(x_i) \leqq \varrho \sum_I p_B(x_i) < +\infty .$$

1.5.5. Wir sagen, daß ein lokalkonvexer Raum E die **Eigenschaft** (B) hat, wenn zu jeder beschränkten Teilmenge $\mathbf{B}$ von $l^1_N\{E\}$ eine Menge $B \in \mathfrak{B}(E)$ existiert, so daß

$$\sum_N p_B(x_n) \leqq 1 \quad \text{für } [x_n, N] \in \mathbf{B}$$

gilt. Dabei ist N die Menge der natürlichen Zahlen.

1.5.6. SATZ. *In jedem lokalkonvexen Raum E mit der Eigenschaft (B) sind alle absolutsummierbaren Familien sogar totalsummierbar.*

Beweis. Wir betrachten in E eine beliebige absolutsummierbare Familie $[x_i, I]$. Ist $\mathfrak{i} = \{i_1, \ldots, i_k\}$ eine endliche Teilmenge von I, so setzen wir $x_n(\mathfrak{i}) = x_{i_n}$ für $n = 1, \ldots, k$ und $x_n(\mathfrak{i}) = 0$ für $n > k$. Dann bilden die Familien $[x_n(\mathfrak{i}), N]$ mit $\mathfrak{i} \in \mathfrak{F}(I)$ wegen

$$\pi_U[x_n(\mathfrak{i}), N] = \sum_{\mathfrak{i}} p_U(x) \leqq \pi_U[x_i, I] \quad \text{für } U \in \mathfrak{U}(E)$$

eine beschränkte Teilmenge von $l^1_N\{E\}$, und man kann nach Voraussetzung eine Menge $B \in \mathfrak{B}(E)$ mit

$$\sum_{\mathfrak{i}} p_B(x_i) = \sum_N p_B\big(x_n(\mathfrak{i})\big) \leqq 1 \quad \text{für } \mathfrak{i} \in \mathfrak{F}(I)$$

finden. Folglich gilt auch

$$\sum_I p_B(x_i) \leqq 1 .$$

1.5.7. Wir geben nun ein *Beispiel für einen lokalkonvexen Raum an, der die Eigenschaft (B) nicht besitzt.*

Ist I eine beliebige Indexmenge, so betrachten wir den linearen Raum Ω_I aller Zahlenfamilien $[\xi_i, I]$ und versehen ihn mit der aus den Halbnormen

$$p_{\mathfrak{i}}[\xi_i, I] = \sum_{\mathfrak{i}} |\xi_i|$$

erzeugten lokalkonvexen Topologie, wobei $\mathfrak{i}$ alle endlichen Teilmengen von I durchlaufen soll. Dann ist die aus den Zahlenfamilien $e_j = [\delta_i^{[j]}, I]$ gebildete Familie $[e_j, J]$ mit $J = I$ absolutsummierbar. Da aber stets $e_j \neq 0$ gilt, kann Ω_I wegen 1.5.3 und 1.5.6 für überabzählbare Indexmengen nicht die Eigenschaft (B) haben.

1.5.8. THEOREM. *Jeder metrische oder dualmetrische lokalkonvexe Raum E hat die Eigenschaft (B).*

Beweis.

(1) Falls der lokalkonvexe Raum E metrisch ist, betrachten wir ein abzählbares Fundamentalsystem von Nullumgebungen $U_1, U_2, \ldots$. Dann gibt es zu jeder beschränkten Teilmenge $\mathbf{B}$ von $l_I^1\{E\}$ positive Zahlen ϱ_n mit

$$\sum_I p_{U_n}(x_i) \leqq \varrho_n \quad \text{für } [x_i, I] \in \mathbf{B}\,.$$

Bildet man nun die zu $\mathfrak{B}(E)$ gehörige Menge

$$B = \left\{x \in E : \sum_N \frac{1}{2^n \varrho_n} p_{U_n}(x) \leqq 1\right\},$$

so gilt wegen

$$p_B(x) = \sum_N \frac{1}{2^n \varrho_n} p_{U_n}(x) \quad \text{für } x \in E(B)$$

die Ungleichung

$$\sum_I p_B(x_i) = \sum_N \frac{1}{2^n \varrho_n} \sum_I p_{U_n}(x_i) \leqq 1 \quad \text{für alle } [x_i, I] \in \mathbf{B}\,.$$

(2) Ist der lokalkonvexe Raum E dualmetrisch, so betrachten wir ein abzählbares Fundamentalsystem von beschränkten Teilmengen $B_1 \subset B_2 \subset \ldots$. Nun sei $\mathbf{B}$ eine beschränkte Teilmenge aus $l_I^1\{E\}$, von der wir annehmen wollen, daß für alle natürlichen Zahlen n die Aussage

$$\sigma_n = \sup\left\{\sum_I p_{B_n}(x_i) : [x_i, I] \in \mathbf{B}\right\} = +\infty$$

gilt. Dann gibt es Familien $[x_i^{[n]}, I] \in \mathbf{B}$ und Mengen $\mathfrak{i}_n \in \mathfrak{F}(I)$ mit

$$\sum_{\mathfrak{i}_n} p_{B_n}(x_i^{[n]}) > 2^n\,.$$

Folglich existieren für $i \in \mathfrak{i}_n$ und $n = 1, 2, \ldots$ stetige Linearformen $a_i^{[n]} \in B_n^0$ mit

$$\sum_{\mathfrak{i}_n} |\langle x_i^{[n]}, a_i^{[n]}\rangle| > 2^n\,.$$

Wir bestimmen nun zu der beschränkten Teilmenge B_m eine positive Zahl $\varrho_m \geqq 1$ mit

$$a_i^{[n]} \in \varrho_m B_m^0 \quad \text{für } i \in \mathfrak{i}_n \text{ und } n = 1, \ldots, m\,.$$

Da aber auch für $i \in \mathfrak{i}_n$ und $n > m$ die Beziehung

$$a_i^{[n]} \in B_n^0 \subset B_m^0 \subset \varrho_m B_m^0$$

besteht, hat man

$$A = \{a_i^{[n]} : i \in \mathfrak{i}_n \text{ und } n = 1, 2, \ldots\} \subset \varrho_m B_m^0\,.$$

Folglich ist A eine abzählbare und stark beschränkte Teilmenge von E', die nach Voraussetzung gleichstetig sein muß. Es gibt demnach eine Nullumgebung $U \in \mathfrak{U}(E)$ mit $A \subset U^0$.

Da $\mathbf{B}$ eine beschränkte Teilmenge von $l_I^1\{E\}$ sein sollte, existiert eine positive Zahl ϱ mit

$$\sum_I p_U(x_i) \leqq \varrho \quad \text{für } [x_i, I] \in \mathbf{B}\,.$$

Das kann aber nicht sein, weil sich dann für alle natürlichen Zahlen k die Ungleichung

$$k \leqq \sum_{n=1}^{k} \frac{1}{2^n} \sum_{i_n} |\langle x_i^{[n]}, a_i^{[n]} \rangle| \leqq \sum_{N} \frac{1}{2^n} \sum_{I} p_U(x_i^{[n]}) \leqq \varrho$$

ergeben würde. Aus dem aufgetretenen Widerspruch folgt, daß für wenigstens eine natürliche Zahl n die Ungleichung

$$\sigma_n = \sup \left\{ \sum_I p_{B_n}(x_i) : [x_i, I] \in \mathbf{B} \right\} < +\infty$$

bestehen muß. Setzt man nun $B = \sigma_n B_n$, so gilt

$$\sum_I p_B(x_i) \leqq 1 \quad \text{für alle } [x_i, I] \in \mathbf{B} .$$

1.5.9. Es ist leicht einzusehen, daß die Eigenschaft (B) beim Übergang zu linearen Teilräumen eines lokalkonvexen Raumes erhalten bleibt. Dagegen besitzt der Raum Ω_I für überabzählbare Indexmengen nach 1.5.7 die Eigenschaft (B) nicht, obwohl er als Quotientenraum eines lokalkonvexen Raumes mit der Eigenschaft (B) dargestellt werden kann (Y. Komura).

1.6. Endlichdimensionale Familien in lokalkonvexen Räumen

1.6.1. Eine Familie $[x_i, I]$ aus einem lokalkonvexen Raum E heißt **endlichdimensional,** wenn alle Elemente x_i in einem endlichdimensionalen linearen Teilraum liegen.

1.6.2. SATZ. *Jede endlichdimensionale schwachsummierbare Familie aus einem lokalkonvexen Raum ist sogar totalsummierbar.*

Beweis. Ist $[x_i, I]$ eine solche Familie in einem lokalkonvexen Raum E, so gibt es endlich viele linear unabhängige Elemente $e_1, \ldots, e_n$, aus denen sich die Elemente x_i linear kombinieren lassen:

$$x_i = \sum_{r=1}^{n} \xi_i^{[r]} e_r \quad \text{für } i \in I .$$

Auf Grund des Hahn-Banach-Theorems kann man außerdem stetige Linearformen $f_1, \ldots, f_n \in E'$ mit $\langle e_r, f_s \rangle = \delta_{rs}$ finden. Dann bestehen die Beziehungen

$$\xi_i^{[r]} = \langle x_i, f_r \rangle \quad \text{für } i \in I \text{ und } r = 1, \ldots, n ,$$

aus denen für $r = 1, \ldots, n$ die Ungleichungen

$$\sum_I |\xi_i^{[r]}| = \sum_I |\langle x_i, f_r \rangle| < +\infty$$

folgen.

Ist schließlich B eine beschränkte Teilmenge aus $\mathfrak{B}(E)$ mit $e_1, \ldots, e_n \in B$, so hat man

$$\sum_I p_B(x_i) \leqq \sum_{r=1}^{n} \left(\sum_I |\xi_i^{[r]}| \right) p_B(e_r) < +\infty .$$

KAPITEL 2

Absolutsummierende Abbildungen

Sind E und F zwei normierte Räume, so nennen wir eine stetige lineare Abbildung T von E in F *absolutsummierend*, wenn sie jede summierbare Familie $[x_n, N]$ aus E in eine absolutsummierbare Familie $[T\, x_n, N]$ überführt. Solche Abbildungen wurden zuerst von A. PEŁCZYŃSKI [2] und A. PIETSCH [4] betrachtet. Sehr versteckt treten sie jedoch auch schon bei A. GROTHENDIECK ([3], Chap. I, p. 155) als „*applications semi-intégrales à droite*" auf.

Im folgenden wird gezeigt, daß die Gesamtheit aller absolutsummierenden Abbildungen $T \in \mathcal{L}(E, F)$ einen linearen Raum $\mathcal{P}(E, F)$ bildet, auf dem man in sinnvoller Weise eine Norm einführen kann. Das Kernstück dieses Kapitels ist das von A. PIETSCH [4] stammende Thoerem 2.2.3, in dem eine Charakterisierung der absolutsummierenden Abbildungen angegeben wird, die weitreichende Konsequenzen hat. Als einfachstes nichttriviales Beispiel einer absolutsummierenden Abbildung wird die kanonische Abbildung vom $\boldsymbol{l}_N^1$ in $\boldsymbol{l}_N^2$ behandelt (A. PEŁCZYŃSKI et W. SZLENK [1] und A. PIETSCH [4]).

Besonders bemerkenswert ist die implizit ebenfalls schon von A. GROTHENDIECK [5], [6] festgestellte Tatsache, daß die absolutsummierenden Abbildungen in Hilberträumen mit den nach D. HILBERT und E. SCHMIDT benannten Abbildungen zusammenfallen, die sich durch eine unendliche Matrix mit

$$\sum_{I, J} |\alpha_{ij}|^2 < +\infty$$

darstellen lassen (Theorem 2.5.5).

2.1. Absolutsummierende Abbildungen in lokalkonvexen Räumen

2.1.1. Sind E und F zwei beliebige lokalkonvexe Räume, so heißt eine stetige lineare Abbildung T von E in F **absolutsummierend,** wenn sie alle summierbaren Familien $[x_n, N]$ aus E in absolutsummierbare Familien $[T\, x_n, N]$ aus F überführt. Dabei ist N die Menge der natürlichen Zahlen.

2.1.2. THEOREM. *Ist I eine beliebige Indexmenge, so wird für jede absolutsummierende Abbildung $T \in \mathcal{L}(E, F)$ durch den Ansatz*

$$T_I[x_i, I] = [T\, x_i, I]$$

eine lineare Abbildung von $\boldsymbol{l}_I^1[E]$ in $\boldsymbol{l}_I^1\{F\}$ definiert, die die beschränkten Teilmengen von $\boldsymbol{l}_I^1[E]$ in beschränkte Teilmengen von $\boldsymbol{l}_I^1\{F\}$ abbildet.

Beweis. Wir betrachten eine beschränkte Teilmenge $\mathbf{B}$ von $\boldsymbol{l}_I^1[E]$ und nehmen an, daß für eine Nullumgebung $V \in \mathfrak{U}(F)$ die Aussage

$$\sigma_V = \sup\left\{\sum_I p_V(T\, x_i) : [x_i, I] \in \mathbf{B}\right\} = +\infty$$

gilt. Dann gibt es Familien $[x_i^{[n]}, I] \in \mathbf{B}$ und Mengen $\mathfrak{i}_n \in \mathfrak{F}(I)$ mit

$$\sum_{\mathfrak{i}_n} p_V(T\, x_i^{[n]}) > 2^n \qquad \text{für } n = 1, 2, \ldots .$$

Wegen der Beschränktheit von **B** existiert zu jeder Linearform $a \in E'$ eine positive Zahl ϱ mit

$$\sum_I |\langle x_i, a\rangle \leqq \varrho \qquad \text{für alle } [x_i, I] \in \mathbf{B}\,,$$

so daß die Ungleichung

$$\sum_N \sum_{\mathfrak{i}_n} \left|\left\langle \frac{1}{2^n} x_i^{[n]}, a\right\rangle\right| \leqq \varrho < +\infty \qquad \text{für alle } a \in E'$$

besteht. Folglich ist die Familie $\left[\frac{1}{2^n} x_i^{[n]}, P\right]$ mit der abzählbaren Indexmenge

$$P = \{(i, n) : i \in \mathfrak{i}_n \quad \text{und } n = 1, 2, \ldots\}$$

schwachsummierbar.

Da man P eindeutig auf die Menge der natürlichen Zahlen abbilden kann, werden die wegen 1.3.5 summierbaren Familien

$$\left[\frac{1}{2^n} \alpha_i^{[n]}\, x_i^{[n]}, P\right] \qquad \text{mit } [\alpha_i^{[n]}, P] \in \boldsymbol{c}_P$$

durch T in absolutsummierbare Familien überführt. Folglich hat man

$$\sum_N \sum_{\mathfrak{i}_n} \frac{1}{2^n} |\alpha_i^{[n]}|\, p_V(T\, x_i^{[n]}) < +\infty \qquad \text{für alle } [\alpha_i^{[n]}\, P] \in \boldsymbol{c}_P\,.$$

Nun ergibt sich auf Grund von Lemma 1.1.6 die falsche Aussage

$$\sum_N \sum_{\mathfrak{i}_n} \frac{1}{2^n} p_V(T\, x_i^{[n]}) < +\infty\,.$$

Aus dem aufgetretenen Widerspruch folgt, daß es zu jeder Nullumgebung $V \in \mathfrak{U}(F)$ eine positive Zahl σ_V mit

$$\sum_I p_V(T\, x_i) \leq \sigma_V \qquad \text{für alle } [x_i, I] \in \mathbf{B}$$

gibt. Demnach wird **B** durch die Abbildung T_I in eine beschränkte Teilmenge von $\boldsymbol{l}_I^1\{F\}$ abgebildet.

Da man insbesondere jede schwachsummierbare Familie $[x_i, I]$ als einelementige beschränkte Teilmenge von $\boldsymbol{l}_I^1[E]$ auffassen kann, sind alle Familien $[T\, x_i, I]$ mit $[x_i, I] \in \boldsymbol{l}_I^1[E]$ absolutsummierbar.

2.1.3. Als Verschärfung der Aussage von 2.1.2 erhält man das

THEOREM. *Für jede absolutsummierende Abbildung T von einem metrischen lokalkonvexen Raum E in einen beliebigen lokalkonvexen Raum F wird durch den Ansatz*

$$T_I[x_i\, I] = [T\, x_i, I]$$

eine stetige lineare Abbildung von $\boldsymbol{l}_I^1[E]$ in $\boldsymbol{l}_I^1\{F\}$ definiert.

Beweis. Für jede Nullumgebung $V \in \mathfrak{U}(F)$ ist

$$\mathrm{U} = \left\{[x_i, I] \in \boldsymbol{l}_I^1[E] : \sum_I p_V(T\,x_i) \leqq 1\right\}$$

eine abgeschlossene und absolutkonvexe Teilmenge von $\boldsymbol{l}_I^1[E]$, die auf Grund des vorangehenden Theorems alle beschränkten Teilmengen absorbiert. Da aber $\boldsymbol{l}_I^1[E]$ als metrischer lokalkonvexer Raum quasitonneliert ist, muß U eine Nullumgebung in $\boldsymbol{l}_I^1[E]$ sein. Damit ist aber die behauptete Stetigkeit der Abbildung T_I bereits bewiesen.

2.1.4. Wird der lineare Raum $\boldsymbol{l}_K^1$ mit der aus den Halbnormen

$$\boldsymbol{\lambda}_A[\xi_k, K] = \sum_A |\xi_k| + \sup_K |\xi_k|$$

(A durchläuft alle abzählbaren Teilmengen von K) gewonnenen lokalkonvexen Topologie versehen, so erhält man einen dualmetrischen lokalkonvexen Raum E, und die identische Abbildung T von E in den Banachraum $F = \boldsymbol{l}_K^\infty$ ist absolutsummierend. Falls man die Indexmenge K als überabzählbar voraussetzt, wird aber durch den Ansatz

$$T_I\,[x_i, I] = [T\,x_i, I]$$

keine stetige lineare Abbildung von $\boldsymbol{l}_I^1[E]$ in $\boldsymbol{l}_I^1\{F\}$ definiert (Y. Kōmura).

2.2. Absolutsummierende Abbildungen in normierten Räumen

2.2.1. In diesem Abschnitt wollen wir stets voraussetzen, daß E und F zwei normierte Räume mit den abgeschlossenen Einheitskugeln U und V sind.

SATZ. *Eine stetige lineare Abbildung T von E in F ist dann und nur dann absolutsummierend, wenn es eine Zahl $\varrho \geqq 0$ gibt, so daß für alle endlichen Familien $[x_n, \mathfrak{n}]$ aus E die Abschätzung*

$$\sum_{\mathfrak{n}} p(T\,x_n) \leqq \varrho \sup\left\{\sum_{\mathfrak{n}} |\langle x_n, a\rangle| : a \in U^0\right\}$$

besteht.

Beweis. Wegen Theorem 2.1.2 gibt es zu jeder absolutsummierenden Abbildung T eine positive Zahl ϱ, so daß für alle Familien $[x_n, N] \in \boldsymbol{l}_N^1[E]$ mit $\varepsilon_U[x_n, N] \leqq 1$ die Abschätzung $\boldsymbol{\pi}_V[T\,x_n, N] \leqq \varrho$ gilt. Folglich hat man

$$\boldsymbol{\pi}_V[T\,x_n, N] \leqq \varrho\,\varepsilon_U[x_n, N] \quad \text{für } [x_n, N] \in \boldsymbol{l}_N^1[E]\,.$$

Da man jede endliche Familie $[x_n, \mathfrak{n}]$ zu einer Familie $[x_n, N]$ ergänzen kann, indem man $x_n = 0$ für $n \notin \mathfrak{n}$ setzt, ist damit die Notwendigkeit der angegebenen Bedingung nachgewiesen.

Gibt es andererseits zu einer stetigen linearen Abbildung T eine Zahl ϱ mit der geforderten Eigenschaft, so gilt für alle endlichen Teilfamilien $[x_n, \mathfrak{n}]$ einer summierbaren Familie $[x_n, N]$ die Abschätzung

$$\sum_{\mathfrak{n}} p_V(T\,x_n) \leqq \varrho \sup\left\{\sum_{\mathfrak{n}} |\langle x_n, a\rangle| : a \in U^0\right\} \leqq \varrho\,\varepsilon_U[x_n, N]\,.$$

Folglich hat man

$$\sum_N p_V(T\,x_n) = \sup\left\{\sum_{\mathfrak{n}} p_V(T\,x_n) : \mathfrak{n} \in \mathfrak{F}(N)\right\} < +\infty\,,$$

und wir haben gezeigt, daß T alle summierbaren Familien in absolutsummierbare Familien überführt.

2.2.2. Ist T eine beliebige absolutsummierende Abbildung von E in F, so soll $\boldsymbol{\pi}(T)$ das Infinum aller Zahlen ϱ sein, die die im vorangehenden Theorem angegebene Eigenschaft besitzen. Man überlegt sich leicht, daß $\boldsymbol{\pi}(T)$ mit der Norm $\boldsymbol{\beta}(T_N)$ der Abbildung T_N zusammenfällt und daß für alle schwachsummierbaren Familien $[x_i, I]$ über einer beliebigen Indexmenge die Abschätzung

$$\boldsymbol{\pi}_V[T\, x_i, I] \leqq \boldsymbol{\pi}(T)\, \varepsilon_V[x_i, \dot{I}]$$

gilt.

2.2.3. Wird die Gesamtheit aller absolutsummierenden Abbildungen von E in F mit $\mathcal{P}(E, F)$ bezeichnet, so ergibt sich der

SATZ. *$\mathcal{P}(E, F)$ ist ein linearer Raum mit der Norm $\boldsymbol{\pi}(T)$.*

Beweis: Unsere Behauptung folgt unmittelbar aus den folgenden Beziehungen:

$$\boldsymbol{\beta}(T) \leqq \boldsymbol{\pi}(T)\,, \tag{0}$$

$$\boldsymbol{\pi}\,(S + T) = \boldsymbol{\beta}\,(S_N + T_N) \leqq \boldsymbol{\beta}(S_N) + \boldsymbol{\beta}(T_N) = \boldsymbol{\pi}(S) + \boldsymbol{\pi}(T)\,, \tag{1}$$

$$\boldsymbol{\pi}(\alpha\, T) = \boldsymbol{\beta}(\alpha\, T_N) = |\alpha|\, \boldsymbol{\beta}(T_N) = |\alpha|\, \boldsymbol{\pi}(T)\,. \tag{2}$$

Dabei sind S und T zwei beliebige absolutsummierende Abbildungen von E in F, während α eine reelle oder komplexe Zahl sein soll.

2.2.4. LEMMA. *Ist $\{T_\alpha\}$ ein gerichtetes Cauchy-System aus $\mathcal{P}(E, F)$, und gibt es eine Abbildung $T \in \mathcal{L}(E, F)$ mit $\lim\limits_\alpha T_\alpha\, x = T\, x$ für $x \in E$, so gehört T zu $\mathcal{P}(E, F)$, und es gilt $\boldsymbol{\pi} - \lim\limits_\alpha T_\alpha = T$.*

Beweis. Zu einer beliebig vorgegebenen positiven Zahl δ bestimmen wir ein β_0 mit

$$\boldsymbol{\pi}\,(T_\alpha - T_\beta) \leqq \delta \qquad \text{für } \alpha, \beta \geqq \beta_0\,.$$

Dann besteht für jede endliche Familie $[x_n, \mathfrak{n}]$ aus E die Ungleichung

$$\sum_{\mathfrak{n}} p_V(T_\alpha\, x_n - T_\beta\, x_n) \leqq \delta \sup \left\{ \sum_{\mathfrak{n}} |\langle x_n, a \rangle| : a \in U^0 \right\},$$

aus der man durch Grenzübergang für $\beta \geqq \beta_0$ die Abschätzung

$$\sum_{\mathfrak{n}} p_V(T\, x_n - T_\beta\, x_n) \leqq \delta \sup \left\{ \sum_{\mathfrak{n}} |\langle x_n, a \rangle| : a \in U^0 \right\}$$

erhält. Folglich gehört die Abbildung $T - T_{\beta_0}$ und somit auch T zu $\mathcal{P}(E, F)$. Da außerdem für alle $\beta \geqq \beta_0$ die Beziehung $\boldsymbol{\pi}\,(T - T_\beta) \leqq \delta$ besteht, ist auch die Aussage $\boldsymbol{\pi} - \lim\limits_\alpha T_\alpha = T$ bewiesen.

Als einfache Folgerung aus dem soeben bewiesenen Lemma ergibt sich der

SATZ. *Für einen normierten Raum E und einen Banachraum F ist $\mathcal{P}(E, F)$ ein Banachraum.*

2.2.5. Sind E, F und G drei normierte Räume mit den abgeschlossenen Einheitskugeln U, V und W, so erhält man den

SATZ. (1) *Aus $T \in \mathcal{L}(E, F)$ und $S \in \mathcal{P}(F, G)$ folgt $S\, T \in \mathcal{P}(E, G)$, und es gilt*

$$\boldsymbol{\pi}(S\, T) \leqq \boldsymbol{\pi}(S)\, \boldsymbol{\beta}(T)\,.$$

(2) *Aus $T \in \mathcal{P}(E, F)$ und $S \in \mathcal{L}(F, G)$ folgt $S\, T \in \mathcal{P}(E, G)$, und es gilt*

$$\boldsymbol{\pi}(S\, T) \leqq \boldsymbol{\beta}(S)\, \boldsymbol{\pi}(T)\,.$$

Beweis. Unsere Behauptung ergibt sich wegen Satz 2.2.1 aus den folgenden Ungleichungen, die für jede endliche Familie $[x_n, \mathfrak{n}]$ gelten:

$$\sum_{\mathfrak{n}} p_W(S\,T\,x_n) \leqq \pi(S) \sup\left\{\sum_{\mathfrak{n}} |\langle x_n, T'\,b\rangle| : b \in V^0\right\}$$

$$\leqq \pi(S)\,\beta(T) \sup\left\{\sum_{\mathfrak{n}} |\langle x_n, a\rangle| : a \in U^0\right\}, \qquad (1)$$

$$\sum_{\mathfrak{n}} p_W(S\,T\,x_n) \leqq \beta(S) \sum_{\mathfrak{n}} p_V(T\,x_n)$$

$$\leqq \beta(S)\,\pi(T) \sup\left\{\sum_{\mathfrak{n}} |\langle x_n, a\rangle| : a \in U^0\right\}. \qquad (2)$$

2.3. Eine Charakterisierung der absolutsummierenden Abbildungen in normierten Räumen

2.3.1. Ist E ein normierter Raum mit der abgeschlossenen Einheitskugel U, so heißt eine schwach kompakte Teilmenge M von U^0 **wesentlich**, wenn die Beziehung

$$p_U(x) = \sup\{|\langle x, a\rangle| : a \in M\} \qquad \text{für alle } x \in E$$

gilt.

Man erkennt sofort, daß die ganze Menge U^0 stets wesentlich ist. Es gibt aber auch Fälle, wo man M viel kleiner wählen kann. Betrachtet man zum Beispiel den zu einem kompakten Hausdorffraum M gehörigen Banachraum $\mathscr{C}(M)$ der stetigen Funktionen, so ist die Menge aller Diracschen Maße δ_x mit $x \in M$, die durch den Ansatz

$$\langle \varphi, \delta_x\rangle = \varphi(x) \qquad \text{für } \varphi \in \mathscr{C}(M)$$

definiert werden, wesentlich.

2.3.2. Für das reelle Einheitsintervall oder den komplexen Einheitskreis Δ ist das I-fache topologische Produkt Δ_I auf Grund des Satzes von Tychonow 0.1.10 kompakt. Hat man außerdem eine beliebige wesentliche Teilmenge M von E', so muß auch $\Delta_I \times M$ als topologisches Produkt von Δ_I und M ein kompakter Hausdroffraum sein.

Nach diesen Vorbemerkungen ergibt sich das folgende

LEMMA. *Für jede Familie $[x_i, I] \in \mathfrak{l}_I^1(E)$ gehört die Funktion Φ mit*

$$\Phi(\alpha_i, a) = \sum_I \alpha_i \langle x_i, a\rangle$$

zu $\mathscr{C}(\Delta_I \times M)$, und es gilt

$$\|\Phi\| = \varepsilon_U[x_i, I]\,.$$

Beweis. Da es zu jeder positiven Zahl δ eine Menge $\mathfrak{i}_0 \in \mathfrak{F}(I)$ gibt, so daß

$$\sum_{I \setminus \mathfrak{i}_0} |\langle x_i, a\rangle| \leqq \delta \qquad \text{für } a \in M \subset U^0$$

gilt, besteht mit den Funktionen

$$\Phi_{\mathfrak{i}}(\alpha_i, a) = \sum_{\mathfrak{i}} \alpha_i \langle x_i, a\rangle$$

die Ungleichung

$$|\Phi(\alpha_i, a) - \Phi_{\mathfrak{i}}(\alpha_i, a)| \leqq \delta \qquad \text{für alle } \mathfrak{i} \in \mathfrak{F}(I) \text{ mit } \mathfrak{i} \supset \mathfrak{i}_0 .$$

Folglich konvergieren die stetigen Funktionen $\Phi_{\mathfrak{i}}$ auf $\Delta_I \times M$ gleichmäßig gegen Φ. Deshalb ist auch die Funktion Φ stetig.

Da für $[\alpha_i, I] \in \Delta_I$ und $a \in M$ die Abschätzung

$$|\Phi(\alpha_i, a)| \leqq \sum_I |\langle x_i, a\rangle| \leqq \varepsilon_U[x_i, I]$$

gilt, hat man

$$\|\Phi\| \leqq \varepsilon_U[x_i, I] .$$

Bestimmt man andererseits zu jeder Linearform $a \in U^0$ reelle oder komplexe Zahlen α_i mit $|\langle x_i, a\rangle| = \alpha_i \langle x_i, a\rangle$ und $|\alpha_i| = 1$, so ergibt sich für alle Mengen $\mathfrak{i} \in \mathfrak{F}(I)$ die Beziehung

$$\sum_{\mathfrak{i}} |\langle x_i, a\rangle| = \left\langle \sum_{\mathfrak{i}} \alpha_i x_i, a \right\rangle \leqq p_U\left(\sum_{\mathfrak{i}} \alpha_i x_i\right)$$

$$\leqq \sup\left\{\left|\left\langle \sum_{\mathfrak{i}} \alpha_i x_i, b\right\rangle\right| : b \in M\right\} \leqq \|\Phi_{\mathfrak{i}}\| .$$

Wegen

$$\lim_{\mathfrak{i}} \|\Phi_{\mathfrak{i}}\| = \|\Phi\|$$

erhält man deshalb durch Grenzübergang die Ungleichung

$$\sum_I |\langle x_i, a\rangle| \leqq \|\Phi\| \qquad \text{für alle } a \in U^0 .$$

Damit ist aber die Aussage

$$\varepsilon_U[x_i, I] \leqq \|\Phi\|$$

bewiesen, so daß insgesamt die behauptete Identität besteht.

2.3.3. Sind E und F zwei normierte Räume mit den abgeschlossenen Einheitskugeln U und V, so gilt mit einer beliebigen wesentlichen Teilmenge M von E' das

THEOREM. *Eine Abbildung $T \in \mathfrak{L}(E, F)$ ist dann und nur dann absolutsummierend, wenn es auf M ein positives Radonsches Maß μ gibt, so daß die Beziehung*

$$p_V(T\,x) \leqq \int_M |\langle x, a\rangle|\, d\mu \qquad \text{für } x \in E$$

besteht. Ist $\pi_M(T)$ die Gesamtheit aller derartigen Radonschen Maße, so hat man

$$\boldsymbol{\pi}(T) = \inf\{\mu(M) : \mu \in \pi_M(T)\} ,$$

und es gibt in $\pi_M(T)$ wenigstens ein Maß μ_0 mit $\boldsymbol{\pi}(T) = \mu_0(M)$.

Beweis. Wir bestimmen eine Indexmenge I, so daß eine Abbildung $i \to b_i$ von I auf V^0 existiert. Ist dann T eine absolutsummierende Abbildung von E in F, so wird durch den Ansatz

$$\langle [x_i, I], \mathbf{a}\rangle = \sum \langle T\,x_i, b_i\rangle \tag{1}$$

auf $\boldsymbol{l}_I^1(E)$ eine stetige Linearform $\mathbf{a}$ definiert, denn es gilt

$$|\langle [x_i, I]\,,\, \mathbf{a}\rangle| \leqq \sum_I |\langle T\,x_i, b_i\rangle| \leqq \sum_I p_V(T\,x_i) \leqq \boldsymbol{\pi}_V[T\,x_i, I] \leqq \boldsymbol{\pi}(T)\, \varepsilon_U[x_i, I] .$$

Da $\mathfrak{l}_I^1(E)$ auf Grund des vorangegangenen Lemmas als linearer Teilraum von $\mathscr{C}(\Delta_I \times M)$ aufgefaßt werden kann, falls man die Familien $[x_i, I]$ mit den stetigen Funktionen Φ identifiziert, gibt es nach dem Hahn-Banach-Theorem 0.4.4 auf $\mathscr{C}(\Delta_I \times M)$ eine Linearform (Radonsches Maß) M_0 mit

$$\langle [x_i, I], \mathfrak{a}\rangle = \int_{\Delta_I \times M} \Phi(\alpha_i, a)\, dM_0 \qquad \text{für } [x_i, I] \in \mathfrak{l}_I^1(E)\,, \tag{2}$$

deren Norm nicht größer als $\pi(T)$ ist.

Nun erhalten wir das von uns gesuchte positive Radonsche Maß μ_0 durch den Ansatz

$$\langle \varphi, \mu_0\rangle = \int_M \varphi(a)\, d\mu_0 = \int_{\Delta_I \times M} \varphi(a)\, d\,|M_0| \qquad \text{für } \varphi \in \mathscr{C}(M)\,. \tag{3}$$

Dabei gilt

$$\mu_0(M) \leqq \pi(T)\,. \tag{4}$$

Setzt man in (2) die Familie $[x\, \delta_i^{[j]}, I]$ mit $x \in E$ ein, so ergibt sich die Identität

$$\langle T\, x, b_j\rangle = \int_{\Delta_I \times M} \alpha_j \langle x, a\rangle\, dM_0\,.$$

Folglich gilt die Ungleichung

$$|\langle T\, x, b_j\rangle| \leqq \int_{\Delta_I \times M} |\langle x, a\rangle\, d|M_0| = \int_M |\langle x, a\rangle|\, d\mu_0\,.$$

Da es aber nach Voraussetzung zu jeder Linearform $b \in V^0$ einen Index $j \in I$ mit $b = b_j$ gibt, hat man

$$|\langle T\, x, b\rangle| \leqq \int_M |\langle x, a\rangle|\, d\mu_0 \qquad \text{für alle } b \in V^0\,.$$

Damit ist aber die Ungleichung

$$p_V(T\, x) = \sup\,\{|\langle T\, x, b\rangle| : b \in V^0\} \leqq \int_M |\langle x, a\rangle|\, d\mu_0$$

bewiesen.

Gibt es andererseits zu einer Abbildung $T \in \mathscr{L}(E, F)$ auf M ein positives Radonsches Maß μ mit

$$p_V(T\, x) \leqq \int_M |\langle x, a\rangle|\, d\mu \qquad \text{für } x \in E\,,$$

so besteht für jede endliche Familie $[x_n, \mathfrak{n}]$ aus E die Ungleichung

$$\sum_{\mathfrak{n}} p_V(T\, x_n) \leqq \int_M \sum_{\mathfrak{n}} |\langle x_n, a\rangle|\, d\mu \leqq \mu(M) \sup \left\{\sum_{\mathfrak{n}} |\langle x_n, a\rangle| : a \in U^0\right\}.$$

Folglich ist die Abbildung T wegen 2.2.1 absolutsummierend. Dabei hat man

$$\pi(T) \leqq \mu(M)\,,$$

so daß sich die Ungleichung

$$\pi(T) \leqq \inf\,\{\mu(M) : \mu \in \pi_M(T)\} \tag{5}$$

ergibt. Da aber für das am Anfang unseres Beweises zu jeder absolutsummierenden Abbildung konstruierte spezielle Radonsche Maß μ_0 die Abschätzung (4) gilt, steht in (4) sogar das Gleichheitszeichen.

2.3.4. Ist M ein beliebiger kompakter Hausdorffraum, so ergibt sich aus dem vorangehenden Theorem der folgende Spezialfall.

SATZ. *Eine stetige lineare Abbildung T von $\mathcal{C}(M)$ in einen normierten Raum F ist dann und nur dann absolutsummierend, wenn es auf M ein positives Radonsches Maß μ gibt, so daß die Beziehung*

$$p_V(T\varphi) \leqq \int_M |\varphi(x)|\, d\mu \qquad \text{für alle } \varphi \in \mathcal{C}(M)$$

besteht.

Beweis. Unsere Behauptung ergibt sich unmittelbar aus der in 2.3.1 angedeuteten Tatsache, daß M mit der wesentlichen Menge aller Diracschen Maße δ_x identifiziert werden kann. Dabei muß man noch beachten, daß die durch U^0 auf M induzierte schwache Topologie auf Grund von 0.1.9 mit der Ausgangstopologie übereinstimmt.

2.4. Eine spezielle absolutsummierende Abbildung

2.4.1. Für die folgenden Untersuchungen benötigen wir eine Ungleichung aus der Theorie der Orthogonalreihen. Wir betrachten zu diesem Zweck die **Rademacherschen Funktionen** auf dem Intervall $[0, 1]$, die für $p = 1, 2, \ldots$ durch den Ansatz

$$\varrho_p(t) = \begin{cases} +1 & \text{für } \frac{k}{2^p} < t < \frac{k+1}{2^p} \text{ mit } k = 0, 2, \ldots, 2^p - 2 \\ 0 & \text{für } t = \frac{k}{2^p} \qquad\qquad \text{mit } k = 0, 1, \ldots, 2^p \\ -1 & \text{für } \frac{k}{2^p} < t < \frac{k+1}{2^p} \text{ mit } k = 1, 3, \ldots, 2^p - 1 \end{cases}$$

definiert werden.

Es gilt dann die Orthonormalitätsrelation

$$\int_0^1 \varrho_p(t)\, \varrho_q(t)\, dt = \delta_{pq}\,.$$

Hat man nämlich $p = q$, so ist das Produkt $\varrho_p(t)\, \varrho_q(t)$ mit Ausnahme von endlich vielen Punkten gleich 1. Sind andererseits die beiden natürlichen Zahlen p und q voneinander verschieden, so kann man ohne Beschränkung der Allgemeinheit annehmen, daß q größer als p ist. Da die Funktion $\varrho_p(t)$ nach Definition auf den Intervallen

$$\Delta_p^k = \left(\frac{k}{2^p}, \frac{k+1}{2^p}\right)$$

gleich $(-1)^k$ ist, gilt dann

$$\int_0^1 \varrho_p(t)\, \varrho_q(t)\, dt = \sum_{k=0}^{2^p-1} (-1)^k \int_{\Delta_p^k} \varrho_q(t)\, dt = 0\,.$$

Ganz analog beweist man, daß das Integral

$$\int_0^1 \varrho_p(t)\, \varrho_q(t)\, \varrho_r(t)\, \varrho_s(t)\, dt$$

den Wert 1 oder 0 hat, je nachdem ob die Zahlen p, q, r und s paarweise gleich sind oder nicht.

Mit den reellen oder komplexen Zahlen $\xi_1, \ldots, \xi_h$ setzen wir

$$\alpha = \sum_1^h |\xi_p|^2 = \int_0^1 \left|\sum_1^h \xi_p\, \varrho_p(t)\right|^2 dt\,.$$

Dann gilt wegen

$$\int_0^1 \left|\sum_1^h \xi_p\, \varrho_p(t)\right|^4 dt = \sum_{p=1}^h \sum_{q=1}^h \sum_{r=1}^h \sum_{s=1}^h \xi_p\, \xi_q\, \bar{\xi}_r\, \bar{\xi}_s \int_0^1 \varrho_p(t)\, \varrho_q(t)\, \varrho_r(t)\, \varrho_s(t)\, dt$$

die Ungleichung

$$\int_0^1 \left|\sum_1^h \xi_p\, \varrho_p(t)\right|^4 dt \leqq 3\,\alpha^2\,.$$

Nun erhalten wir aus der Hölderschen Ungleichung mit den konjugierten Exponenten 3/2 und 3 die Beziehung

$$\alpha = \int_0^1 \left|\sum_1^h \xi_p\, \varrho_p(t)\right|^{2/3} \left|\sum_1^h \xi_p\, \varrho_p(t)\right|^{4/3} dt \leqq \left\{\int_0^1 \left|\sum_1^h \xi_p\, \varrho_p(t)\right| dt\right\}^{2/3} \{3\,\alpha^2\}^{1/3}\,,$$

aus der sich durch eine leichte Umformung die **Chintschinsche Ungleichung** ergibt

$$\left\{\sum_1^h |\xi_p|^2\right\}^{1/2} \leqq \sqrt{3} \int_0^1 \left|\sum_1^h \xi_p\, \varrho_p(t)\right| dt\,.$$

2.4.2. Wir betrachten nun für eine beliebige Indexmenge I neben dem Banachraum $\boldsymbol{l}_I^1$ den Hilbertraum $\boldsymbol{l}_I^2$ der quadratisch summierbaren Zahlenfamilien $[\xi_i, I]$ mit der Norm

$$\lambda_2[\xi_i, I] = \left\{\sum_I |\xi_i|^2\right\}^{1/2}.$$

Dann hat man den

SATZ. *Die identische Abbildung R' von $\boldsymbol{l}_I^1$ in $\boldsymbol{l}_I^2$ ist absolutsummierend, und es gilt $\pi(R') \leqq \sqrt{3}$.*

Beweis. Ist $\mathfrak{i} = \{i_1, \ldots, i_h\}$ eine beliebige Menge aus $\mathfrak{F}(I)$, so werden durch den Ansatz

$$\langle [\xi_i, I], \varrho(t)\rangle = \sum_1^h \xi_{i_p}\, \varrho_p(t) \qquad \text{für } 0 \leqq t \leqq 1$$

auf $\boldsymbol{l}_I^1$ stetige Linearform $\varrho(t)$ definiert, die in der abgeschlossenen Einheitskugel von $(\boldsymbol{l}_I^1)'$ liegen.

Wir betrachten nun eine endliche Familie $[x_n, \mathfrak{n}]$ aus $\boldsymbol{l}_I^1$ mit $x_n = [\xi_i^{[n]}, I]$. Dann gilt wegen 2.4.1 für alle $n \in \mathfrak{n}$ die Ungleichung

$$\left\{\sum_{\mathfrak{i}} |\xi_i^{[n]}|^2\right\}^{1/2} \leqq \sqrt{3} \int_0^1 |\langle x_n, \varrho(t)\rangle|\, dt\,.$$

Wird die abgeschlossene Einheitskugel von $\boldsymbol{l}_I^1$ mit U bezeichnet, so ergibt sich durch Summation über $\mathfrak{n}$ wegen $\varrho(t) \in U^0$ die Abschätzung

$$\sum_{\mathfrak{n}} \left\{\sum_{\mathfrak{i}} |\xi_i^{[n]}|^2\right\}^{1/2} \leqq \sqrt{3} \int_0^1 \sum_{\mathfrak{n}} |\langle x_n, \varrho(t)\rangle|\, dt \leqq \sqrt{3}\, \sup\left\{\sum_{\mathfrak{n}} |\langle x_n, a\rangle| : a \in U^0\right\}.$$

Da diese Beziehung für alle Mengen $\mathfrak{i} \in \mathfrak{F}(I)$ besteht, hat man auch

$$\sum_{n} \lambda_2(R'\, x_n) \leqq \sqrt{3}\, \sup \left\{ \sum_{n} |\langle x_n, a\rangle| : a \in U^0 \right\}.$$

Demnach ist die Abbildung R' auf Grund von Satz 2.2.1 absolutsummierend, und es gilt $\pi(R') \leqq \sqrt{3}$.

2.4.3. Da zwei verschiedene Familien $e_j = [\delta_i^{[j]}, I]$ in l_I^2 voneinander den Abstand $\lambda_2\,[e_j - e_k] = \sqrt{2}$ haben, kann der Bildraum von R' für den Fall einer überabzählbaren Indexmenge I nicht separabel sein. Folglich gilt der

SATZ. *Es gibt absolutsummierende Abbildungen mit nicht separablem Bildraum.*

2.4.4. Weil die abgeschlossene Einheitskugel von l_I^1 für jede unendliche Indexmenge I keine präkompakte Teilmenge von l_I^2 ist, ergibt sich der

SATZ. *Es gibt absolutsummierende Abbildungen, die nicht präkompakt sind.*

2.4.5. Als unmittelbare Folgerung aus 2.4.4 erhalten wir schließlich noch den

SATZ. *Es gibt absolutsummierende Abbildungen, die sich bezüglich der π-Norm nicht durch ausgeartete Abbildungen approximieren lassen.*

2.4.6. Wenn wir die identische Abbildung von l_N^2 in c_N mit R bezeichnen, ist R' bzw. R'' die identische Abbildung von l_N^1 in l_N^2 bzw. von l_N^2 in m_N.

Wir zeigen nun, daß die Abbildungen R und R'' nicht absolutsummierend sind. Zu diesem Zweck betrachten wir die Zahlenfamilien $x_m = \left[\frac{1}{m}\,\delta_n^{[m]}, N\right]$. Da sich jede Linearform $a \in l_N^2$ in der Form

$$\langle[\xi_n, N], a\rangle = \sum_{N} \alpha_n \xi_n \qquad \text{mit } [\alpha_n, N] \in l_N^2$$

darstellen läßt, besteht mit $M = \{1, 2, \ldots\}$ die Ungleichung

$$\sum_{M} |\langle x_m, a\rangle| = \sum_{M} \frac{1}{m}\, |\alpha_m| \leqq \left\{\sum_{M} \frac{1}{m^2}\right\}^{1/2} \left\{\sum_{M} |\alpha_m|^2\right\}^{1/2} < +\infty .$$

Folglich ist die Familie $[x_m, M]$ in l_N^2 schwachsummierbar. Wenn nun die Abbildung R bzw. R'' absolutsummierend wäre, müßte die Familie $[R\, x_m, M]$ bzw. $[R''\, x_m, M]$ in c_N bzw. m_N absolutsummierbar sein. Das ist aber wegen

$$\sum_{M} \lambda_\infty[R\, x_m] = \sum_{M} \lambda_\infty[R''\, x_m] = \sum_{M} \frac{1}{m} = +\infty$$

unmöglich.

Beachtet man die in Satz 2.2.2 bewiesene Aussage, daß die Abbildung R' absolutsummierend ist, so erhält man den

SATZ. *Es gibt absolutsummierende (nicht absolutsummierende) Abbildungen, die eine nicht absolutsummierende (absolutsummierende) duale Abbildung besitzen.*

2.5. Hilbert-Schmidt-Abbildungen

2.5.1. Sind E und F zwei beliebige reelle oder komplexe Hilberträume mit den abgeschlossenen Einheitskugeln U und V, so wird eine Abbildung $T \in \mathfrak{L}(E, F)$ als **Hilbert-Schmidt-Abbildung** bezeichnet, wenn für zwei vollständige Orthonormalsysteme $[e_i, I]$ und $[f_j, J]$ von E bzw. F die Ungleichung

$$\sigma(T)^2 = \sum_{I,J} |(T\,e_i, f_j)|^2 < +\infty$$

besteht. Dabei ist $\sigma(T)$ wegen

$$\sigma(T)^2 = \sum_{I,J} |(T\,e_i, f_j)|^2 = \sum_I p_V(T\,e_i)^2$$

und

$$\sigma(T)^2 = \sum_{I,J} |(e_i, T^*\,f_j)|^2 = \sum_J p_U(T^*\,f_j)^2$$

von der Wahl der beiden vollständigen Orthonormalsysteme $[e_i, I]$ und $[f_j, J]$ unabhängig.

2.5.2. Ist $\mathscr{S}(E, F)$ die Gesamtheit aller Hilbert-Schmidt-Abbildungen von E in F, so gilt der

SATZ. *$\mathscr{S}(E, F)$ ist ein linearer Raum mit dem Skalarprodukt*

$$(S, T) = \sum_I (S\,e_i, T\,e_i)\,.$$

Beweis. Für jede Abbildung $T \in \mathscr{S}(E, F)$ gilt wegen

$$p_V(T_x) = p_V\Big(\sum_I (x, e_i)\,T\,e_i\Big) \leqq \sum_I |(x, e_i)|\,p_V(T\,e_i)$$

$$\leqq \Big\{\sum_I |(x, e_i)|^2\Big\}^{1/2} \Big\{\sum_I p_V(T\,e_i)^2\Big\}^{1/2} = p_U(x)\,\sigma(T)$$

die Ungleichung

$$\beta(T) \leqq \sigma(T)\,. \tag{0}$$

Da für zwei Abbildungen $S, T \in \mathscr{S}(E, F)$ die Ungleichung

$$\Big\{\sum_I p_V(S\,e_i + T\,e_i)^2\Big\}^{1/2} \leqq \Big\{\sum_I p_V(S\,e_i)^2\Big\}^{1/2} + \Big\{\sum_I p_V(T\,e_i)^2\Big\}^{1/2}$$

besteht, ist auch $S + T$ eine Hilbert-Schmidt-Abbildung, und es gilt die Dreiecksungleichung

$$\sigma\,(S + T) \leqq \sigma(S) + \sigma(T)\,. \tag{1}$$

Weil man außerdem leicht einsehen kann, daß für $T \in \mathscr{S}(E, F)$ und jede Zahl α auch die Abbildung $\alpha\,T$ zu $\mathscr{S}(E, F)$ gehört, wobei

$$\sigma(\alpha\,T) = |\alpha|\,\sigma(T) \tag{2}$$

gilt, ist $\mathscr{S}(E, F)$ ein linearer Raum mit der Norm $\sigma(T)$.

Schließlich ist die Zahlenfamilie $[(S\,e_i, T\,e_i), I]$ wegen

$$\sum_I |(S\,e_i, T\,e_i)| \leqq \Big\{\sum_I p_V(S\,e_i)^2\Big\}^{1/2} \Big\{\sum_I p_V(T\,e_i)^2\Big\}^{1/2}$$

summierbar, und es existiert der Ausdruck

$$(S, T) = \sum_I (S\,e_i, T\,e_i) \qquad \text{für alle } S, T \in \mathscr{S}(E, F)\,.$$

Aus diesem Ansatz folgt aber unmittelbar, daß (S, T) ein Skalarprodukt auf $\mathscr{S}(E, F)$ ist, für das $\sigma(T) = (T, T)^{1/2}$ gilt.

2.5.3. SATZ. *Der lineare Raum $\mathcal{A}(E, F)$ liegt dicht in $\mathcal{S}(E, F)$.*

Beweis. Zu jeder Abbildung $T \in \mathcal{A}(E, F)$, kann man ein vollständiges Orthonormalsystem $[e_i, I]$ von E bestimmen, das nur endlich viele Elemente e_i mit $T\, e_i \neq 0$ enthält. Folglich gilt

$$\sigma(T)^2 = \sum_I p_V(T\, e_i)^2 < +\infty ,$$

und die Abbildung T gehört zu $\mathcal{S}(E, F)$. Damit ist die Beziehung

$$\mathcal{A}(E, F) \subset \mathcal{S}(E, F)$$

bewiesen.

Ist nun T eine beliebige Abbildung aus $\mathcal{S}(E, F)$, so betrachten wir für ein beliebiges vollständiges Orthonormalsystem $[e_i, I]$ von E die Abbildungen

$$T_{\mathfrak{i}}(x) = \sum_{\mathfrak{i}} (x, e_i)\, T\, e_i \qquad \text{mit } \mathfrak{i} \in \mathfrak{F}(I) .$$

Alle diese Abbildungen sind ausgeartet.

Da es aber wegen

$$\sum_I p_V(T\, e_i)^2 < +\infty$$

zu jeder positiven Zahl δ eine Menge $\mathfrak{i}_0 \in \mathfrak{F}(I)$ mit

$$\sum_{I \setminus \mathfrak{i}_0} p_V(T\, e_i)^2 \leqq \delta^2$$

gibt, besteht für alle $\mathfrak{i} \in \mathfrak{F}(I)$ mit $\mathfrak{i} \supset \mathfrak{i}_0$ die Ungleichung

$$\sigma\,(T - T_{\mathfrak{i}})^2 \leqq \sum_{I \setminus \mathfrak{i}} p_V(T\, e_i)^2 \leqq \delta^2 .$$

Folglich gilt

$$\sigma - \lim_{\mathfrak{i}} T_{\mathfrak{i}} = T .$$

2.5.4. SATZ. *Jede Hilbert-Schmidt-Abbildung ist kompakt.*

Beweis. Ist T eine beliebige Abbildung aus $\mathcal{S}(E, F)$, so konvergieren die in 2.5.3. konstruierten Abbildungen $T_{\mathfrak{i}}$ wegen

$$\beta\,(T - T_{\mathfrak{i}}) \leqq \sigma\,(T - T_{\mathfrak{i}})$$

auch in $\mathcal{L}(E, F)$ gegen T. Folglich ist T nach 0.10.6 kompakt.

2.5.5. Wir geben nun eine interessante Charakterisierung der Hilbert-Schmidt-Abbildungen an.

THEOREM. *Für zwei Hilberträume E und F fallen die absolutsummierenden Abbildungen mit den Hilbert-Schmidt-Abbildungen von E in F zusammen, und für jede Abbildung $T \in \mathcal{S}(E, F) = \mathcal{P}(E, F)$ gilt*

$$\sigma(T) \leqq \pi(T) \leqq \sqrt{3}\,\sigma(T) .$$

Beweis. Da jede Abbildung $T \in \mathcal{S}(E, F)$ kompakt ist, gibt es nach dem Spektralzerlegungssatz 8.3.1 zwei Orthonormalsysteme $[e_i, I]$ und $[f_i, I]$ in E bzw. F sowie eine Zahlenfamilie $[\lambda_i, I] \in \mathbf{c}_I$, so daß

$$T\, x = \sum_I \lambda_i(x, e_i)\, f_i \qquad \text{für } x \in E$$

gilt. Wegen $(T\, e_i, f_i) = \lambda_i$ besteht dann sogar die Ungleichung

$$\sum_I |\lambda_i|^2 \leqq \sigma(T)^2 < +\infty .$$

Wir definieren nun durch den Ansatz

$$T_1\, x = [\lambda_i(x, e_i), I] \quad \text{für } x \in E$$

und

$$T_2[\xi_i, I] = \sum_I \xi_i f_i \quad \text{für } [\xi_i, I] \in \boldsymbol{l}_I^2$$

zwei Abbildungen $T_1 \in \mathscr{L}(E, \boldsymbol{l}_I^1)$ und $T_2 \in \mathscr{L}(\boldsymbol{l}_I^2, F)$ für die wegen

$$\sum_I |\lambda_i(x, e_i)| \leqq \sigma(T)\, p_U(x) \quad \text{und} \quad p_V\Big(\sum_I \xi_i f_i\Big) \leqq \boldsymbol{\lambda}_2[\xi_i, I]$$

die Beziehungen

$$\beta(T_1) \leqq \sigma(T) \quad \text{und} \quad \beta(T_2) \leqq 1$$

gelten.

Ist schließlich R' mit $\boldsymbol{\pi}(R') \leqq \sqrt{3}$ die identische Abbildung von $\boldsymbol{l}_I^1$ in $\boldsymbol{l}_I^2$, so hat man $T = T_2\, R'\, T_1$. Folglich ist T nach Satz 2.2.5 absolutsummierend, und es gilt $\boldsymbol{\pi}(T) \leqq \sqrt{3}\, \sigma(T)$.

Hat man andererseits eine absolutsummierende Abbildung $T \in \mathscr{P}(E, F)$, so gilt für jede Indexmenge I die Ungleichung

$$\boldsymbol{\pi}_V[T\, x_i, I] \leqq \boldsymbol{\pi}(T)\, \boldsymbol{\varepsilon}_U[x_i, I] \quad \text{für alle } [x_i, I] \in \boldsymbol{l}_I^1[E]\,.$$

Ist nun $[e_i, I]$ ein vollständiges Orthonormalsystem in E, so gehören die Familien $[\xi_i\, e_i, I]$ mit $[\xi_i, I] \in \boldsymbol{l}_I^2$ zu $\boldsymbol{l}_I^1[E]$, denn auf Grund der Besselschen Ungleichung 0.9.4 besteht für alle Linearformen $a \in U^0$ die Abschätzung

$$\sum_I |\langle \xi_i\, e_i, a\rangle| \leqq \Big\{\sum_I |\xi_i|^2\Big\}^{1/2} \Big\{\sum_I |\langle e_i, a\rangle|^2\Big\}^{1/2} \leqq \boldsymbol{\lambda}_2[\xi_i, I]\,.$$

Damit ist gleichzeitig die Beziehung

$$\boldsymbol{\varepsilon}_U[\xi_i\, e_i, I] \leqq \boldsymbol{\lambda}_2[\xi_i, I] \quad \text{für alle } [\xi_i, I] \in \boldsymbol{l}_I^2$$

bewiesen, aus der sich die Ungleichung

$$\sum_I |\xi_i|\, p_V(T\, e_i) = \boldsymbol{\pi}_V[T(\xi_i\, e_i), I] \leqq \boldsymbol{\pi}(T)\, \boldsymbol{\varepsilon}_U[\xi_i\, e_i, I] \leqq \boldsymbol{\pi}(T)\, \boldsymbol{\lambda}_2[\xi_i, I]$$

ergibt.

Deshalb gilt wegen 1.1.7 die Aussage

$$\sigma(T) = \Big\{\sum_I p_V(T\, e_i)^2\Big\}^{1/2} \leqq \boldsymbol{\pi}(T) < +\infty\,.$$

2.5.6. Man kann beweisen (vgl. A. Grothendieck [5], S. 55), daß in reellen Hilberträumen die nicht mehr zu verbessernde Abschätzung

$$\boldsymbol{\pi}(T) \leqq \sqrt{\pi/2}\, \sigma(T)$$

besteht.

KAPITEL 3

Nukleare Abbildungen

Die *nuklearen Abbildungen* wurden zuerst unter der Bezeichnung „*operators of the trace-class*" eingeführt, als R. SCHATTEN und J. VON NEUMANN die Frage untersuchten, welchen stetigen linearen Abbildungen eines Hilbertraumes in sinnvoller Weise eine Spur zugeordnet werden kann. Die Übertragung dieser Betrachtungen auf Banachräume führte A. GROTHENDIECK [3] zum Begriff der nuklearen Abbildung. Dabei wurde jedoch der ursprüngliche Gesichtspunkt in den Hintergrund gedrängt. Bis heute weiß man nämlich noch nicht, ob tatsächlich jede nukleare Abbildung eines Banachraumes in sich eine eindeutig bestimmte Spur besitzt.

In diesem Kapitel betrachten wir nukleare Abbildungen von einem normierten Raum E in einen normierten Raum F. Dabei stellt sich heraus, daß die Gesamtheit dieser Abbildungen einen linearen Raum bildet, auf dem man eine geeignete Norm einführen kann.

Schon A. GROTHENDIECK ([3], Chap. I, p. 88) hatte bemerkt, daß die nuklearen Abbildungen eine sehr schlechte Eigenschaft besitzen. Wird nämlich F in einen größeren normierten Raum G eingebettet, so kann es vorkommen, daß eine Abbildung $T \in \mathcal{L}(E, F)$ wohl als Abbildung von E und G aber nicht als Abbildung von E in F nuklear ist. Die genauere Untersuchung dieses Sachverhaltes führte mich zum Begriff der *quasinuklearen Abbildung* (Satz 3.2.7).

Das auf A. GROTHENDIECK ([3], Chap. I, p. 162) zurückgehende Theorem 3.3.5, das wir hier auf eine neue und sehr einfache Art beweisen, ist das Hauptergebnis dieses Kapitels. Es enthält die tiefliegende Aussage, daß *das Produkt von zwei absolutsummierenden Abbildungen stets nuklear ist.*

Als erste Anwendung der gewonnenen Ergebnisse wird abschließend das Theorem von DVORETZKY und ROGERS bewiesen.

3.1. Nukleare Abbildungen in normierten Räumen

3.1.1. Sind E und F zwei beliebige normierte Räume mit den abgeschlossenen Einheitskugeln U und V, so heißt eine Abbildung $T \in \mathcal{L}(E, F)$ **nuklear,** wenn es stetige Linearformen $a_n \in E'$ und Elemente $y_n \in F$ mit

$$\sum_N p_{U^0}(a_n)\, p_V(y_n) < +\infty$$

gibt, so daß T die Form

$$T\,x = \sum_N \langle x, a_n\rangle\, y_n \qquad \text{für } x \in E$$

hat.

Für jede nukleare Abbildung T setzen wir

$$\boldsymbol{\nu}(T) = \inf \left\{ \sum_N p_{U^\circ}(a_n)\, p_V(y_n) \right\},$$

wobei das Infimum über alle möglichen Darstellungen von T gebildet werden soll.

3.1.2. Wird die Gesamtheit aller nuklearen Abbildungen von E in F mit $\mathcal{N}(E, F)$ bezeichnet, so gilt der

SATZ. *$\mathcal{N}(E, F)$ ist ein linearer Raum mit der Norm $\boldsymbol{\nu}(T)$.*

Beweis. Ist T eine beliebige Abbildung aus $\mathcal{N}(E, F)$, so besteht für jede Darstellung von T in der Form

$$T\,x = \sum_N \langle x, a_n \rangle\, y_n$$

wegen

$$p_V(T\,x) \leqq p_U(x) \sum_N p_{U^\circ}(a_n)\, p_V(y_n)$$

die Ungleichung

$$\beta(T) \leqq \sum_N p_{U^\circ}(a_n)\, p_V(y_n)\,.$$

Folglich hat man

$$\beta(T) \leqq \boldsymbol{\nu}(T)\,. \tag{0}$$

Betrachtet man für S, $T \in \mathcal{N}(E, F)$ und eine beliebige positive Zahl δ zwei Darstellungen

$$S\,x = \sum_N \langle x, a_n \rangle\, y_n \quad \text{und} \quad T\,x = \sum_N \langle x, b_n \rangle\, z_n$$

mit

$$\sum_N p_{U^\circ}(a_n)\, p_V(y_n) \leqq \boldsymbol{\nu}(S) + \delta \quad \text{und} \quad \sum_N p_{U^\circ}(b_n)\, p_V(z_n) \leqq \boldsymbol{\nu}(T) + \delta\,,$$

so hat die Abbildung $S + T$ die Form

$$(S + T)\,x = \sum_N \langle x, a_n \rangle\, y_n + \sum_N \langle x, b_n \rangle\, z_n\,,$$

und es gilt

$$\boldsymbol{\nu}\,(S + T) \leqq \sum_N p_{U^\circ}(a_n)\, p_V(y_n) + \sum_N p_{U^\circ}(b_n)\, p_V(z_n) \leqq \boldsymbol{\nu}(S) + \boldsymbol{\nu}(T) + 2\,\delta\,.$$

Demnach gehört die Abbildung $S + T$ zu $\mathcal{N}(E, F)$, und es besteht die Dreiecksungleichung

$$\boldsymbol{\nu}\,(S + T) \leqq \boldsymbol{\nu}(S) + \boldsymbol{\nu}(T)\,. \tag{1}$$

Da man außerdem leicht einsehen kann, daß für $T \in \mathcal{N}(E, F)$ und jede Zahl α auch die Abbildung $\alpha\,T$ nuklear ist, wobei

$$\boldsymbol{\nu}(\alpha\,T) = |\alpha|\,\boldsymbol{\nu}(T) \tag{2}$$

gilt, ist unsere Behauptung vollständig bewiesen.

3.1.3. LEMMA. *Ist $\{T_\alpha\}$ ein gerichtetes Cauchy-System aus $\mathcal{N}(E, F)$ und gibt es eine Abbildung $T \in \mathcal{L}(E, F)$ mit $\lim_\alpha T_\alpha\, x = T\,x$ für $x \in E$, so gehört T zu $\mathcal{N}(E, F)$, und es gilt $\boldsymbol{\nu} - \lim_\alpha T_\alpha = T$.*

Beweis. Wir bestimmen eine monoton wachsende Folge von Indizes α_k, so daß die Aussage

$$\boldsymbol{\nu}(T_\alpha - T_\beta) < \frac{1}{2^{k+2}} \quad \text{für } \alpha, \beta \geqq \alpha_k$$

gilt. Dann können die nuklearen Abbildungen $T_{\alpha_{k+1}} - T_{\alpha_k}$ für $k = 1, 2, \ldots$ in der Form

$$(T_{\alpha_{k+1}} - T_{\alpha_k})\, x = \sum_N \langle x, a_n^{[k]} \rangle\, y_n^{[k]}$$

mit

$$\sum_N p_{U^\circ}(a_n^{[k]})\, p_V(y_n^{[k]}) < \frac{1}{2^{k+2}}$$

dargestellt werden. Folglich hat man für $p = 1, 2, \ldots$

$$(T_{\alpha_{k+p}} - T_{\alpha_k})\, x = \sum_{h=k}^{k+p-1} \sum_N \langle x, a_n^{[h]} \rangle\, y_n^{[h]},$$

und wir erhalten durch den Grenzübergang $p \to \infty$ die Identität

$$(T - T_{\alpha_k})\, x = \sum_{h=k}^{\infty} \sum_N \langle x, a_n^{[h]} \rangle\, y_n^{[h]}.$$

Da außerdem die Ungleichung

$$\boldsymbol{\nu}(T - T_{\alpha_k}) \leqq \sum_{h=k}^{\infty} \sum_N p_{U^\circ}(a_n^{[h]})\, p_V(y_n^{[h]}) \leqq \frac{1}{2^{k+1}}$$

besteht, ist die Abbildung $T - T_{\alpha_k}$ und somit auch T nuklear. Abschließend erhalten wir wegen

$$\boldsymbol{\nu}(T - T_\alpha) \leqq \boldsymbol{\nu}(T - T_{\alpha_k}) + \boldsymbol{\nu}(T_{\alpha_k} - T_\alpha) \leqq \frac{1}{2^k} \quad \text{für } \alpha \geqq \alpha_k$$

die Aussage

$$\boldsymbol{\nu} - \lim_\alpha T_\alpha = T.$$

Als einfache Folgerung aus dem soeben bewiesenen Lemma ergibt sich der

SATZ. *Für einen normierten Raum E und einen Banachraum F ist $\mathcal{N}(E, F)$ ein Banachraum.*

3.1.4. SATZ. *Der lineare Raum $\mathcal{A}(E, F)$ liegt dicht in $\mathcal{N}(E, F)$.*

Beweis. Da sich jede ausgeartete Abbildung T in der Form

$$T x = \sum_{n=1}^{k} \langle x, a_n \rangle\, x_n \quad \text{mit } a_1, \ldots, a_k \in E' \quad \text{und} \quad y_1, \ldots, y_k \in F$$

darstellen läßt, ist $\mathcal{A}(E, F)$ ein linearer Teilraum von $\mathcal{N}(E, F)$.

Wir betrachten nun eine beliebige nukleare Abbildung $T \in \mathcal{N}(E, F)$. Dann gibt es stetige Linearformen $a_n \in E'$ und Elemente $y_n \in F$ mit

$$T x = \sum_N \langle x, a_n \rangle\, y_n \quad \text{für } x \in E$$

und

$$\sum_N p_{U^\circ}(a_n)\, p_V(y_n) < +\infty.$$

Da man zu jeder positiven Zahl δ eine Menge $\mathfrak{n}_0 \in \mathfrak{F}(N)$ mit

$$\sum_{N \setminus \mathfrak{n}_0} p_{U^0}(a_n)\, p_V(y_n) \leqq \delta$$

finden kann, gilt für die ausgearteten Abbildungen

$$T_{\mathfrak{n}}\, x = \sum_{\mathfrak{n}} \langle x, a_n \rangle\, y_n$$

die Ungleichung

$$\boldsymbol{\nu}(T - T_{\mathfrak{n}}) \leqq \delta \quad \text{für alle } \mathfrak{n} \in \mathfrak{F}(N) \qquad \text{mit } \mathfrak{n} \supset \mathfrak{n}_0 .$$

Folglich hat man

$$\boldsymbol{\nu} - \lim_{\mathfrak{n}} T_{\mathfrak{n}} = T ,$$

und unsere Behauptung ist bewiesen.

3.1.5. SATZ. *Jede nukleare Abbildung ist präkompakt.*

Beweis. Ist T eine beliebige Abbildung aus $\mathcal{N}(E, F)$, so konvergieren die in 3.1.4 konstruierten Abbildungen $T_{\mathfrak{n}}$ wegen

$$\boldsymbol{\beta}(T - T_{\mathfrak{n}}) \leqq \boldsymbol{\nu}(T - T_{\mathfrak{n}})$$

auch in $\mathcal{L}(E, F)$ gegen T. Folglich ist T nach 0.10.6 präkompakt.

3.1.6. Als unmittelbare Folgerung aus 3.1.5 und 0.10.6 erhalten wir den

SATZ. *Jede nukleare Abbildung besitzt einen separablen Bildraum.*

3.1.7. Sind E, F und G drei normierte Räume mit den abgeschlossenen Einheitskugeln U, V und W, so erhält man den

SATZ. (1) *Aus* $T \in \mathcal{L}(E, F)$ *und* $S \in \mathcal{N}(F, G)$ *folgt* $S\,T \in \mathcal{N}(E, G)$, *und es gilt*

$$\boldsymbol{\nu}(S\,T) \leqq \boldsymbol{\nu}(S)\, \boldsymbol{\beta}(T) .$$

(2) *Aus* $T \in \mathcal{N}(E, F)$ *und* $S \in \mathcal{L}(F, G)$ *folgt* $S\,T \in \mathcal{N}(E, G)$, *und es gilt*

$$\boldsymbol{\nu}(S\,T) \leqq \boldsymbol{\beta}(S)\, \boldsymbol{\nu}(T) .$$

Beweis.

(1) Weil die Abbildung S nuklear ist, gibt es zu jeder positiven Zahl δ stetige Linearformen $b_n \in F'$ und Elemente $z_n \in G$ mit

$$S\,y = \sum_N \langle y, b_n \rangle\, z_n \quad \text{für } y \in F$$

und

$$\sum_N p_{V^0}(b_n)\, p_W(z_n) \leqq \boldsymbol{\nu}(S) + \delta .$$

Folglich hat die Abbildung $S\,T$ die Form

$$S\,T\,x = \sum_N \langle x, T'\,b_n \rangle\, z_n \quad \text{für } x \in E ,$$

und es gilt

$$\boldsymbol{\nu}(S\,T) \leqq \sum_N p_{U^0}(T'\,b_n)\, p_W(z_n) \leqq \boldsymbol{\beta}(T') \sum_N p_{V^0}(b_n)\, p_W(z_n) \leqq [\boldsymbol{\nu}(S) + \delta]\, \boldsymbol{\beta}(T) .$$

Demnach ist die Abbildung $S\,T$ nuklear, und es besteht die Ungleichung

$$\boldsymbol{\nu}(S\,T) \leqq \boldsymbol{\nu}(S)\, \boldsymbol{\beta}(T) .$$

Der Beweis von Teil (2) unserer Behauptung verläuft analog.

3.1.8. SATZ. *Für jede nukleare Abbildung $T \in \mathcal{N}(E, F)$ ist die duale Abbildung T' ebenfalls nuklear, und es gilt $\boldsymbol{\nu}(T') \leqq \boldsymbol{\nu}(T)$.*

Beweis. Ist δ eine beliebige positive Zahl, so kann die nukleare Abbildung T in der Form

$$T\,x = \sum_N \langle x, a_n\rangle\, y_n \quad \text{für } x \in E$$

mit

$$\sum_N p_{U^\circ}(a_n)\, p_V(y_n) \leqq \boldsymbol{\nu}(T) + \delta$$

dargestellt werden.

Dann hat die duale Abbildung T' die Gestalt

$$T'\,a = \sum_N \langle y_n, a\rangle\, a_n \quad \text{für } a \in E'\,,$$

und es gilt

$$\boldsymbol{\nu}(T') \leqq \sum_N p_{U^\circ}(a_n)\, p_V(y_n) \leqq \boldsymbol{\nu}(T) + \delta\,.$$

Damit ist unsere Behauptung bewiesen.

3.1.9. PROBLEM. *Muß jede stetige lineare Abbildung $T \in \mathcal{L}(E, F)$, deren duale Abbildung T' nuklear ist, ebenfalls nuklear sein?*

Bemerkung. Grothendieck hat gezeigt, daß die Antwort auf diese Frage für eine sehr umfangreiche Klasse von normierten Räumen positiv ausfällt.

3.1.10. Wir geben nun noch einige Beispiele von nuklearen Abbildungen an. Zu diesem Zweck erinnern wir daran, daß sich jede stetige lineare Abbildung T von $\boldsymbol{l}_I^1$ in $\boldsymbol{l}_J^1$ mit einer eindeutig bestimmten Matrix $[\tau_{ij}, I \times J]$ in der Form

$$T[\xi_i, I] = \left[\sum_I \xi_i \tau_{ij}, J\right] \quad \text{für } [\xi_i, I] \in \boldsymbol{l}_I^1$$

darstellen läßt.

SATZ. *Eine Abbildung $T \in \mathcal{L}(\boldsymbol{l}_I^1, \boldsymbol{l}_J^1)$ ist dann und nur dann nuklear, wenn die Ungleichung*

$$\boldsymbol{\varrho}(T) = \sum_J \sup\{|\tau_{ij}| : i \in I\} < +\infty$$

besteht. Dann gilt $\boldsymbol{\nu}(T) = \boldsymbol{\varrho}(T)$.

Beweis. Wenn die Abbildung T nuklear ist, gibt es zu jeder positiven Zahl δ Familien $a_n = [\alpha_i^{[n]}, I] \in \boldsymbol{m}_I$ und $y_n = [\eta_j^{[n]}, J] \in \boldsymbol{l}_J^1$ mit

$$\sum_N \boldsymbol{\lambda}_\infty(a_n)\, \boldsymbol{\lambda}_1(y_n) \leqq \boldsymbol{\nu}(T) + \delta\,,$$

so daß T für alle Familien $x = [\xi_i, I] \in \boldsymbol{l}_I^1$ die Darstellung

$$T\,x = \sum_N \langle x, a_n\rangle\, y_n$$

oder

$$T[\xi_i, I] = \left[\sum_N \left(\sum_I \alpha_i^{[n]}\, \xi_i\right) \eta_j^{[n]}, J\right] = \left[\sum_I \xi_i \left(\sum_N \alpha_i^{[n]}\, \eta_j^{[n]}\right), J\right]$$

besitzt. Folglich hat man

$$\tau_{ij} = \sum_N \alpha_i^{[n]}\, \eta_j^{[n]}\,,$$

und es gilt

$$\sup\{|\tau_{ij}| : i \in I\} \leqq \sum_N \lambda_\infty(a_n) |\eta_j^{[n]}| .$$

Deshalb ergibt sich die Ungleichung

$$\varrho(T) \leqq \sum_J \sum_N \lambda_\infty(a_n) |\eta_j^{[n]}| = \sum_N \lambda_\infty(a_n)\, \lambda_1(y_n) \leqq \nu(T) + \delta .$$

Damit ist für die nukleare Abbildung T die Beziehung $\varrho(T) \leqq \nu(T)$ bewiesen.

Wir betrachten nun eine stetige lineare Abbildung T von l_I^1 in l_J^2 mit

$$\varrho(T) = \sum_J \sup\{|\tau_{ij}| : i \in I\} < +\infty .$$

Setzt man

$$\varrho_j = \sup\{|\tau_{ij}| : i \in I\} ,$$

so kann die Menge $K = \{k \in J : \varrho_k > 0\}$ wegen

$$\sum_J \varrho_j < +\infty$$

höchstens abzählbar unendlich sein. Wir definieren nun auf l_I^1 stetige Linearformen a_k durch den Ansatz

$$\langle [\xi_i, I], a_k \rangle = \sum_I \xi_i \tau_{ik}$$

und setzen

$$y_k = [\delta_j^{[k]}, J] .$$

Dann hat die Abbildung T für alle Familien $x = [\xi_i, I] \in l_I^1$ die Form

$$T[\xi_i, I] = \left[\sum_I \xi_i \tau_{ij}, J\right] = \sum_K \left(\sum_I \xi_i \tau_{ik}\right) \left[\delta_j^{[k]}, J\right]$$

oder

$$T\,x = \sum_K \langle y, a_k \rangle\, y_k .$$

Da außerdem die Beziehung

$$\sum_K \lambda_\infty(a_k)\, \lambda_1(y_k) = \sum_K \varrho_k = \varrho(T) < +\infty$$

besteht, ist T nuklear und es gilt die Ungleichung $\nu(T) \leqq \varrho(T)$.

3.2. Quasinukleare Abbildungen in normierten Räumen

3.2.1. Wenn E ein linearer Teilraum des normierten Raumes G ist, läßt sich jede stetige lineare Abbildung von E in F auch als Abbildung von E in G auffassen. Dabei kann es vorkommen, daß die Abbildung T nicht zu $\mathcal{N}(E, F)$ gehört während sie als Abbildung von E in G nuklear ist.

3.2.2. Wir zeigen nun, daß dieser pathologische Sachverhalt nicht eintreten kann, wenn F in G dicht liegt. Dazu benötigen wir das folgende

LEMMA. *Ist F ein dichter linearer Teilraum des normierten Raumes G, so gibt es zu jedem Element $z \in G$ eine Folge von Elementen $y_n \in F$ mit*

$$z = \sum_N y_n ,$$

so daß für eine beliebig vorgegebene positive Zahl δ die Ungleichung

$$\sum_N p_W(y_n) \leqq (1 + \delta)\, p_W(z)$$

besteht.

Beweis. Nach Voraussetzung existieren in F Elemente $\hat{y}_n$ mit

$$p_W(z - \hat{y}_n) \leqq \frac{1}{2^{n+1}}\, \delta\, p_W(z)\,.$$

Setzt man $y_1 = \hat{y}_1$ und $y_n = \hat{y}_n - \hat{y}_{n-1}$ für $n > 1$, so gilt die Aussage

$$z = \lim_m \hat{y}_m = \sum_N y_n\,.$$

Außerdem hat man

$$p_W(y_1) \leqq \left(1 + \frac{1}{4}\,\delta\right) p_W(z) \quad \text{und} \quad p_W(y_n) \leqq \left(\frac{1}{2^{n+1}} + \frac{1}{2^n}\right) \delta\, p_W(z) \qquad \text{für} \quad n > 1\,.$$

Folglich besteht auch die Ungleichung

$$\sum_N p_W(y_n) \leqq \left(1 + \frac{1}{4}\,\delta + \delta \sum_{n=2}^{\infty} \frac{1}{2^{n+1}} + \delta \sum_{n=2}^{\infty} \frac{1}{2^n}\right) p_W(z) \leqq (1 + \delta)\, p_W(z)\,.$$

Es ist leicht einzusehen, daß jede nukleare Abbildung T von E in F auch eine nukleare Abbildung von E in G ist. Demnach hat T sowohl in $\mathcal{N}(E, F)$ als auch in $\mathcal{N}(E, G)$ eine $\boldsymbol{\nu}$-Norm, die wir zur Unterscheidung mit $\boldsymbol{\nu}^F(T)$ bzw. $\boldsymbol{\nu}^G(T)$ bezeichnen wollen.

Nach diesen Vorbemerkungen ergibt sich der

SATZ. *Ist F ein dichter linearer Teilraum des normierten Raumes G, so folgt für jede stetige lineare Abbildung T eines normierten Raumes E in F aus $T \in \mathcal{N}(E, G)$ stets $T \in \mathcal{N}(E, F)$, und es gilt $\boldsymbol{\nu}^F(T) = \boldsymbol{\nu}^G(T)$.*

Beweis. Weil T eine nukleare Abbildung von E in G ist, gibt es zu jeder positiven Zahl δ Linearformen $a_n \in E$ und Elemente $z_n \in G$ mit

$$\sum_N p_{U^\circ}(a_n)\, p_W(z_n) \leqq \boldsymbol{\nu}^G(T) + \delta\,,$$

so daß T die Darstellung

$$T\,x = \sum_{n=1}^{\infty} \langle x, a_n\rangle\, z_n \quad \text{für} \ x \in E$$

besitzt.

Wenn man jetzt auf Grund des vorangehenden Lemmas Elemente $y_{mn} \in F$ mit

$$z_n = \sum_{m=1}^{\infty} y_{mn} \quad \text{und} \quad \sum_{m=1}^{\infty} p_W(y_{mn}) \leqq (1 + \delta)\, p_W(z_n)$$

bestimmt, ergibt sich mit den Linearformen $a_{mn} = a_n$ für $m = 1, 2, \ldots$ die Beziehung

$$T\,x = \sum_{m=1}^{\infty} \sum_{n=1}^{\infty} \langle x, a_{mn}\rangle\, y_{mn} \qquad \text{für} \ x \in E\,.$$

Außerdem hat man

$$\boldsymbol{\nu}^F(T) \leqq \sum_{m=1}^{\infty} \sum_{n=1}^{\infty} p_{U^\circ}(a_{mn})\, p_W(y_{mn}) \leqq (1 + \delta)\,(\boldsymbol{\nu}^G(T) + \delta)\,.$$

Folglich ist T auch als Abbildung von E in F nuklear, und durch den Grenzübergang $\delta \to 0$ erhält man die Ungleichung $\boldsymbol{\nu}^F(T) \leqq \boldsymbol{\nu}^G(T)$. Damit ist unsere Behauptung vollständig bewiesen, denn die Ungleichung $\boldsymbol{\nu}^F(T) \geqq \boldsymbol{\nu}^G(T)$ ergibt sich unmittelbar aus der Definition der $\boldsymbol{\nu}$-Norm.

3.2.3. Sind E und F zwei beliebige normierte Räume mit den abgeschlossenen Einheitskugeln U und V, so wollen wir eine stetige lineare Abbildung T von E in F als **quasinuklear** bezeichnen, wenn es eine Folge von Linearformen $a_n \in E'$ mit

$$\sum_N p_{U^\circ}(a_n) < +\infty$$

gibt, so daß die Beziehung

$$p_V(T\,x) \leqq \sum_N |\langle x, a_n\rangle| \qquad \text{für } x \in E$$

besteht.

Für jede quasinukleare Abbildung T setzen wir

$$\boldsymbol{\pi}_0(T) = \inf \left\{ \sum_N p_{U^\circ}(a_n) \right\},$$

wobei das Infimum über alle Folgen von Linearformen a_n gebildet wird, die die geforderte Eigenschaft besitzen.

3.2.4. Es ist unmittelbar ersichtlich, daß die quasinuklearen Abbildungen die in 3.2.1 angegebene schlechte Eigenschaft der nuklearen Abbildungen nicht besitzen.

3.2.5. Im folgenden untersuchen wir die Beziehungen zwischen nuklearen und quasinuklearen Abbildungen. Als erstes Ergebnis erhalten wir dabei den

SATZ. *Jede nukleare Abbildung T ist quasinuklear, und es gilt $\boldsymbol{\pi}_0(T) \leqq \boldsymbol{\nu}(T)$.*

Beweis. Wir betrachten eine beliebige nukleare Abbildung $T \in \mathcal{N}(E, F)$. Dann gibt es zu jeder positiven Zahl δ Linearformen $a_n \in E'$ und Elemente $y_n \in F$ mit

$$\sum_N p_{U^\circ}(a_n)\, p_V(y_n) \leqq \boldsymbol{\nu}(T) + \delta\,,$$

so daß T die Form

$$T\,x = \sum_N \langle x, a_n\rangle\, y_n \qquad \text{für } x \in E$$

hat.

Setzt man nun $b_n = p_V(y_n)\, a_n$, so ergibt sich die Abschätzung

$$p_V(T\,x) \leqq \sum_N |\langle x, a_n\rangle|\, p_V(y_n) = \sum_N |\langle x, b_n\rangle| \qquad \text{für } x \in E\,.$$

Da aber auch die Ungleichung

$$\sum_N p_{U^\circ}(b_n) \leqq \sum_N p_{U^\circ}(a_n)\, p_V(y_n) \leqq \boldsymbol{\nu}(T) + \delta$$

besteht, muß T eine quasinukleare Abbildung mit $\boldsymbol{\pi}_0(T) \leqq \boldsymbol{\nu}(T) + \delta$ sein. Damit ist unsere Behauptung vollständig bewiesen, denn durch den Grenzübergang $\delta \to 0$ ergibt sich abschließend die Aussage $\boldsymbol{\pi}_0(T) \leqq \boldsymbol{\nu}(T)$.

3.2.6. Zum Beweis des folgenden Theorems sind einige Vorbetrachtungen nötig.

LEMMA 1. *Jeder normierte Raum F kann als linearer Teilraum eines Banachraumes $\boldsymbol{m}_I$ aufgefaßt werden.*

Beweis. Wir betrachten eine Indexmenge I, so daß eine Abbildung $i \to b_i$ von I auf V^0 existiert. Ordnet man dann jedem Element $y \in E$ die Familie $[\langle y, b_i\rangle, I] \in \boldsymbol{m}_I$ zu, so gilt

$$p_V(y) = \sup\{[|\langle y, b_i\rangle| : i \in I\} = \lambda_\infty[\langle y, b_i\rangle, I].$$

Deshalb kann F als linearer Teilraum von $\boldsymbol{m}_I$ betrachtet werden.

LEMMA 2. *Ist G_0 ein linearer Teilraum des normierten Raumes G, so kann jede stetige lineare Abbildung S_0 von G_0 in einen Banachraum $\boldsymbol{m}_I$ zu einer stetigen linearen Abbildung S von G in $\boldsymbol{m}_I$ mit $\beta(S) = \beta(S_0)$ fortgesetzt werden.*

Beweis. Die Abbildung S_0 läßt sich mit einer Familie von stetigen Linearformen $c_0^{[i]} \in G_0'$ in der Form

$$S_0 z = [\langle z, c_0^{[i]}\rangle, I] \qquad \text{für } z \in G_0$$

darstellen. Dabei gilt $p_{W^0}(c_0^{[i]}) \leqq \beta(S_0)$.

Auf Grund des Hahn-Banach-Theorems 0.4.4 können aber die Linearformen $c_0^{[i]}$ unter Beibehaltung ihrer Norm zu Linearformen $c^{[i]}$ auf ganz G erweitert werden. Nun erklärt man die gesuchte Abbildung S durch den Ansatz

$$S z = [\langle z, c^{[i]}\rangle, I] \qquad \text{für } z \in G.$$

Nach diesen Vorbereitungen ergibt sich das folgende

THEOREM. *Jede quasinukleare Abbildung T von einem normierten Raum E in einen normierten Raum F ist sogar nuklear, wenn man sie als Abbildung von E in einen F umfassenden Banachraum $\boldsymbol{m}_I$ betrachtet. Dabei gilt $\pi_0(T) = \nu(T)$.*

Beweis. Weil die Abbildung T quasinuklear ist, gibt es zu jeder positiven Zahl δ eine Folge von Linearformen $a_n \in E'$ mit

$$\sum_N p_{U^0}(a_n) \leqq \pi_0(T) + \delta,$$

so daß die Beziehung

$$p_V(T x) \leqq \sum_N |\langle x, a_n\rangle| \qquad \text{für } x \in E$$

besteht.

Ist G_0 derjenige lineare Teilraum von $\boldsymbol{l}_N^1$, der von allen Familien $[\langle x, a_n\rangle, N]$ mit $x \in E$ gebildet wird, so erhält man durch den Ansatz

$$S_0[\langle x, a_n\rangle, N] = T x$$

eine stetige lineare Abbildung S_0 von G_0 in F, für die wegen

$$p_V(S_0[\langle x, a_n\rangle, N]) = p_V(T x) \leqq \sum_N |\langle x, a_n\rangle| = \lambda_1[\langle x, a_n\rangle, N]$$

die Ungleichung $\beta(S_0) \leqq 1$ besteht. Diese Abbildung läßt sich aber auf Grund von Lemma 2 zu einer stetigen linearen Abbildung S von $\boldsymbol{l}_N^1$ in $\boldsymbol{m}_I$ mit $\beta(S) \leqq 1$ erweitern.

Setzt man

$$y_m = S[\delta_n^{[m]}, N],$$

so gilt $\lambda_\infty[y_m] \leqq 1$, und für die Abbildung S ergibt sich die Darstellung

$$S[\xi_n, N] = \sum_N \xi_n y_n \quad \text{für } [\xi_n, N] \in l_N^1 .$$

Wegen $T x = S[\langle x, a_n \rangle, N]$ hat die Abbildung T somit die Form

$$T x = \sum_N \langle x, a_n \rangle y_n \quad \text{für } x \in E .$$

Da aber auch die Ungleichung

$$\sum_N p_{U^\circ}(a_n) \lambda_\infty[y_n, N] \leqq \pi_0(T) + \delta$$

besteht, muß T als Abbildung von E in m_I nuklear sein. Außerdem gilt die Beziehung $\nu(T) \leqq \pi_0(T) + \delta$, aus der sich durch den Grenzübergang $\delta \to 0$ die Ungleichung $\nu(T) \leqq \pi_0(T)$ ergibt. Auf Grund von Satz 3.2.5 gilt dann aber sogar die Identität $\nu(T) = \pi_0(T)$.

3.2.7. Durch Zusammenfassung der Ergebnisse von 3.2.5 und 3.2.6 ergibt sich der

SATZ. *Eine stetige lineare Abbildung T von einem normierten Raum E in einen normierten Raum F ist dann und nur dann quasinuklear, wenn es einen F umfassenden normierten Raum G gibt, so daß T als Abbildung von E in G nuklear ist.*

3.2.8. Wird die Gesamtheit aller quasinuklearen Abbildungen von E in F mit $\mathcal{P}_0(E, F)$ bezeichnet, so gilt der

SATZ. *$\mathcal{P}_0(E, F)$ ist ein linearer Raum mit der Norm $\pi_0(T)$.*

Beweis. Unsere Behauptung ergibt sich unmittelbar aus der Tatsache, daß $\mathcal{P}_0(E, F)$ auf Grund von Theorem 3.2.6 als linearer Teilraum von $\mathcal{N}(E, m_I)$ aufgefaßt werden kann.

3.2.9. Mit dem gleichen Argument wie in 3.2.8 erhält man aus 3.1.3 den

SATZ. *Für einen normierten Raum E und einen Banachraum F ist $\mathcal{P}_0(E, F)$ ein Banachraum.*

3.2.10. SATZ. *Jede quasinukleare Abbildung ist präkompakt.*

Beweis. Weil jede Abbildung $T \in \mathcal{P}_0(E, F)$ als Abbildung von E in m_I nuklear und somit präkompakt ist, muß sie auch als Abbildung von E in F präkompakt sein.

3.2.11. Als unmittelbare Folgerung aus 3.2.10 und 0.10.6 erhalten wir den

SATZ. *Jede quasinukleare Abbildung besitzt einen separablen Bildraum.*

3.2.12. Sind E, F und G drei normierte Räume, so ergibt sich der

SATZ. (1) *Aus $T \in \mathcal{L}(E, F)$ und $S \in \mathcal{P}_0(F, G)$ folgt $S T \in \mathcal{P}_0(E, G)$, und es gilt*

$$\pi_0(S T) \leqq \pi_0(S) \beta(T).$$

(2) *Aus $T \in \mathcal{P}_0(E, F)$ und $S \in \mathcal{L}(F, G)$ folgt $S T \in \mathcal{P}_0(E, G)$, und es gilt*

$$\pi_0(S T) \leqq \beta(S) \pi_0(T) .$$

3.2.13. Abschließend untersuchen wir das Verhältnis zwischen den quasinuklearen und den absolutsummierenden Abbildungen.

SATZ. *Jede quasinukleare Abbildung T ist absolutsummierend, und es gilt* $\pi(T) \leqq \pi_0(T)$.

Beweis. Wir betrachten eine beliebige quasinukleare Abbildung $T \in \mathcal{P}_0(E, F)$. Dann gibt es zu jeder positiven Zahl δ eine Folge von Linearformen $a_n \in E'$ mit

$$\sum_N p_{U^0}(a_n) \leqq \pi_0(T) + \delta ,$$

so daß die Beziehung

$$p_V(T\,x) \leqq \sum_N |\langle x, a_n\rangle| \qquad \text{für } x \in E$$

besteht.

Mit

$$\mu_n = p_{U^0}(a_n) \quad \text{und} \quad b_n = \begin{cases} \mu_n^{-1}\, a_n & \text{für } \mu_n > 0 \\ 0 & \text{für } \mu_n = 0 \end{cases}$$

erhält man durch den Ansatz

$$\langle \varphi, \mu\rangle = \int_{U^0} \varphi(a)\, d\mu = \sum_N \mu_n\, \varphi(b_n) \qquad \text{für } \varphi \in \mathcal{C}(U^0)$$

auf U^0 ein positives Radonsches Maß μ, so daß die Ungleichung

$$p_V(T\,x) \leqq \int_{U^0} |\langle x, a\rangle|\, d\mu \qquad \text{für alle } x \in E$$

gilt. Folglich ist T auf Grund von Theorem 2.3.3 absolutsummierend.

Schließlich erhält man aus der Ungleichung

$$\pi(T) \leqq \mu(U^0) = \sum_N \mu_n \leqq \pi_0(T) + \delta$$

durch den Grenzübergang $\delta \to 0$ die Aussage $\pi(T) \leqq \pi_0(T)$.

3.2.14. Man kann sogar zeigen, daß für jede quasinukleare Abbildung T die Identität

$$\pi_0(T) = \pi(T)$$

gilt. Außerdem ergibt sich, daß $\mathcal{P}_0(E, F)$ für eine umfangreiche Klasse von normierten Räumen gerade aus denjenigen absolutsummierenden Abbildungen besteht, die sich bezüglich der π-Norm durch ausgeartete Abbildungen approximieren lassen. Als Verschärfung von Theorem 2.5.5 erhält man deshalb die Aussage, daß alle Hilbert-Schmidt-Abbildungen quasinuklear sind. Die Beweise für diese Angaben findet man bei Pietsch [8].

3.3. Produkte von quasinuklearen und absolutsummierenden Abbildungen in normierten Räumen

3.3.1. Wir beginnen die Untersuchungen dieses Abschnittes mit dem folgenden

LEMMA. *Jede quasinukleare Abbildung T von einem normierten Raum E in einen Banachraum F kann auf die folgende Art als Produkt von zwei stetigen linearen Abbildungen dargestellt werden:*

$$E \xrightarrow{T_1} \boldsymbol{m}_N \xrightarrow{T_2} F .$$

Dabei gelten mit einer beliebig vorgegebenen positiven Zahl δ die Ungleichungen

$$\beta(T_1) \leqq 1 \quad \textit{und} \quad \beta(T_2) \leqq \pi_0(T) + \delta .$$

Beweis. Wir bestimmen eine Folge von Linearformen $a_n \in E'$ mit

$$\sum_N p_{U^0}(a_n) \leqq \pi_0(T) + \delta ,$$

so daß die Beziehung

$$p_V(T\,x) \leqq \sum_N |\langle x, a_n\rangle| \quad \text{für alle } x \in E$$

besteht.

Ist N_0 die Menge derjenigen natürlichen Zahlen n mit $a_n \neq 0$, so setzen wir

$$\mu_n = p_{U^0}(a_n)^{1/2} \quad \text{und} \quad b_n = \mu_n^{-2}\,a_n \quad \text{für } n \in N_0 .$$

Nun definieren wir die Abbildungen $T_1 \in \mathscr{L}(E, \boldsymbol{m}_N)$ und $S_1 \in \mathscr{L}(\boldsymbol{m}_N, \boldsymbol{l}^2_{N_0})$ durch die Ansätze

$$T_1\,x = [\langle x, b_n\rangle, N] \quad \text{für } x \in E$$

und

$$S_1[\xi_n, N] = [\mu_n\,\xi_n, N_0] \quad \text{für } [\xi_n, N] \in \boldsymbol{m}_N .$$

Auf Grund der Abschätzungen

$$\lambda_\infty(T_1\,x) = \sup\{|\langle x, b_n\rangle| : n \in N\} \leqq p_U(x)$$

und

$$\lambda_2(S_1[\xi_n, N_0)] = \left\{\sum_{N_0} \mu_n^2\,|\xi_n|^2\right\}^{1/2} \leqq \left\{\sum_{N_0} \mu_n^2\right\}^{1/2} \lambda_\infty\,[\xi_n, N]$$

gelten dann die Ungleichungen

$$\beta(T_1) \leqq 1 \quad \text{und} \quad \beta(S_1) \leqq \{\pi_0(T) + \delta\}^{1/2}.$$

Jetzt erklären wir auf dem linearen Teilraum

$$H = \{[\mu_n\,\langle x, b_n\rangle, N_0] : x \in E\}$$

des Hilbertraumes $\boldsymbol{l}^2_{N_0}$ durch den Ansatz

$$S_2[\mu_n\langle x, b_n\rangle, N_0] = T\,x$$

eine stetige lineare Abbildung S_2, für die wegen

$$p_V(S_2[\mu_n\langle x, b_n\rangle, N_0]) = p_V(T\,x) \leqq \sum_{N_0} \mu_n^2\,|\langle x, b_n\rangle| \leqq \left\{\sum_{N_0} \mu_n^2\right\}^{1/2} \lambda_2[\mu_n\langle x_n, b_n\rangle, N_{10}]$$

die Ungleichung

$$\beta(S_2) \leqq \{\pi_0(T) + \delta\}^{1/2}$$

besteht.

Da schließlich nach 0.10.7 auf dem Hilbertraum $\boldsymbol{l}^2_{N_0}$ ein Projektor P mit $\mathfrak{R}(P) = \overline{H}$ existiert, kann man $T_2 = \overline{S}_2\,P\,S_1$ setzen, wobei $\overline{S}_2$ die eindeutig bestimmt stetige Fortsetzung von S_2 auf die abgeschlossene Hülle von H ist. Die Norm der Abbildung T_2 genügt dann der Ungleichung

$$\beta(T_2) \leqq \beta(\overline{S}_2)\,\beta(P)\,\beta(S_1) \leqq \pi_0(T) + \delta .$$

Damit ist unsere Behauptung bewiesen, denn die Abbildung T hat wegen

$$T\,x = S_2[\mu_n\langle x, b_n\rangle, N_0] = S_2\,P\,S_1[\langle x, b_n\rangle, N] = T_2\,T_1\,x$$

die Form $T = T_2\,T_1$.

3.3.2. Sind E, F und G drei normierte Räume, so ergibt sich das

THEOREM. *Das Produkt $S\,T$ von zwei quasinuklearen Abbildungen $T \in \mathcal{P}_0(E,F)$ und $S \in \mathcal{P}_0(F, G)$ ist nuklear, und es gilt*

$$\boldsymbol{\nu}(S\,T) \leqq \boldsymbol{\pi}_0(S)\,\boldsymbol{\pi}_0(T)\,.$$

Beweis. Wir betrachten S als eine Abbildung von F in $\widetilde{G}$. Dann gibt es auf Grund des vorangehenden Lemmas zu jeder positiven Zahl δ zwei Abbildungen. $S_1 \in \mathcal{L}(F, \boldsymbol{m}_N)$ und $S_2 \in \mathcal{L}(\boldsymbol{m}_N, \widetilde{G})$ mit $\boldsymbol{\beta}(S_1) \leqq 1$ und $\boldsymbol{\beta}(S_2) \leqq \boldsymbol{\pi}_0(S) + \delta$.

Nun folgt aus Theorem 3.2.6 und Satz 3.2.12, daß $S_1 T$ eine nukleare Abbildung von E in $\boldsymbol{m}_N$ mit $\boldsymbol{\nu}(S_1\,T) \leqq \boldsymbol{\pi}_0(T)$ ist. Folglich muß das Produkt $S\,T = S_2\,S_1\,T$ eine nukleare Abbildung von E in $\widetilde{G}$ sein. Dabei gilt

$$\boldsymbol{\nu}^{\widetilde{G}}(S\,T) \leqq \boldsymbol{\beta}(S_2)\,\boldsymbol{\nu}(S_1\,T) \leqq (\boldsymbol{\pi}_0(S) + \delta)\,\boldsymbol{\pi}_0(T)\,,$$

und wir erhalten durch den Grenzübergang $\delta \to 0$ die Ungleichung

$$\boldsymbol{\nu}^{\widetilde{G}}(S\,T) \leqq \boldsymbol{\pi}_0(S)\,\boldsymbol{\pi}_0(T)\,.$$

Damit ist unsere Behauptung bewiesen, denn auf Grund von Satz 3.2.2 ist $S\,T$ auch als Abbildung von E in G nuklear, und es gilt $\boldsymbol{\nu}^{G}(S\,T) = \boldsymbol{\nu}^{\widetilde{G}}(S\,T)$.

3.3.3. In den folgenden Betrachtungen ist M ein beliebiger kompakter Hausdorffraum, auf dem ein positives Radonsches Maß μ mit $\mu(M) = 1$ gegeben ist. Für die durch den Ansatz

$$K[\varphi] = \hat{\varphi}$$

definierte kanonische Abbildung von $\mathcal{C}(M)$ in $\mathfrak{L}^2_\mu(M)$ gilt dann die Aussage $\boldsymbol{\beta}(K) = 1$.

SATZ 1. *Für jede stetige lineare Abbildung T von einem Hilbertraum E in den Banachraum $\mathcal{C}(M)$ ist $K\,T$ eine Hilbert-Schmidt-Abbildung von E in $\mathfrak{L}^2_\mu(M)$, und es gilt $\boldsymbol{\sigma}(K\,T) \leqq \boldsymbol{\beta}(T)$.*

Beweis. Wir betrachten in E ein vollständiges Orthonormalsystem $[e_i, I]$ und setzen $\varphi_i = T\,e_i$. Ist δ_x das durch den Ansatz

$$\langle \varphi, \delta_x \rangle = \varphi(x) \qquad \text{für } \varphi \in \mathcal{C}(M)$$

definierte Diracsche Maß im Punkte $x \in M$, so gilt wegen der in 0.9.4 angegebenen Besselschen Ungleichung die Abschätzung

$$\sum_I |\varphi_i(x)|^2 = \sum_I |\langle T\,e_i, \delta_x\rangle|^2 = \sum_I |\langle e_i, T'\,\delta_x\rangle|^2 \leqq p_{U^\circ}(T'\,\delta_x)^2 \leqq \boldsymbol{\beta}(T)^2\,,$$

und man erhält durch Integration über M die Beziehung

$$\boldsymbol{\sigma}(K\,T)^2 = \sum_I \int_M |\varphi_i(x)|^2\,d\mu \leqq \boldsymbol{\beta}(T)^2\,.$$

Damit ist unsere Behauptung bewiesen.

SATZ 2. *Für jede Hilbert-Schmidt-Abbildung T von $\mathfrak{L}^2_\mu(M)$ in einen Hilbertraum F ist $T\,K$ eine nukleare Abbildung des Banachraumes $\mathcal{C}(M)$ in F, und es gilt $\boldsymbol{\nu}(T\,K) \leqq \boldsymbol{\sigma}(T)$.*

Beweis.

(1) Wir behandeln zuerst den Fall einer ausgearteten Abbildung T, die sich mit Treppenfunktionen $f_1, \ldots, f_m$ und Elementen $y_1, \ldots, y_m \in F$ in der Form

$$T[\hat{f}] = \sum_{r=1}^{m} (\hat{f}, \hat{f}_r)\, y_r \quad \text{für } \hat{f} \in \mathfrak{L}^2_\mu(M)$$

darstellen läßt. Dann gibt es endlich viele disjunkte μ-meßbare Teilmengen $M_1, \ldots, M_n$ von M mit der Eigenschaft, daß sich die Treppenfunktionen $f_1, \ldots, f_m$ aus den zugehörigen charakteristischen Funktionen $g_1, \ldots, g_n$ linear kombinieren lassen:

$$f_r = \sum_{s=1}^{n} \alpha_{rs}\, g_s \quad \text{für } r = 1, \ldots, m\,.$$

Folglich besteht mit den Elementen

$$z_s = \sum_{r=1}^{m} \overline{\alpha}_{rs}\, y_r \quad (s = 1, \ldots, n)$$

die Identität

$$T[\hat{f}] = \sum_{s=1}^{n} (\hat{f}, \hat{g}_s)\, z_s \quad \text{für } \hat{f} \in \mathfrak{L}^2_\mu(M)\,.$$

Werden die positiven Radonschen Maße μ_s durch den Ansatz

$$\langle \varphi, \mu_s \rangle = \int_{M_s} \varphi(x)\, d\mu = (\hat{\varphi}, \hat{g}_s) \quad \text{für} \quad \varphi \in \mathscr{C}(M)$$

definiert, so ergibt sich für die Abbildung $T\,K$ die Darstellung

$$T\,K(\varphi) = \sum_{s=1}^{n} \langle \varphi, \mu_s \rangle\, z_s \quad \text{mit } \varphi \in \mathscr{C}(M)\,.$$

Deshalb besteht die Ungleichung

$$\nu(T\,K) \leqq \sum_{s=1}^{n} \mu(M_s)\, p_V(z_s) \leqq \left\{ \sum_{s=1}^{n} \mu(M_s) \right\}^{1/2} \left\{ \sum_{s=1}^{n} \mu(M_s)\, p_V(z_s)^2 \right\}^{1/2}.$$

Da die Funktionenklassen $\hat{h}_s = \mu(M_s)^{-1/2}\, \hat{g}_s$ wegen $(\hat{g}_s, \hat{g}_s) = \mu(M_s)$ ein Orthonormalsystem in $\mathfrak{L}^2_\mu(M)$ bilden, hat man aber

$$\sigma(T)^2 \geqq \sum_{s=1}^{n} p_V(T[\hat{h}_s])^2 = \sum_{s=1}^{n} \mu(M)\, p_V(z_s)^2\,.$$

Beachtet man außerdem noch die Aussage

$$\sum_{s=1}^{n} \mu(M_s) \leqq \mu(M) = 1\,,$$

so ergibt sich die Ungleichung $\nu(T\,K) \leqq \sigma(T)$, und unsere Behauptung ist für den betrachteten Spezialfall bewiesen.

(2) Ist nun T eine beliebige Hilbert-Schmidt-Abbildung von $\mathfrak{L}^2_\mu(M)$ in F, so besteht mit einem vollständigen Orthonormalsystem $[e_i, I]$ von F die Beziehung

$$\sigma(T)^2 = \sum_{I} \lambda_2(T^*\, e_i)^2 < +\infty\,.$$

Folglich gibt es zu jeder natürlichen Zahl n eine Menge $\mathfrak{i}_n \in \mathfrak{F}(I)$ mit

$$\sum_{I \setminus \mathfrak{i}_n} \lambda_2(T^* e_i)^2 < \frac{1}{2\,n^2}\,.$$

Wir bestimmen nun Treppenfunktionen $f_i^{[n]}$ mit

$$\lambda_2(T^* e_i - \hat{f}_i^{[n]})^2 < \frac{1}{2\,|\mathfrak{i}_n|\,n^2}\,,$$

wobei $|\mathfrak{i}_n|$ die Anzahl der Elemente aus $\mathfrak{i}_n$ sein soll. Erklärt man schließlich die Abbildungen T_n durch den Ansatz

$$T_n[\hat{f}] = \sum_{\mathfrak{i}_n} (\hat{f}, \hat{f}_i^{[n]})\, e_i \qquad \text{für } \hat{f} \in \mathfrak{L}^2_\mu(M)\,,$$

so gilt wegen

$$\sigma\,(T - T_n)^2 = \sum_{\mathfrak{i}_n} \lambda_2\,(T^* e_i - \hat{f}_i^{[n]})^2 + \sum_{I \setminus \mathfrak{i}_n} \lambda_2(T^* e_i)^2$$

die Ungleichung

$$\sigma\,(T - T_n) \leqq \frac{1}{n}\,.$$

Deshalb hat man

$$\sigma - \lim_n T_n = T\,.$$

Weil auf die Abbildung $T_m - T_n$ die für den Spezialfall (1) gemachten Voraussetzungen zutreffen, besteht die Ungleichung

$$\nu\,(T_m\,K - T_n\,K) \leqq \sigma\,(T_m - T_n) \qquad \text{für } m, n \in N\,.$$

Deshalb bilden die Abbildungen $T_n\,K$ eine ν-Cauchy-Folge. Da aber wegen

$$p_V(T\,K[\varphi] - T_n\,K[\varphi]) \leqq \beta\;(T - T_n)\,\lambda_2(K[\varphi]) \leqq \sigma\;(T - T_n)\,||\varphi||$$

die Aussage

$$\lim_n T_n\,K[\varphi] = T\,K[\varphi] \qquad \text{für } \varphi \in \mathscr{C}(M)$$

gilt, ist die Abbildung $T\,K$ auf Grund von Lemma 3.1.3 nuklear. Außerdem hat man

$$\nu(T\,K) = \lim_n \nu(T_n\,K) \leqq \lim_n \sigma(T_n) = \sigma(T)\,.$$

3.3.4. In Analogie zu Lemma 3.3.1 geben wir nun auch für absolutsummierende Abbildungen eine Produktdarstellung an.

LEMMA. *Jede absolutsummierende Abbildung T von einem normierten Raum E in einen Banachraum F kann auf die folgende Art als Produkt von drei stetigen linearen Abbildungen dargestellt werden:*

$$E \xrightarrow{T_1} \mathscr{C}(M) \xrightarrow{K} \mathfrak{L}^2_\mu(M) \xrightarrow{T_2} F\,.$$

Dabei ist μ ein positives Radonsches Maß auf einem kompakten Hausdorffraum M, für das $\mu(M) = 1$ gilt, und die Abbildung K wird durch den Ansatz $K[\varphi] = \hat{\varphi}$ für $\varphi \in \mathscr{C}(M)$ definiert. Außerdem hat man

$$\beta(T_1) \leqq 1 \quad \textit{und} \quad \beta(T_2) \leqq \pi(T)\,.$$

Beweis. Ohne Beschränkung der Allgemeinheit können wir $\pi(T) > 0$ voraussetzen, da der Fall $T = 0$ trivial ist. Dann gibt es nach Theorem 2.3.3 auf der Menge $M = U^0$ ein positives Radonsches Maß λ mit $\lambda(M) = \pi(T)$, so daß die Beziehung

$$p_V(T\,x) \leqq \int_M |\langle x, a\rangle|\,d\lambda \quad \text{für alle } x \in E$$

besteht.

Da die Funktion φ_x mit $\varphi_x(a) = \langle x, a\rangle$ für jedes Element $x \in E$ zu $\mathscr{C}(M)$ gehört, wird durch den Ansatz

$$T_1\,x = \varphi_x \quad \text{für } x \in E$$

eine stetige lineare Abbildung T_1 von E in $\mathscr{C}(M)$ definiert, für die wegen

$$\|\varphi_x\| = \sup\{|\langle x, a\rangle| : a \in M\} = p_U(x)$$

die Aussage $\beta(T_1) = 1$ gilt.

Wir normieren nun das positive Radonsche Maß λ, indem wir

$$\int_M \varphi(a)\,d\mu = \pi(T)^{-1}\int_M \varphi(a)\,d\lambda \quad \text{für } \varphi \in \mathscr{C}(M)$$

setzen. Dann gilt die Abschätzung

$$p_V(T\,x) \leqq \pi(T)\int_M |\langle x, a\rangle|\,d\mu \quad \text{für } x \in E\,.$$

Jetzt definieren wir auf dem linearen Teilraum

$$H = \{\hat{\varphi}_x : x \in E\}$$

des Hilbertraumes $\mathfrak{L}^2_\mu(M)$ durch den Ansatz

$$S_2(\hat{\varphi}_x) = T\,x$$

eine stetige lineare Abbildung S_2, für die wegen

$$p_V[S_2(\hat{\varphi}_x)] \leqq \pi(T)\int_M |\varphi_x(a)|\,d\mu \leqq \pi(T)\left\{\int_M |\varphi_x(a)|^2\,d\mu\right\}^{1/2} \leqq \pi(T)\,\lambda_2(\hat{\varphi}_x)$$

die Ungleichung $\beta(S_2) \leqq \pi(T)$ gilt.

Da schließlich nach 0.10.7 auf dem Hilbertraum $\mathfrak{L}^2_\mu(M)$ ein Projektor P mit $\mathfrak{R}(P) = \overline{H}$ existiert, kann man $T_2 = \overline{S}_2\,P$ setzen, wobei $\overline{S}_2$ die eindeutig bestimmte stetige Fortsetzung von S_2 auf die abgeschlossene Hülle von H ist. Die Norm von T_2 genügt dann der Ungleichung $\beta(T_2) \leqq \pi(T)$.

Damit ist unsere Behauptung bewiesen, denn die Abbildung T hat wegen

$$T\,x = S_2(\hat{\varphi}_x) = \overline{S}_2\,P(\hat{\varphi}_x) = T_2\,K(\varphi_x) = T_2\,K\,T_1\,x$$

die Form $T = T_2\,K\,T_1$.

3.3.5. Sind E, F und G drei normierte Räume, so erhalten wir nun als Verallgemeinerung des Ergebnisses von 3.3.2 das folgende fundamentale

THEOREM. *Das Produkt $S\,T$ von zwei absolutsummierenden Abbildungen $T \in \mathscr{P}(E, F)$ und $S \in \mathscr{P}(F, G)$ ist nuklear, und es gilt*

$$\nu(S\,T) \leqq \pi(S)\,\pi(T)\,.$$

Beweis. Nach dem vorangehenden Lemma, können die Abbildungen S und T auf die folgende Art zerlegt werden:

$$E \xrightarrow{T_1} \mathscr{C}(M_T) \xrightarrow{K_T} \mathfrak{L}^2_\mu(M_T) \xrightarrow{T_2} \tilde{F}\,,$$

$$F \xrightarrow{S_1} \mathscr{C}(M_S) \xrightarrow{K_S} \mathfrak{L}^2_\lambda(M_S) \xrightarrow{S_2} \tilde{G}\,.$$

Ist dann $\tilde{S}_1$ die stetige Fortsetzung der Abbildung S_1 auf die vollständige Hülle von F, so erhalten wir für $S\,T$ als Abbildung von E in $\tilde{G}$ die Produktdarstellung

$$S\,T = S_2\,K_S\,\tilde{S}_1\,T_2\,K_T\,T_1\,.$$

Wegen 3.3.3 (Satz 1) ist $K_S(\tilde{S}_1, T_2)$ eine Hilbert-Schmidt-Abbildung von $\mathfrak{L}^2_\mu(M_T)$ in $\mathfrak{L}^2_\lambda(M_S)$, und es gilt

$$\sigma(K_S\,\tilde{S}\,T_2) \leqq \beta(\tilde{S}_1\,T_2) \leqq \pi(T)\,.$$

Nun folgt aus 3.3.3 (Satz 2), daß die Abbildung $(K_S\,\tilde{S}_1\,T_2)\,K_T$ nuklear ist. Außerdem besteht die Ungleichung

$$\nu(K_S\,\tilde{S}_1\,T_2\,K_T) \leqq \sigma(K_S\,\tilde{S}_1\,T_2) \leqq \pi(T)\,.$$

Folglich ist $S\,T$ als Abbildung von E in $\tilde{G}$ nuklear, und man hat

$$\nu^{\tilde{G}}(S\,T) \leqq \beta(S_2)\,\nu(K_S\,\tilde{S}_1\,T_2\,K_T)\;\;\beta(T_1) \leqq \pi(S)\,\pi(T)\,.$$

Damit ist unsere Behauptung bewiesen, denn auf Grund von Satz 3.2.2 ist $S\,T$ auch als Abbildung von E in G nuklear, und es gilt $\nu^G(S\,T) = \nu^{\tilde{G}}(S\,T)$.

3.3.6. Sind E, F und G drei Hilberträume, so kann man das vorangehende Theorem wesentlich einfacher beweisen.

THEOREM. *Das Produkt $S\,T$ von zwei Hilbert-Schmidt-Abbildungen $T \in \mathscr{S}(E, F)$ und $S \in \mathscr{S}(F, G)$ ist nuklear, und es gilt*

$$\nu(S\,T) \leqq \sigma(S)\,\sigma(T)\,.$$

Beweis. Ist $[f_i, I]$ ein vollständiges Orthonormalsystem in F, so folgt aus der Ungleichung

$$\sum_I p_W(S\,f_i)^2 < +\infty\,,$$

daß die Menge

$$I_0 = \{i \in I : S\,f_i \neq 0\}$$

höchstens abzählbar unendlich ist.

Aus der Identität

$$S\,y = \sum_{I_0} (y, f_i)\,S\,f_i \qquad \text{für } y \in F$$

erhält man für die Abbildung $S\,T$ die Darstellung

$$S\,T\,x = \sum_{I_0} (x, T^*\,f_i)\,S\,f_i \quad \text{mit } x \in E\,.$$

Setzt man nun $z_i = S\,f_i$, und werden die stetigen Linearformen $a_i \in E'$ durch den Ansatz

$$\langle x, a_i \rangle = (x, T^*\,f_i) \quad \text{für } x \in E$$

definiert, so hat man

$$S\,T\,x = \sum_{I_0} \langle x, a_i \rangle\,z_i \quad \text{für } x \in E\,.$$

Außerdem gilt die Abschätzung

$$\nu(S\,T) \leqq \sum_{I_0} p_{U^0}(a_i)\, p_W(z_i) = \sum_{I_0} p_U(T^* f_i)\, p_W(S f_i)$$

$$\leqq \left\{\sum_{I_0} p_U(T^* f_i)^2\right\}^{1/2} \left\{\sum_{I_0} p_W(S f_i)^2\right\}^{1/2} = \sigma(T)\,\sigma(S)\,.$$

Folglich ist das Produkt $S\,T$ eine nukleare Abbildung mit $\nu(S\,T) \leqq \sigma(S)\,\sigma(T)$.

Bemerkung. Unter Verwendung von Satz 1 aus 3.3.3, Lemma 3.3.4 und Theorem 3.3.6 kann man leicht zeigen, daß in normierten Räumen das Produkt von drei absolutsummierenden Abbildungen stets nuklear ist. Diese Abschwächung von Theorem 3.3.5 ist für alle Anwendungen in der Theorie der nuklearen lokalkonvexen Räume ausreichend.

3.4. Das Theorem von DVORETZKY und ROGERS

3.4.1. Aus unseren bisherigen Ergebnissen erhalten wir nun als Anwendung das

THEOREM von DVORETZKY und ROGERS. *In jedem unendlichdimensionalen normierten Raum E gibt es summierbare Familien $[x_n, N]$, die nicht absolutsummierbar sind.*

Beweis. Wir nehmen an, daß in einem normierten Raum E alle summierbaren Familien $[x_n, N]$ auch absolutsummierbar sind. Dann ist die identische Abbildung K von E in sich absolutsummierend. Nun folgt aber aus Theorem 3.3.5, daß $K = K^2$ sogar nuklear und somit präkompakt sein muß. Deshalb ist die abgeschlossene Einheitskugel $U = K(U)$ von E präkompakt, und E muß wegen 0.8.3 endlichdimensional sein.

KAPITEL 4

Nukleare lokalkonvexe Räume

Wir beginnen dieses Kapitel mit der Definition der *nuklearen lokalkonvexen Räume*, die 1951 von A. GROTHENDIECK [1] im Rahmen seiner Theorie der topologischen Tensorprodukte eingeführt wurden.

Als eines der wichtigsten Ergebnisse kann das von A. PIETSCH [3] stammende Theorem 4.2.4 angesehen werden, das als Spezialfall das folgende GROTHENDIECKsche Kriterium enthält: *Ein metrischer lokalkonvexer Raum ist dann und nur dann nuklear, wenn in ihm alle summierbaren Folgen sogar absolutsummierbar sind.*

Von großer Bedeutung ist die Frage, unter welchen Voraussetzungen der starke topologische Dual eines nuklearen lokalkonvexen Raumes ebenfalls nuklear ist. Dafür wird im Theorem 4.3.1 erstmalig eine notwendige und zugleich hinreichende Bedingung angegeben. Um die Ergebnisse dieses Problemkreises besser formulieren zu können, bezeichnen wir im folgenden alle lokalkonvexen Räume, deren starker topologischer Dual nuklear ist, als *dualnuklear*.

In Abschnitt 4.4 werden die verschiedensten Eigenschaften der nuklearen lokalkonvexen Räume zusammengestellt, die wir hier im Einzelnen nicht aufzählen wollen.

4.1. Definition der nuklearen lokalkonvexen Räume

4.1.1. An die Spitze der Theorie der nuklearen lokalkonvexen Räume stellen wir das

LEMMA. *Für ein System $\mathfrak{M}(E)$ von abgeschlossenen und absolutkonvexen beschränkten Teilmengen eines lokalkonvexen Raumes E sind die folgenden Eigenschaften äquivalent:*

(N) *Zu jeder Menge $A \in \mathfrak{M}(E)$ gibt es eine Menge $B \in \mathfrak{M}(E)$ mit $A \prec B$, so daß die kanonische Abbildung von $E(A)$ in $E(B)$ nuklear bzw. quasinuklear bzw. absolutsummierend ist.*

(N') *Zu jeder Menge $A \in \mathfrak{M}(E)$ gibt es eine Menge $B \in \mathfrak{M}(E)$ mit $A \prec B$, so daß die kanonische Abbildung von $E'(B^0)$ auf $E'(A^0)$ nuklear bzw. quasinuklear bzw. absolutsummierend ist.*

Beweis. Als erstes stellen wir fest, daß die unter (N) zusammengefaßten Eigenschaften äquivalent sind. Weiß man nämlich, daß die kanonische Abbildung von $E(A)$ in $E(B)$ nuklear ist, so muß sie wegen der Sätze 3.2.5 und 3.2.13 erst recht quasinuklear und absolutsummierend sein. Andererseits ist die kanonische Abbildung von $E(A)$ in $E(C)$ nach 3.3.2 oder 3.3.5 nuklear, wenn man zu der Menge $A \in \mathfrak{M}(E)$ die Mengen B, $C \in \mathfrak{M}(E)$ mit $A \prec B \prec C$ so bestimmt, daß die kanonischen Abbildungen $E(A, B)$ und $E(B, C)$ quasinuklear oder auch nur absolutsummierend sind.

Ganz analog ergibt sich die Äquivalenz der in (N') vereinigten Eigenschaften.

Wir wollen nun annehmen, daß es in $\mathfrak{M}(E)$ zu jeder Menge A eine Menge B mit $A \prec B$ gibt, so daß die kanonische Abbildung von $E(A)$ in $E(B)$ nuklear ist. Werden nun die normierten Räume $E'(A^0)$ und $E'(B^0)$ gemäß 0.11.4 als lineare Teilräume von $[E(A)]_b'$ bzw. $[E(B)]_b'$ aufgefaßt, so erhält man die kanonische Abbildung $E'(B^0, A^0)$ als Einschränkung der zu $E(A, B)$ dualen Abbildung, die auf Grund von Satz 3.1.8 nuklear ist. Folglich muß die kanonische Abbildung von $E'(B^0)$ auf $E'(A^0)$ wenigstens quasinuklear sein.

Ganz analog beweist man die Aussage, daß aus der Eigenschaft (N') die Eigenschaft (N) folgt.

4.1.2. Ein lokalkonvexer Raum E heißt **nuklear**, wenn es in ihm ein Fundamentalsystem $\mathfrak{U}_{\mathfrak{F}}(E)$ von Nullumgebungen gibt, das die folgenden äquivalenten Eigenschaften besitzt:

(N') *Zu jeder Nullumgebung $U \in \mathfrak{U}_{\mathfrak{F}}(E)$ existiert eine Nullumgebung $V \in \mathfrak{U}_{\mathfrak{F}}(E)$ mit $V \prec U$, so daß die kanonische Abbildung von $E(V)$ auf $E(U)$ nuklear bzw. quasinuklear bzw. absolutsummierend ist.*

(N) *Zu jeder Nullumgebung $U \in \mathfrak{U}_{\mathfrak{F}}(E)$ existiert eine Nullumgebung $V \in \mathfrak{U}_{\mathfrak{F}}(E)$ mit $V \prec U$, so daß die kanonische Abbildung von $E'(U^0)$ in $E'(V^0)$ nuklear bzw. quasinuklear bzw. absolutsummierend ist.*

Die Äquivalenz dieser Eigenschaften ergibt sich, wenn man das vorangehende Lemma auf das Mengensystem

$$\{U^0 : U \in \mathfrak{U}_{\mathfrak{F}}(E)\}$$

des lokalkonvexen Raumes E_s' anwendet.

4.1.3. Wir zeigen nun, daß die Nuklearität eines lokalkonvexen Raumes nicht von der Wahl eines speziellen Fundamentalsystems von Nullumgebungen abhängt. Es gilt nämlich der

SATZ. *In einem nuklearen lokalkonvexen Raum hat jedes Fundamentalsystem von Nullumgebungen die Eigenschaften (N) und (N').*

Beweis. Ist E ein nuklearer lokalkonvexer Raum, so existiert nach Voraussetzung ein Fundamentalsystem $\mathfrak{U}_{\mathfrak{F}}^1(E)$ von Nullumgebungen mit der Eigenschaft (N'). Für jedes andere Fundamentalsystem $\mathfrak{U}_{\mathfrak{F}}^2(E)$ von Nullumgebungen gibt es dann zu jedem $U_2 \in \mathfrak{U}_{\mathfrak{F}}^2(E)$ ein $U_1 \in \mathfrak{U}_{\mathfrak{F}}^1(E)$ mit $U_1 \prec U_2$. Nun bestimmen wir ein $V_1 \in \mathfrak{U}_{\mathfrak{F}}^1(E)$ mit $V_1 \prec U_1$, so daß die kanonische Abbildung von $E(V_1)$ auf $E(U_1)$ nuklear ist. Schließlich wählen wir in $\mathfrak{U}_{\mathfrak{F}}^2(E)$ eine Nullumgebung V_2 mit $V_2 \prec V_1$. Dann ist die kanonische Abbildung von $E(V_2)$ auf $E(U_2)$ wegen

$$E(V_2, U_2) = E(U_1, U_2)\, E(V_1, U_1)\, E(V_2, V_1)$$

nuklear, und wir haben nachgewiesen, daß das Fundamentalsystem $\mathfrak{U}_{\mathfrak{F}}^2(E)$ ebenfalls die äquivalenten Eigenschaften (N) und (N') hat.

4.1.4. Wir geben nun noch eine Charakterisierung der nuklearen lokalkonvexen Räume an, in der die normierten Räume $E(U)$ oder $E'(U^0)$ mit $U \in \mathfrak{U}(E)$ nicht benötigt werden.

SATZ. *Ein lokalkonvexer Raum E ist dann und nur dann nuklear, wenn in ihm ein (jedes) Fundamentalsystem $\mathfrak{U}_{\mathfrak{F}}(E)$ von Nullumgebungen die folgende Eigenschaft besitzt:*

(*Q*) *Zu jeder Nullumgebung* $U \in \mathfrak{U}_{\mathfrak{F}}(E)$ *gibt es eine Nullumgebung* $V \in \mathfrak{U}_{\mathfrak{F}}(E)$ *und eine Folge von stetigen Limearformen* $a_n \in E'$ *mit*

$$\sum_N p_{V^0}(a_n) < +\infty ,$$

so daß die Ungleichung

$$p_U(x) \leqq \sum_N |\langle x, a_n\rangle| \quad \textit{für alle } x \in E$$

besteht.

Beweis. Da der topologische Dual des normierten Raumes $E(V)$ mit $E'(V^0)$ identifiziert werden kann, sind die Ungleichungen

$$p_U(x) \leqq \sum_N |\langle x, a_n\rangle| \quad \text{für } x \in E$$

und

$$p[x(U)] \leqq \sum_N |\langle x(V), a_n\rangle| \quad \text{für } x(V) \in E(V)$$

gleichwertig. Die zweite Abschätzung besagt aber, daß die kanonische Abbildung von $E(V)$ auf $E(U)$ quasinuklear ist, wenn zusätzlich die Beziehung

$$\sum_N p_{V^0}(a_n) < +\infty$$

gilt. Folglich sind die Eigenschaften (N') und (Q) für jedes Fundamentalsystem von Nullumgebungen äquivalent.

4.1.5. Ganz analog ergibt sich der

SATZ. *Ein lokalkonvexer Raum E ist dann und nur dann nuklear, wenn in ihm ein (jedes) Fundamentalsystem* $\mathfrak{U}_{\mathfrak{F}}(E)$ *von Nullumgebungen die folgende Eigenschaft besitzt:*

(P) *Zu jeder Nullumgebung* $U \in \mathfrak{U}_{\mathfrak{F}}(E)$ *gibt es eine Nullumgebung* $V \in \mathfrak{U}_{\mathfrak{F}}(E)$ *und ein auf der schwach kompakten Polaren* V^0 *definiertes positives Radonsches Maß* μ, *so daß die Ungleichung*

$$p_U(x) \leqq \int_{V^0} |\langle x, a\rangle| \, d\mu \quad \textit{für alle } x \in E$$

gilt.

Beweis. Auf Grund von Theorem 2.3.3. liefert die Eigenschaft (P) gerade die Aussage, daß die kanonische Abbildung von $E(V)$ auf $E(U)$ absolutsummierend ist.

4.1.6. Ist $\mathfrak{B}_{\mathfrak{F}}(E)$ ein Fundamentalsystem von beschränkten Teilmengen eines lokalkonvexen Raumes E, so bilden die Polaren B^0 mit $B \in \mathfrak{B}_{\mathfrak{F}}(E)$ ein Fundamentalsystem von Nullumgebungen für die starke Topologie des topologisch dualen Raumes E'. Deshalb gilt wegen Lemma 4.1.1 der

SATZ. *Für einen lokalkonvexen Raum E ist der starke topologische Dual* E'_b *dann und nur dann nuklear, wenn in E ein Fundamentalsystem von beschränkten Teilmengen mit den äquivalenten Eigenschaften* (N) *und* (N') *existiert.*

Wir vereinbaren, daß wir einen lokalkonvexen Raum E, dessen starker topologischer Dual E'_b nuklear ist, als **dualnuklar** bezeichnen wollen.

4.1.7. Als unmittelbare Folgerung aus 4.1.3 ergibt sich der

SATZ. *In einem dualnuklearen lokalkonvexen Raum hat jedes Fundamentalsystem von beschränkten Teilmengen die Eigenschaften* (N) *und* (N').

4.2. Summierbare Familien in nuklearen lokalkonvexen Räumen

4.2.1. Ist E ein beliebiger lokalkonvexer Raum, so schreiben wir im folgenden

$$l_I^1[E] = l_I^1\{E\} \quad \text{oder} \quad l_I^1(E) = l_I^1\{E\}\,,$$

wenn die beiden linearen Räume $l_I^1[E]$ oder $l_I^1(E)$ mit $l_I^1\{E\}$ ohne Beachtung der Topologien zusammenfallen. Stimmt auch noch die ε-Topologie mit der π-Topologie überein, so verwenden wir die Bezeichnung

$$l_I^1[E] \equiv l_I^1\{E\} \quad \text{oder} \quad l_I^1(E) \equiv l_I^1\{E\}\,.$$

4.2.2. SATZ. *Ist E ein nuklearer lokalkonvexer Raum, so gilt für jede Indexmenge I die Identität*

$$l_I^1[E] \equiv l_I^1(E) \equiv l_I^1\{E\}\,.$$

Beweis. Auf Grund von Satz 4.1.4 gibt es zu jeder Nullumgebung $U \in \mathfrak{U}(E)$ eine Nullumgebung $V \in \mathfrak{U}(E)$ und eine Folge von Linearformen $a_n \in E'$ mit

$$\sum_N p_{V^\circ}(a_n) \leqq 1\,,$$

so daß die Ungleichung

$$p_U(x) \leqq \sum_N |\langle x, a_n\rangle| \quad \text{für alle } x \in E$$

besteht.

Deshalb gilt für alle Familien $[x_i, I] \in l_I^1[E]$ wegen

$$\sum_I |\langle x_i, a_n\rangle| \leqq p_{V^\circ}(a_n)\, \varepsilon_V[x_i, I]$$

die Ungleichung

$$\pi_U[x_i, I] = \sum_I p_U(x_i) \leqq \sum_N \sum_I |x_i, a_n\rangle| \leqq \varepsilon_V[x_i, I]\,.$$

Folglich sind alle schwachsummierbaren Familien aus E sogar absolutsummierbar, und man hat

$$l_I^1[E] = l_I^1(E) = l_I^1\{E\}\,.$$

Gleichzeitig haben wir aber auch bewiesen, daß die ε-Topologie feiner als die π-Topologie ist, so daß beide Topologien zusammenfallen müssen.

4.2.3. Als Umkehrung der Aussage von 4.2.2 ergibt sich der

SATZ. *Jeder lokalkonvexe Raum E, für den mit einer unendlichen Indexmenge I die Identität*

$$l_I^1[E] \equiv l_I^1\{E\} \quad (1) \qquad \textit{oder} \qquad l_I^1(E) \equiv l_I^1\{E\} \quad (2)$$

besteht, ist nuklear.

Beweis. Als erstes stellen wir fest, daß wegen der für jeden lokalkonvexen Raum gültigen Inklusion

$$l_I^1\{E\} \subset l_I^1(E) \subset l_I^1[E]$$

aus (1) stets (2) folgt.

Gilt (2), so stimmt auf $l_I^1(E) = l_I^1\{E\}$ die ε-Topologie mit der π-Topologie überein, und es muß zu jeder Nullumgebung $U \in \mathfrak{U}(E)$ eine Nullumgebung $V \in \mathfrak{U}(E)$ geben, so daß

$$\pi_U[x_i, I] \leqq \varepsilon_V[x_i, I] \quad \text{für } [x_i, I] \in l_I^1(E)$$

gilt.

Wir betrachten nun eine beliebige endliche Familie $[x_n(V), \mathfrak{n}]$ aus $E(V)$. Ist dann $\mathfrak{i} = \{i_1, \ldots, i_k\}$ eine endliche Teilmenge von I, die genauso viele Elemente wie die Menge $\mathfrak{n} = \{n_1, \ldots, n_k\}$ hat, so bilden wir die zu $\boldsymbol{l}_I^1(E)$ gehörige Familie $[y_i, I]$ mit $y_i = 0$ für $i \notin \mathfrak{i}$ und $y_{i_h} = x_{n_h}$ für $h = 1, \ldots, k$. Dann besteht aber wegen der Identitäten

$$\sum_{\mathfrak{n}} p[x_n(U)] = \sum_{\mathfrak{n}} p_U(x_n) = \sum_I p_U(y_i) = \boldsymbol{\pi}_U[y_i, I]$$

und

$$\sup\left\{\sum_{\mathfrak{n}} |\langle x_n(V), b\rangle| : b \in V^0\right\} = \sup\left\{\sum_I |\langle y_i, b\rangle| : b \in V^0\right\} = \boldsymbol{\varepsilon}_V[y_i, I]$$

die Ungleichung

$$\sum_{\mathfrak{n}} p[x_n(U)] \leqq \sup\left\{\sum_{\mathfrak{n}} |\langle x_n(V), b\rangle| : b \in V^0\right\}.$$

Demnach ist die kanonische Abbildung von $E(V)$ auf $E(U)$ absolutsummierend, und wir haben gezeigt, daß das Fundamentalsystem $\mathfrak{U}(E)$ die Eigenschaft (N') besitzt.

4.2.4. Durch Zusammenfassung der Ergebnisse von 4.2.2 und 4.2.3 erhalten wir das

THEOREM. *Ein lokalkonvexer Raum E ist dann und nur dann nuklear, wenn für eine (jede) unendliche Indexmenge I die Identität*

$$\boldsymbol{l}_I^1[E] \equiv \boldsymbol{l}_I^1\{E\} \quad \textit{oder} \quad \boldsymbol{l}_I^1(E) \equiv \boldsymbol{l}_I^1\{E\}$$

besteht.

4.2.5. Für einen metrischen lokalkonvexen Raum E folgt wegen Theorem 2.1.3 aus der Identität

$$\boldsymbol{l}_I^1[E] = \boldsymbol{l}_I^1\{E\} \quad \text{oder} \quad \boldsymbol{l}_I^1(E) = \boldsymbol{l}_I^1\{E\}\,,$$

daß die $\boldsymbol{\varepsilon}$-Topologie feiner als die $\boldsymbol{\pi}$-Topologie ist. Folglich stimmen beide Topologien überein, und man hat

$$\boldsymbol{l}_I^1[E] \equiv \boldsymbol{l}_I^1\{E\} \quad \text{oder} \quad \boldsymbol{l}_I^1(E) \equiv \boldsymbol{l}_I^1\{E\}\,.$$

Deshalb gilt für metrische lokalkonvexe Räume die folgende Verschärfung von Theorem 4.2.4, die auf Grund der Theoreme 4.2.12 und 4.3.3 auch für dualmetrische lokalkonvexe Räume richtig ist.

THEOREM. *Ein metrischer oder dualmetrischer lokalkonvexer Raum E ist dann und nur dann nuklear, wenn für eine (jede) unendliche Indexmenge I die Identität*

$$\boldsymbol{l}_I^1[E] = \boldsymbol{l}_I^1\{E\} \quad \textit{oder} \quad \boldsymbol{l}_I^1(E) = \boldsymbol{l}_I^1\{E\}$$

besteht.

4.2.6. Die Frage nach dem Gültigkeitsbereich des vorangehenden Theorems stellen wir in dem

PROBLEM. *Welche Eigenschaften muß ein lokalkonvexer Raum E haben, damit aus der für eine unendliche Indexmenge I bestehenden Identität*

$$\boldsymbol{l}_I^1[E] = \boldsymbol{l}_I^1\{E\} \quad \textit{oder} \quad \boldsymbol{l}_I^1(E) = \boldsymbol{l}_I^1\{E\}$$

die Nuklearität von E folgt?

4.2.7. Wir übertragen nun die bisherigen Ergebnisse dieses Abschnittes auf dualnukleare lokalkonvexe Räume. Dazu benötigen wir das

LEMMA. *Ist E ein dualnuklearer lokalkonvexer Raum, so gibt es zu jeder beschränkten Teilmenge* $\mathbf{B}$ *von* $l_I^1[E]$ *eine beschränkte Teilmenge* $B \in \mathfrak{B}(E)$ *mit*

$$\sum_I p_B(x_i) \leqq 1 \quad \textit{für alle} \quad [x_i, I] \in \mathbf{B} .$$

Beweis. Nach Voraussetzung ist die Zahl

$$\sigma_U = \sup \{\varepsilon_U[x_i, I] : [x_i, I] \in \mathbf{B}\}$$

für jede Nullumgebung $U \in \mathfrak{U}(E)$ endlich, und wir können die zu $\mathfrak{B}(E)$ gehörige Menge

$$A = \{\sigma_U\, U : U \in \mathfrak{U}(E)\}$$

bilden. Folglich hat man

$$\sum_i \lambda_i x_i \in A \qquad \text{für } [x_i, I] \in \mathbf{B} , \qquad |\lambda_i| \leqq 1 \text{ und } i \in \mathfrak{F}(I) ,$$

und es besteht die Ungleichung

$$\varepsilon_A[x_i, I] \leqq 1 \qquad \text{für alle } [x_i, I] \in \mathbf{B} .$$

Nun bestimmen wir eine Menge $B \in \mathfrak{B}(E)$ mit $A \prec B$, so daß die kanonische Abbildung $E(A, B)$ absolutsummierend ist. Weil man dabei stets erreichen kann, daß die π-Norm von $E(A, B)$ kleiner als 1 ist, gilt dann die Ungleichung

$$\pi_B[x_i, I] \leqq \varepsilon_A[x_i, I] \qquad \text{für alle } [x_i, I] \in l_I^1[E(A)] .$$

Damit ist aber die Abschätzung

$$\sum_I p_B(x_i) \leqq 1 \qquad \text{für alle } [x_i, I] \in \mathbf{B}$$

bewiesen.

4.2.8. SATZ. *Ist E ein dualnuklearer lokalkonvexer Raum, so gilt für jede Indexmenge I die Identität*

$$l_I^1[E] = l_I^1(E) = l_I^1\{E\} = l_I^1\langle E\rangle .$$

Beweis. Da jede schwachsummierbare Familie $[x_i, I]$ aus E als einelementige beschränkte Teilmenge von $l_I^1[E]$ aufgefaßt werden kann, gibt es nach dem soeben bewiesenen Lemma eine Menge $B \in \mathfrak{B}(E)$ mit

$$\sum_I p_B(x_i) \leqq 1 .$$

Folglich sind alle schwachsummierbaren Familien aus E sogar totalsummierbar, und man hat

$$l_I^1[E] = l_I^1(E) = l_I^1\{E\} = l_I^1\langle E\rangle .$$

4.2.9. SATZ. *Jeder dualnukleare lokalkonvexe Raum E besitzt die Eigenschaft* (B).

Beweis. Da jede beschränkte Teilmenge $\mathbf{B}$ von $l_I^1\{E\}$ auch als beschränkte Teilmenge von $l_I^1[E]$ aufgefaßt werden kann, gibt es nach Lemma 4.2.7 eine beschränkte Teilmenge $B \in \mathfrak{B}(E)$ mit

$$\sum_I p_B(x_i) \leqq 1 \quad \text{für alle } [x_i, I] \in \mathbf{B}.$$

Folglich hat der lokalkonvexe Raum E die Eigenschaft (B).

4.2.10. Als Umkehrung der Aussagen von 4.2.8 und 4.2.9 ergibt sich der

SATZ. *Jeder lokalkonvexe Raum E mit der Eigenschaft (B), für den mit einer unendlichen Indexmenge I die Identität*

$$\mathfrak{l}_I^1[E] = \mathfrak{l}_I^1\{E\} \quad (1) \qquad \textit{oder} \qquad \mathfrak{l}_I^1(E) = \mathfrak{l}_I^1\{E\} \quad (2)$$

besteht, ist dualnuklear.

Beweis. Als erstes stellen wir fest, daß wegen der für jeden lokalkonvexen Raum E gültigen Inklusion

$$\mathfrak{l}_I^1\{E\} \subset \mathfrak{l}_I^1(E) \subset \mathfrak{l}_I^1[E]$$

aus (1) stets (2) folgt.

Betrachtet man eine beliebige Menge $A \in \mathfrak{B}(E)$, so ist

$$\mathbf{B} = \{[x_n, N] \in \mathfrak{l}_N^1[E(A)] : \varepsilon_A[x_n, N] \leqq 1\}$$

eine beschränkte Teilmenge von $\mathfrak{l}_N^1[E]$. Weil aus (2) folgt, daß die identische Abbildung von E in sich absolutsummierend ist, muß $\mathbf{B}$ wegen Theorem 2.1.2 auch eine beschränkte Teilmenge von $\mathfrak{l}_N^1\{E\}$ sein. Deshalb existiert eine Menge $B \in \mathfrak{B}(E)$ mit

$$\sum_N p_B(x_n) \leqq 1 \qquad \text{für } [x_n, N] \in \mathbf{B} .$$

Aus dieser Aussage folgt, daß die Ungleichung

$$\pi_B[x_n, N] \leqq \varepsilon_A[x_n, N] \qquad \text{für alle } [x_n, N] \in \mathfrak{l}_I^1[E(A)]$$

gilt. Folglich ist die kanonische Abbildung von $E(A)$ in $E(B)$ absolutsummierend, und wir haben gezeigt, daß das Fundamentalsystem $\mathfrak{B}(E)$ die Eigenschaft (N) besitzt.

4.2.11. Durch Zusammenfassung der Ergebnisse von 4.2.8, 4.2.9 und 4.2.10 erhalten wir das

THEOREM. *Ein lokalkonvexer Raum E ist dann und nur dann dualnuklear, wenn er die Eigenschaft (B) hat, und wenn für eine (jede) unendliche Indexmenge I die Identität*

$$\mathfrak{l}_I^1[E] = \mathfrak{l}_I^1\{E\} \qquad \textit{oder} \qquad \mathfrak{l}_I^1(E) = \mathfrak{l}_I^1\{E\}$$

besteht.

4.2.12. Als Spezialfall erhalten wir auf Grund von 1.5.8 das folgende Gegenstück zu Theorem 4.2.5.

THEOREM. *Ein metrischer oder dualmetrischer lokalkonvexer Raum E ist dann und nur dann dualnuklear, wenn für eine (jede) unendliche Indexmenge I die Identität*

$$\mathfrak{l}_I^1[E] = \mathfrak{l}_I^1\{E\} \qquad \textit{oder} \qquad \mathfrak{l}_I^1(E) = \mathfrak{l}_I^1\{E\}$$

besteht.

4.3. Der topologische Dual von nuklearen lokalkonvexen Räumen

4.3.1. Wir geben nun eine notwendige und hinreichende Bedingung dafür an, daß der starke topologische Dual E_b' eines nuklearen lokalkonvexen Raumes E ebenfalls nuklear ist.

THEOREM. *Ein nuklearer lokalkonvexer Raum E ist dann und nur dann dualnuklear, wenn er die Eigenschaft (B) hat.*

Beweis. Die Notwendigkeit unserer Bedingung folgt unmittelbar aus 4.2.9. Zum Nachweis der Hinlänglichkeit bedenken wir, daß für jeden nuklearen lokalkonvexen Raum E die Identität

$$\mathfrak{l}_I^1(E) = \mathfrak{l}_I^1\{E\}$$

gilt. Hat der lokalkonvexe Raum E außerdem die Eigenschaft (B), so muß er nach 4.2.10 dualnuklear sein.

4.3.2. Weiß man andererseits, daß der starke topologische Dual E_b' eines lokalkonvexen Raumes E nuklear ist, so kann man fragen, unter welchen Voraussetzungen dann auch E nuklear sein muß. Diese Problemstellung ist nur dann sinnvoll, wenn die Topologie von E, die durch E_b' im allgemeinen nicht eindeutig bestimmt ist, durch gewisse zusätzliche Bedingungen festgelegt wird. Das ist insbesondere für quasitonnelierte lokalkonvexe Räume der Fall.

Als Vorbereitung für das folgende Theorem bewiesen wir zuerst das

LEMMA. *Ein quasitonnelierter lokalkonvexer Raum E ist dann und nur dann nuklear, wenn sein starker topologischer Dual E_b' dualnuklear ist.*

Beweis. Weil E nach Voraussetzung quasitonneliert sein soll, ist

$$\mathfrak{U}^0(E_b') = \{U^0 : U \in \mathfrak{U}(E)\}$$

ein Fundamentalsystem von beschränkten Teilmengen in E_b'. Unsere Behauptung folgt nun aus der Tatsache, daß die Eigenschaft (N) von $\mathfrak{U}(E)$ als Fundamentalsystem von Nullumgebungen mit der Eigenschaft (N) von $\mathfrak{U}^0(E_b')$ als Fundamentalsystem von beschränkten Teilmengen zusammenfällt.

Nun erhalten wir das

THEOREM. *Ein dualnuklearer quasitonnelierter lokalkonvexer Raum E ist dann und nur dann nuklear, wenn sein starker topologischer Dual E_b' die Eigenschaft (B) hat.*

Beweis. Da E_b' nach Voraussetzung nuklear ist, ergibt sich unsere Behauptung aus dem vorangehenden Lemma und Theorem 4.3.1.

4.3.3. Um auch die dualmetrischen lokalkonvexen Räume in unsere Untersuchungen einbeziehen zu können, müssen wir das vorangehende Lemma verbessern.

LEMMA. *Ein σ-quasitonnelierter lokalkonvexer Raum E ist nuklear, wenn E_b' dualnuklear ist.*

Beweis. Wir betrachten eine beliebige Nullumgebung $U \in \mathfrak{U}(E)$. Dann gehört U^0 zu $\mathfrak{B}(E_b')$, und es gibt nach Voraussetzung eine Menge $B \in \mathfrak{B}(E_b')$ mit $U^0 \prec B$, so daß die kanonische Abbildung von $E'(U^0)$ in $E'(B)$ nuklear ist. Folglich gilt in $E'(B)$ die Identität

$$a = \sum_N \langle \mathfrak{x}_n, a \rangle\, b_n \qquad \text{für alle } a \in E'(U^0)\,.$$

Dabei kann man annehmen, daß die Linearformen b_n in B liegen, während für die Normen $p(\mathfrak{x}_n)$ der auf $E'(U^0)$ definierten Linearformen $\mathfrak{x}_n$ die Ungleichung

$$\sum_N p(\mathfrak{x}_n) < +\infty$$

besteht.

Weil die Menge der Linearform b_n abzählbar und stark beschränkt ist, gibt es nach Voraussetzung eine Nullumgebung $V \in \mathfrak{U}(E)$ mit $b_n \subset V^0$. Nun erkennt man aber, daß die kanonische Abbildung von $E'(U^0)$ in $E'(V^0)$ nuklear ist, denn man hat

$$a = \sum_N \langle \mathfrak{x}_n, a \rangle \, b_n \qquad \text{für alle } a \in E'(U^0)$$

und

$$\sum_N p(\mathfrak{x}_n) \, p_{V^0}(b_n) < +\infty \, .$$

Damit haben wir gezeigt, daß das Fundamentalsystem $\mathfrak{U}(E)$ die Eigenschaft (N) besitzt.

Als besonders schönes Ergebnis erhalten wir nun das folgende

THEOREM. *Ein metrischer oder dualmetrischer lokalkonvexer Raum E ist dann und nur dann nuklear, wenn er dualnuklear ist.*

Beweis. Da jeder metrische oder dualmetrische lokalkonvexe Raum nach Theorem 1.5.8 die Eigenschaft (B) hat, folgt aus Theorem 4.3.1, daß alle nuklearen metrischen oder dualmetrischen lokalkonvexen Räume auch dualnuklear sind.

Hat man andererseits einen dualnuklearen metrischen bzw. dualmetrischen lokalkonvexen Raum E, so ist der starke topologische Dual E'_b als nuklearer dualmetrischer bzw. metrischer lokalkonvexer Raum auch dualnuklear. Nun folgt aus dem vorangestellten Lemma, daß E nuklear sein muß.

Wegen der großen Bedeutung des soeben bewiesenen Theorems geben wir nun noch eine zweite Fassung an.

THEOREM'. *Ein metrischer oder dualmetrischer lokalkonvexer Raum E besitzt dann und nur dann einen nuklearen starken topologischen Dual E'_b, wenn er selbst nuklear ist.*

4.3.4. Zur Illustration unserer Ergebnisse betrachten wir den bereits in 1.5.7 eingeführten lokalkonvexen Raum Ω_I. Weil die normierten Räume $\Omega_I(U)$ für alle Nullumgebungen $U \in \mathfrak{U}(\Omega_I)$ endlichdimensional sind, ist Ω_I nuklear. Andererseits kann der lokalkonvexe Raum Ω_I im Falle einer überabzählbaren Indexmenge I unmöglich dualnuklear sein, weil er nicht die Eigenschaft (B) besitzt.

Der topologische Dual von Ω_I darf mit dem linearen Raum Φ_I aller Zahlenfamilien $[\alpha_i, I]$ identifiziert werden, die nur endlich viele $\alpha_i \neq 0$ enthalten. Dabei gewinnt man die starke Topologie von Φ_I aus dem System aller Halbnormen

$$p[\alpha_i, I] = \sum_I |\alpha_i \, \xi_i| \qquad \text{mit } [\xi_i, I] \in \Omega_I \, .$$

Da man auch Ω_I als starken topologischen Dual von Φ_I auffassen kann, sind die lokalkonvexen Räume Ω_I und Φ_I reflexiv. Folglich ist Φ_I für alle überabzählbaren Indexmengen ein dualnuklearer aber nicht nuklearer lokalkonvexer Raum.

SATZ. *Es gibt nukleare (nicht nukleare) quasitonnelierte lokalkonvexe Räume, die einen nicht nuklearen (nuklearen) starken topologischen Dual besitzen.*

4.4. Eigenschaften der nuklearen lokalkonvexen Räume

4.4.1. Wir zeigen als erstes, daß man viele Untersuchungen über nukleare lokalkonvexe Räume auf Betrachtungen in Hilberträumen zurückführen kann. Es gilt nämlich der

SATZ. *In jedem nuklearen lokalkonvexen Raum E gibt es ein Fundamentalsystem $\mathfrak{U}_{\mathfrak{H}}(E)$ von Nullumgebungen, so daß alle Banachräume $E(\tilde{U})$ und $E'(U^0)$ mit $U \in \mathfrak{U}_{\mathfrak{H}}(E)$ sogar Hilberträume sind.*

Beweis. Wir bezeichnen die Gesamtheit aller Nullumgebungen $E \in \mathfrak{U}(E)$, für die $E(\tilde{W})$ und somit auch $E'(W^0)$ ein Hilbertraum ist, mit $\mathfrak{U}_{\mathfrak{H}}(E)$ und zeigen, daß es zu jeder Nullumgebung $U \in \mathfrak{U}(E)$ eine Nullumgebung $W \in \mathfrak{U}_{\mathfrak{H}}(E)$ mit $W \subset U$ gibt.

Zu diesem Zweck bestimmen wir auf Grund von Satz 4.1.5 eine Nullumgebung $V \in \mathfrak{U}(E)$, so daß auf V^0 ein positives Radonsches Maß μ mit

$$p_U(x) \leqq \int_{V^0} |\langle x, a\rangle| \, d\mu \qquad \text{für alle } x \in E$$

existiert. Dann erhält man durch den Ansatz

$$p_W(x) = \left\{\mu(V^0) \int_{V^0} |\langle x, a\rangle|^2 \, d\mu\right\}^{1/2}$$

auf E eine stetige Halbnorm mit $p_W(x) \leqq \mu(V^0)\, p_V(x)$, die aus dem Halbskalarprodukt

$$(x, y)_W = \mu(V^0) \int_{V^0} \langle x, a\rangle \, \overline{\langle y, a\rangle} \, d\mu$$

erzeugt werden kann. Deshalb ist $E(\tilde{W})$ ein Hilbertraum. Außerdem ergibt sich unter Benutzung der Hölderschen Ungleichung für alle Elemente $x \in E$ die Abschätzung $p_U(x) \leqq p_W(x)$. Folglich hat man $W \subset U$, und unsere Behauptung ist bewiesen.

4.4.2. Als einfache Folgerung aus dem soeben bewiesenen Satz ergibt sich das

THEOREM. *Ein lokalkonvexer Raum E ist dann und nur dann nuklear, wenn in ihm ein Fundamentalsystem $\mathfrak{U}_{\mathfrak{H}}(E)$ von Nullumgebungen mit den beiden folgenden Eigenschaften existiert:*

(H_1) *Für jede Nullumgebung $U \in \mathfrak{U}_{\mathfrak{H}}(E)$ ist $E'(U^0)$ ein Hilbertraum.*

(H_2) *Zu jeder Nullumgebung $U \in \mathfrak{U}_{\mathfrak{H}}(E)$ gibt es eine Nullumgebung $V \in \mathfrak{U}_{\mathfrak{H}}(E)$ mit $V \prec U$, so daß $E'(U^0, V^0)$ eine Hilbert-Schmidt-Abbildung ist.*

Beweis. Da auf Grund von Theorem 2.5.5 in Hilberträumen die absolutsummierenden Abbildungen mit den Hilbert-Schmidt-Abbildungen zusammenfallen, ist die Eigenschaft (H_2) zu der in 4.1.2 angegebenen Eigenschaft (N) äquivalent. Existiert also in einem lokalkonvexen Raum E ein Fundamentalsystem von Nullumgebungen mit den Eigenschaften (H_1) und (H_2), so ist er nuklear.

Betrachtet man andererseits einen beliebigen nuklearen lokalkonvexen Raum E, so gibt es nach 4.4.1 ein Fundamentalsystem $\mathfrak{U}_{\mathfrak{H}}(E)$ von Nullumgebungen mit der Eigenschaft (H_1). Wegen der vorausgesetzten Nuklearität von E hat dann $\mathfrak{U}_{\mathfrak{H}}(E)$ auch die zu (N) äquivalente Eigenschaft (H_2).

4.4.3. SATZ. *Für einen nuklearen oder dualnuklearen lokalkonvexen Raum E sind alle kanonischen Abbildungen $E(A, U)$ mit $A \in \mathfrak{B}(E)$ und $U \in \mathfrak{U}(E)$ nuklear.*

Beweis. Unsere Behauptung ergibt sich aus der Tatsache, daß man die Abbildung $E(A, U)$ in der Form

$$E(A, U) = E(V, U)\, E(A, V) \quad \text{bzw.} \quad E(A, U) = E(B, U)\, E(A, B)$$

darstellen kann. Dabei läßt sich die Nullumgebung $V \in \mathfrak{U}(E)$ mit $V \prec U$ bzw. Teilmenge $B \in \mathfrak{B}(E)$ mit $A \prec B$ so wählen, daß die kanonische Abbildung $E(V, U)$ bzw. $E(A, B)$ nuklear ist.

4.4.4. Die Nuklearität aller kanonischen Abbildungen $E(A, U)$ mit $A \in \mathfrak{B}(E)$ und $U \in \mathfrak{U}(E)$ ist für die Nuklearität oder Dualnuklearität eines lokalkonvexen Raumes E im allgemeinen nicht hinreichend. Es gilt jedoch der

SATZ. *Wenn in einem lokalkonvexen Raum E alle kanonischen Abbildungen $E(K, U)$ mit $K \in \mathfrak{K}(E)$ und $U \in \mathfrak{U}(E)$ absolutsummierend sind, besteht für jede Indexmenge I die Identität*

$$\mathfrak{l}_I^1(E) = \mathfrak{l}_I^1\{E\} .$$

Beweis. Für eine beliebige summierbare Familie $[x_i, I]$ aus E setzen wir

$$H_{\mathfrak{i}} = \left\{\sum_{\mathfrak{i}} \alpha_i x_i : |\alpha_i| \leqq 1\right\} \quad \text{und} \quad H = \bigcup \{H_{\mathfrak{i}} : \mathfrak{i} \in \mathfrak{F}(I)\} .$$

Da es zu jeder Nullumgebung $V \in \mathfrak{U}(E)$ eine Menge $\mathfrak{i}_0 \in \mathfrak{F}(I)$ mit

$$\sum_{\mathfrak{j}} |\langle x_i, a\rangle| \leqq 1 \quad \text{für } a \in V^0 \quad \text{und} \quad \mathfrak{j} \in \mathfrak{F}(I) \text{ mit } \mathfrak{j} \cap \mathfrak{i}_0 = \emptyset$$

gibt, besteht für alle Elemente

$$x = \sum_{\mathfrak{i}} \alpha_i x_i \in H$$

die Aussage

$$x = \sum_{\mathfrak{i} \cap \mathfrak{i}_0} \alpha_i x_i + \sum_{\mathfrak{i} \setminus \mathfrak{i}_0} \alpha_i x_i \in H_{\mathfrak{i}_0} + V .$$

Demnach gilt die Beziehung

$$H \subset H_{\mathfrak{i}_0} + V .$$

Weil die endlichdimensionale und beschränkte Menge $H_{\mathfrak{i}_0}$ präkompakt ist, existieren endlich viele Elemente $y_1, \ldots, y_s \in E$ mit

$$H_{\mathfrak{i}_0} \subset \bigcup_{n=1}^{s} \{y_n + V\} .$$

Deshalb ergibt sich die Aussage

$$H \subset \bigcup_{n=1}^{s} \{y_n + 2\, V\} ,$$

und wir haben gezeigt, daß H eine präkompakte Teilmenge von E ist. Man kann somit in $\mathfrak{K}(E)$ eine Menge K mit $H \subset K$ finden.

Wegen

$$\sum_{\mathfrak{i}} \alpha_i x_i \in K \quad \text{für } \mathfrak{i} \in \mathfrak{F}(I) \quad \text{und} \quad |\alpha_i| \leqq 1$$

besteht für alle Linearformen $\mathfrak{a} \in [E(K)]'$ die Ungleichung

$$\sum_{I} |\langle x_i, \mathfrak{a}\rangle| \leqq p_K'(\mathfrak{a}) < +\infty .$$

Folglich gehört die Familie $[x_i, I]$ zu $l_I^1[E(K)]$. Da aber alle kanonischen Abbildungen von $E(K)$ in $E(U)$ mit $U \in \mathfrak{U}(E)$ absolutsummierend sein sollen, hat man

$$\sum_I p_U(x_i) = \sum_I p[x_i(U)] < +\infty \quad \text{für alle } U \in \mathfrak{U}(E).$$

Damit haben wir gezeigt, daß unter der angegebenen Voraussetzung alle summierbaren Familien aus E sogar absolutsummierbar sind. Es besteht also für jede Indexmenge die Identität

$$l_I^1(E) = l_I^1[E].$$

4.4.5. Durch Zusammenfassung der vorangehenden Ergebnisse mit der Aussage von Theorem 4.2.10 erhalten wir das

THEOREM. *Ein lokalkonvexer Raum E mit der Eigenschaft (B) ist dann und nur dann dualnuklear, wenn in ihm alle kanonischen Abbildungen $E(K, U)$ mit* $K \in \mathfrak{K}(E)$ und $U \in \mathfrak{U}(E)$ *nuklear bzw. quasinuklear bzw. absolutsummierend sind.*

4.4.6. Außerdem gilt wegen 4.3.3 das

THEOREM. *Ein metrischer oder dualmetrischer lokalkonvexer Raum E ist dann und nur dann nuklear, wenn in ihm alle kanonischen Abbildungen $E(K, U)$ mit $K \in \mathfrak{K}(E)$ und $U \in \mathfrak{U}(E)$ nuklear bzw. quasinuklear bzw. absolutsummierend sind.*

4.4.7. Als einfache Folgerung aus 4.3.3 erhält man den

SATZ. *In jedem nuklearen oder dualnuklearen lokalkonvexen Raum E sind alle beschränkten Teilmengen präkompakt.*

Beweis. Da jede beliebige beschränkte Teilmenge von E in einer abgeschlossenen und absolutkonvexen beschränkten Teilmenge enthalten ist, genügt es, wenn wir unsere Behauptung für alle Mengen $A \in \mathfrak{B}(E)$ beweisen. Nun ist aber die kanonische Abbildung von $E(A)$ in $E(U)$ für jede Nullumgebung $U \in \mathfrak{U}(E)$ nuklear und somit präkompakt. Folglich muß

$$A(U) = \{x(U) \in E(U) : x \in A\}$$

eine präkompakte Teilmenge von $E(U)$ sein. Man kann deshalb endlich viele Elemente $x_1, \ldots, x_s \in E$ bestimmen, so daß die Beziehung

$$A(U) \subset \bigcup_{n=1}^{s} \{x_n(U) + U(U)\} \tag{1}$$

besteht. Dabei ist

$$U(U) = \{x(U) \in E(U) : x \in U\}$$

die abgeschlossene Einheitskugel von $E(U)$. Wegen (1) gilt aber auch

$$A \subset \bigcup_{n=1}^{s} \{x_n + U\}. \tag{2}$$

Weil U eine beliebige Nullumgebung aus $\mathfrak{U}(E)$ war, ist damit unsere Behauptung bewiesen.

4.4.8. Als Ergänzung der Aussage von 4.4.7 ergibt sich der

SATZ. *In jedem dualnuklearen lokalkonvexen Raum E sind alle beschränkten Teilmengen separabel.*

Beweis. Jede beliebige beschränkte Teilmenge A_0 von E ist in einer Menge $A \in \mathfrak{B}(E)$ enthalten. Wir bestimmen nun eine Menge $B \in \mathfrak{B}(E)$, mit $A \prec B$, so daß die kanonische Abbildung von $E(A)$ in $E(B)$ nuklear ist. Dann ist A_0 eine präkompakte und somit separable Teilmenge des normierten Raumes $E(B)$. Da aber die identische Abbildung von $E(B)$ in E stetig ist, besitzt A_0 die gleichen Eigenschaften auch als Teilmenge von E.

4.4.9. In einem nuklearen lokalkonvexen Raum E sind die beschränkten Teilmengen im allgemeinen nicht separabel. Dafür gilt aber der

SATZ. *Für jeden nuklearen lokalkonvexen Raum E sind alle normierten Räume $E(U)$ mit $U \in \mathfrak{U}(E)$ separabel.*

Beweis. Wir bestimmen zu einer beliebig vorgegebenen Nullumgebung $U \in \mathfrak{U}(E)$ eine Nullumgebung $V \in \mathfrak{U}(E)$ mit $V \prec U$, so daß die kanonische Abbildung von $E(V)$ auf $E(U)$ nuklear ist. Dann muß aber $E(U)$ wegen 3.1.6 als Bildraum einer nuklearen Abbildung separabel sein.

4.4.10. Wir zeigen nun, daß es keine beliebig großen nuklearen metrischen oder dualmetrischen lokalkonvexen Räume gibt. Es gilt nämlich das

THEOREM. *Alle nuklearen metrischen oder dualmetrischen lokalkonvexen Räume sind separabel.*

Beweis.

(1) Wir betrachten zuerst einen nuklearen metrischen lokalkonvexen Raum E, in dem wir ein abzählbares Fundamentalsystem

$$\mathfrak{U}_{\mathfrak{F}}(E) = \{U_n : n = 1, 2, \ldots\}$$

von Nullumgebungen bestimmen. Dann gibt es zu jeder natürlichen Zahl n eine Folge von Elementen $x_{mn} \in E$, so daß die Restklassen $x_{mn}(U_n)$ mit $m = 1, 2, \ldots$ in dem separablen normierten Raum $E(U_n)$ dicht liegen.

Ist x ein beliebiges Element aus E, so existieren zu jeder Nullumgebung $U \in \mathfrak{U}(E)$ eine Nullumgebung U_n mit $U_n \subset U$ und ein Element x_{mn} mit

$$p_U(x - x_{mn}) \leqq p_{U_n}(x - x_{mn}) = p[x(U_n) - x_{mn}(U_n)] \leqq 1 .$$

Damit ist aber bewiesen, daß die Doppelfolge der Elemente x_{mn} in E dicht liegt.

(2) Wir betrachten nun einen nuklearen dualmetrischen lokalkonvexen Raum E, in dem wir ein abzählbares Fundamentalsystem

$$\mathfrak{B}_{\mathfrak{F}}(E) = \{B_n : n = 1, 2, \ldots\}$$

von beschränkten Teilmengen bestimmen. Weil E auch dualnuklear ist, sind alle Mengen B_n separabel. Es gibt deshalb zu jeder natürlichen Zahl n eine Folge von Elementen x_{mn} mit $m = 1, 2, \ldots$, die in B_n dicht liegen. Da jedes Element $x \in E$ in wenigstens einer Menge B_n enthalten ist, erkennt man, daß die Doppelfolge der Elemente x_{mn} in E dicht liegt.

4.4.11. SATZ. *Jeder quasivollständige nukleare oder dualnukleare lokalkonvexe Raum E ist halbreflexiv.*

Beweis. Da in einem nuklearen oder dualnuklearen lokalkonvexen Raum nach 4.4.7 alle beschränkten Teilmengen präkompakt sind, müssen alle abgeschlossenen und beschränkten Teilmengen von E wegen Satz 0.5.7 kompakt und somit erst recht schwach kompakt sein. Nun ergibt sich unsere Behauptung aus 0.7.2.

4.4.12. Zum Beweis des folgenden Theorems benötigen wir das

LEMMA. *Jeder nukleare dualmetrische lokalkonvexe Raum E ist quasitonneliert.*

Beweis. Weil der metrische lokalkonvexe Raum E'_b dualnuklear ist, sind seine beschränkten Teilmengen nach 4.4.8 separabel. Jede stark beschränkte Teilmenge B von E' liegt deshalb in der abgeschlossenen Hülle einer Folge von Linearformen $a_n \in B$. Da aber E als dualmetrischer lokalkonvexer Raum σ-quasitonneliert ist, gibt es eine Nullumgebung $U \in \mathfrak{U}(E)$ mit $a_n \in U^0$. Folglich liegt auch die ganze Menge B in U^0. Damit ist aber unsere Behauptung bewiesen.
Auf Grund der in 0.7.3 angegebenen Definition ergibt sich nun das

THEOREM. *Alle nuklearen (F)- und (F')-Räume sind reflexiv.*

4.4.13. Durch Zusammenfassung der Ergebnisse von 4.3.3 und 4.4.12 erhalten wir das bemerkenswerte

THEOREM. *Durch die Zuordnung $E \longleftrightarrow F$ mit*

$$F = E'_b \quad \text{und} \quad E = F'_b$$

wird eine eineindeutige Beziehung zwischen den nuklearen (F)-Räumen und den nuklearen (F')-Räumen hergestellt.

4.4.14. Nachdem wir uns bisher mit nuklearen metrischen und dualmetrischen lokalkonvexen Räumen beschäftigt haben, charakterisieren wir abschließend die nuklearen normierten Räume.

THEOREM. *Nur die endlichdimensionalen normierten Räume sind nuklear.*

Beweis. In jedem normierten Raum E ist die abgeschlossene Einheitskugel U beschränkt. Wird nun vorausgesetzt, daß E nuklear ist, so muß U wegen Satz 4.4.7 sogar präkompakt sein. Deshalb folgt aus Satz 0.8.3, daß E endlichdimensional ist.

Hat man andererseits einen endlichdimensionalen lokalkonvexen Raum E, so ist die kanonische Abbildung von $E(U)$ auf $\tilde{E}(U)$ für jede Nullumgebung $U \in \mathfrak{U}(E)$ ausgeartet und somit nuklear. Folglich besitzt das Fundamentalsystem $\mathfrak{U}(E)$ die Eigenschaft (N').

KAPITEL 5

Permanenzeigenschaften der Nuklearität

Es gibt viele Möglichkeiten, wie man aus einer Menge von lokalkonvexen Räumen weitere lokalkonvexe Räume gewinnen kann. In diesem Kapitel zeigen wir, daß sich dabei meistens die Nuklearität von den Ausgangsräumen auf die neu entstandenen Räume überträgt. Die folgenden Fälle werden behandelt: lineare Teilräume und Quotientenräume, topologische Produkte und Summen, lokalkonvexe Kerne und Hüllen, vollständige und quasivollständige Hüllen, lokalkonvexe Tensorprodukte und Räume von stetigen linearen Abbildungen. Fast alle Sätze dieses Kapitels wurden zuerst von A. GROTHENDIECK [3] bewiesen.

5.1. Teilräume und Quotientenräume

5.1.1. SATZ. *Jeder lineare Teilraum F eines nuklearen lokalkonvexen Raumes E ist ebenfalls nuklear.*

Beweis. Als erstes vermerken wir die Tatsache, daß die Mengen $U_0 = F \cap U$ mit $U \in \mathfrak{U}(E)$ ein Fundamentalsystem von Nullumgebungen in F bilden. Außerdem folgt aus der Beziehung

$$p[x(U_0)] = p_{U_0}(x) = p_U(x) = p[x(U)] \quad \text{mit } x \in F ,$$

daß man den normierten Raum $F(U_0)$ mit demjenigen linearen Teilraum von $E(U)$ identifizieren kann, der aus allen Restklassen $x(U)$ mit $x \in F$ besteht.

Weil das Fundamentalsystem $\mathfrak{U}(E)$ die Eigenschaft (N') hat, gibt es zu jeder Nullumgebung $U \in \mathfrak{U}(E)$ eine Nullumgebung $V \in \mathfrak{U}(E)$ mit $V \prec U$, so daß die kanonische Abbildung $E(V, U)$ quasinuklear ist. Dann muß aber auch die kanonische Abbildung $F(V_0, U_0)$ als Einschränkung von $E(V, U)$ auf $F(V_0)$ quasinuklear sein. Folglich hat das Fundamentalsystem aller Nullumgebungen $U_0 = F \cap U$ die Eigenschaft (N').

5.1.2. SATZ. *Jeder lineare Teilraum F eines dualnuklearen lokalkonvexen Raumes E ist ebenfalls dualnuklear.*

Beweis. Als erstes vermerken wir die Tatsache, daß die Mengen $A_0 = F \cap A$ mit $A \in \mathfrak{B}(E)$ ein Fundamentalsystem von beschränkten Teilmengen in F bilden. Außerdem folgt aus der Beziehung

$$p_{A_0}(x) = p_A(x) \quad \text{mit } x \in F(A_0) ,$$

daß man den normierten Raum $F(A_0)$ mit dem linearen Teilraum $F \cap E(A)$ von $E(A)$ identifizieren kann.

Weil das Fundamentalsystem $\mathfrak{B}(E)$ die Eigenschaft (N) hat, gibt es zu jeder Menge $A \in \mathfrak{B}(E)$ eine Menge $B \in \mathfrak{B}(E)$ mit $A \prec B$, so daß die kanonische Abbildung $E(A, B)$ quasinuklear ist. Dann muß aber auch die kanonische Abbildung $F(A_0, B_0)$ als Einschränkung von $E(A, B)$ auf $F(A_0)$ quasinuklear sein. Folglich hat das Fundamentalsystem aller beschränkten Teilmengen $A_0 = F \cap A$ die Eigenschaft (N).

5.1.3. SATZ. *Jeder Quotientenraum $Q = E/F$ eines nuklearen lokalkonvexen Raumes E nach einem abgeschlossenen linearen Teilraum F ist ebenfalls nuklear.*

Beweis. Aus jeder Linearform $a \in F^0$ läßt sich durch den Ansatz

$$\langle x(F), \mathfrak{a}\rangle = \langle x, a\rangle \quad \text{mit } x \in E$$

eine Linearform $\mathfrak{a}$ auf dem Quotientenraum Q erzeugen. Da man auf diese Weise alle Linearformen $\mathfrak{a} \in Q'$ erhält, kann der topologische Dual von Q mit dem linearen Teilraum F^0 von E' identifiziert werden.

Nun vermerken wir die Tatsache, daß die Mengen

$$\overline{U(F)} = \{x(F) \in Q : \alpha\, x \in U + F \quad \text{für alle } \alpha \in K \text{ mit } |\alpha| < 1\}$$

ein Fundamentalsystem von Nullumgebungen in Q bilden, wenn U alle Nullumgebungen aus $\mathfrak{U}(E)$ durchläuft. Außerdem folgt aus der Beziehung

$$F^0 \cap U^0 = \overline{U(F)}^0\,,$$

daß der normierte Raum $Q'\big(\overline{U(F)}^0\big)$ mit dem linearen Teilraum $F^0 \cap E'(U^0)$ von $E'(U^0)$ zusammenfällt, wenn man die linearen Räume Q' und F^0 auf die angegebene Weise miteinander identifiziert.

Weil das Fundamentalsystem $\mathfrak{U}(E)$ die Eigenschaft (N) hat, gibt es zu jeder Nullumgebung $U \in \mathfrak{U}(E)$ eine Nullumgebung $V \in \mathfrak{U}(E)$ mit $V \prec U$, so daß die kanonische Abbildung $E'(U^0, V^0)$ quasinuklear ist. Dann muß aber die kanonische Abbildung $Q'\big(\overline{U(F)}^0, \overline{V(F)}^0\big)$ als Einschränkung von $E'(U^0, V^0)$ auf $F^0 \cap E'(U^0)$ quasinuklear sein. Folglich hat das Fundamentalsystem aller Nullumgebungen $\overline{U(F)}$ die Eigenschaft (N).

5.1.4. PROBLEM. *Ist jeder Quotientenraum $Q = E/F$ eines dualnuklearen lokalkonvexen Raumes E nach einem abgeschlossenen linearen Teilraum F ebenfalls dualnuklear?*

Bemerkung. Die Antwort auf diese Frage ist sicher dann positiv, wenn jede beschränkte Teilmenge von Q das Bild einer beschränkten Teilmenge von E ist. Diese Voraussetzung ist insbesondere für dualnukleare (F)-Räume erfüllt.

LEMMA. *Ist F ein abgeschlossener linearer Teilraum des dualnuklearen (F)-Raumes E, so bilden die Mengen*

$$B(F) = \{x(F) \in Q : x \in B\} \quad \text{mit } B \in \mathfrak{B}(E)$$

ein Fundamentalsystem von beschränkten Teilmengen des Quotientenraumes $Q = E/F$.

Beweis. Weil Q nuklear ist, folgt aus Theorem 9.5.2, daß die Mengen

$$A[x_r(F), R] = \Big\{x(F) \in Q : x(F) = \sum_R \xi_r\, x_r(F) \quad \text{mit } \sum_R |\xi_r| \leqq 1\Big\}$$

ein Fundamentalsystem von beschränkten Teilmengen in Q liefern, wenn $[x_r(F), R]$ alle totalsummierbaren Folgen durchläuft.

Wir betrachten nun in E ein abzählbares Fundamentalsystem von Nullumgebungen U_n mit $U_1 \supset U_2 \supset \ldots$. Dann sind die Mengen

$$\mathfrak{r}_n = \{r \in R : p_{U_n}[x_r(F)] \geqq 1\}$$

für jede totalsummierbare Folge $[x_r(F), R]$ endlich, und es gilt

$$\mathfrak{r}_1 \subset \mathfrak{r}_2 \subset \ldots.$$

Wir setzen jetzt

$$y_r = 0 \quad \text{für } r \notin \bigcup_N \mathfrak{r}_n \quad \text{und} \quad y_r = x_r \quad \text{für } r \in \mathfrak{r}_1 ,$$

während wir im Falle $r \in \mathfrak{r}_{n+1} \setminus \mathfrak{r}_n$ die Elemente y_r so bestimmen, daß

$$x_r - y_r \in F \quad \text{und} \quad p_{U_n}(y_r) < 1$$

gilt. Dann hat man

$$y_r(F) = x_r(F) \quad \text{für alle } r \in R .$$

Liegt nämlich die Zahl $r \in R$ in keiner Menge $\mathfrak{r}_n$, so ergibt sich die Aussage

$$p_{U_n}[x_r(F)] \leqq 1 \quad \text{für alle } n \in N .$$

Das ist aber nur möglich, wenn man sogar $x_r(F) = 0(F)$ hat.

Für jede Zahl $r \notin \mathfrak{r}_m$ gilt entweder $r \notin \bigcup_N \mathfrak{r}_n$ und somit $p_{U_m}[x_r(F)] = 0$ oder es gibt eine natürliche Zahl n mit $n \geqq m$ und $r \in \mathfrak{r}_{n+1} \setminus \mathfrak{r}_n$, so daß die Ungleichung

$$p_{U_m}(y_r) \leqq p_{U_n}(y_r) < 1$$

besteht. Folglich hat man

$$p_{U_m}(y_r) < 1 \quad \text{für } r \notin \mathfrak{r}_m .$$

Also ist $[y_r, R]$ eine Nullfolge, zu der wir eine Menge $B \in \mathfrak{B}(E)$ mit $y_r \in B$ für $r \in R$ bestimmen können. Damit ist unsere Behauptung bewiesen, denn es gilt

$$A[x_r(F), R] \subset B(F) .$$

5.1.5. Unmittelbar aus 5.1.1 ergibt sich der

SATZ. *Jeder abgeschlossene lineare Teilraum F eines nuklearen (F)-Raumes E ist ebenfalls ein nuklearer (F)-Raum.*

5.1.6. Weil alle Quotientenräume eines (F)-Raumes wieder (F)-Räume sind, erhält man aus 5.1.3 den

SATZ. *Jeder Quotientenraum $Q = E/F$ eines nuklearen (F)-Raumes E nach einem abgeschlossenen linearen Teilraum F ist ebenfalls ein nuklearer (F)-Raum.*

Bemerkung. Die Vollständigkeit von Q ergibt sich auch aus der in Lemma 5.1.4 bewiesenen Tatsache, daß jede Cauchy-Folge $[x_n(F), N]$ in dem kompakten Bild $B(F)$ einer kompakten Teilmenge B von E enthalten ist.

5.1.7. Man kann zeigen, daß es in manchen (F')-Räumen abgeschlossene lineare Teilräume gibt, die keine (F')-Räume mehr sind. Für nukleare Räume gilt jedoch der

SATZ. *Jeder abgeschlossene lineare Teilraum F eines nuklearen (F')-Raumes E ist ebenfalls ein nuklearer (F')-Raum.*

Beweis. Unsere Behauptung ergibt sich aus der Tatsache, daß man den linearen Teilraum F mit dem starken topologischen Dual des nuklearen (F)-Raumes E'_b/F^0 identifizieren kann. Zu diesem Zweck wird jedem Element $x \in F$ die durch den Ansatz

$$\langle \mathfrak{x}, a(F^0) \rangle = \langle x, a \rangle$$

auf E'_b/F^0 definierte Linearform $\mathfrak{x}$ zugeordnet. Aus der Reflexivität von E folgt, daß man dadurch tatsächlich alle auf E'_b/F^0 stetigen Linearformen bekommt. Abschließend ergibt sich aus Lemma 5.1.4, daß man die starke Topologie von $F = (E'_b/F^0)'_b$ aus den Halbnormen

$$p'_B(x) = \sup \{ |\langle \mathfrak{x}, a(F^0) \rangle| : a \in B \} \quad \text{mit } B \in \mathfrak{B}(E'_b)$$

erhält. Sie fällt deshalb mit der durch E induzierten Topologie zusammen.

5.1.8. Es gibt Beispiele von (F')-Räumen, die unvollständige Quotientenräume besitzen. Im Falle von nuklearen (F')-Räumen gilt jedoch der

SATZ. *Jeder Quotientenraum $Q = E/F$ eines nuklearen (F')-Raumes E nach einem abgeschlossenen linearen Teilraum F ist ebenfalls ein nuklearer (F')-Raum.*

Beweis. Unsere Behauptung ergibt sich aus der Tatsache, daß man den Quotientenraum Q mit dem starken topologischen Dual des nuklearen (F)-Raumes F^0 identifizieren kann. Zu diesem Zweck wird jeder Restklasse $x(F) \in Q$ die durch den Ansatz

$$\langle \mathfrak{x}, a\rangle = \langle x, a\rangle$$

auf F^0 definierte Linearform $\mathfrak{x}$ zugeordnet. Aus der Reflexivität von E und dem Hahn-Banach-Theorem folgt, daß man dadurch tatsächlich alle auf F^0 stetigen Linearformen bekommt. Da die Mengen $U^0 \cap F^0$ mit $U \in \mathfrak{U}(E)$ ein Fundamentalsystem von beschränkten Teilmengen in F^0 bilden, erhält man die starke Topologie von $Q = (F^0)'_b$ aus den Halbnormen

$$q_U[x(F)] = \sup \{|\langle x, a\rangle| : a \in U^0 \cap F^0\rangle \qquad \text{mit } U \in \mathfrak{U}(E)\,,$$

während die Quotientenraumtopologie von Q bekanntlich aus den Halbnormen

$$p_U[x(F)] = \inf \{p_U(x + y) : y \in F\} \qquad \text{mit } U \in \mathfrak{U}(E)$$

erzeugt wird. Die Aussage, daß beide Topologien zusammenfallen, ergibt sich deshalb aus der Identität

$$p_U[x(F)] = q_U[x(F)]\,,$$

die wir abschließend beweisen.

Aus der für $x \in E$, $y \in F$ und $a \in U^0 \cap F^0$ gültigen Ungleichung

$$|\langle x, a\rangle| = |\langle x + y, a\rangle| \leqq p_U(x + y)$$

folgt nämlich die Abschätzung

$$q_U[x(F)] \leqq p_U(x + y) \qquad \text{für alle } y \in F\,.$$

Deshalb hat man

$$q_U[x(F)] \leqq p_U[x(F)]\,.$$

Zum Beweis der umgekehrten Ungleichung betrachten wir eine Restklasse $x(F)$ mit $q_U[x(F)] \leqq 1$. Dann gilt

$$x \in (U^0 \cap F^0)^0 = (U + F)^{00} = (\overline{U + F})\,.$$

Folglich gibt es zu jeder positiven Zahl ε ein Element

$$z \in \{x + \varepsilon\, U\} \cap \{U + F\}\,,$$

das wir in der Form

$$z = x + \varepsilon\, x_1 \quad \text{mit } x_1 \in U \quad \text{und} \quad z = x_2 + y \quad \text{mit } x_2 \in U \quad \text{und} \quad y \in F$$

darstellen können. Dann besteht die Identität

$$x - y = x_2 - \varepsilon\, x_1\,,$$

aus der sich die Ungleichung

$$p_U[x(F)] \leqq p_U(x - y) = p_U(x_2 - \varepsilon\, x_1) \leqq 1 + \varepsilon$$

ergibt. Durch den Grenzübergang $\varepsilon \to 0$ erhält man abschließend die Aussage, daß für eine Restklasse $x(F)$ aus $q_U[x(F)] \leqq 1$ stets $p_U[x(F)] \leqq 1$ folgt. Deshalb hat man

$$p_U[x(F)] \leqq q_U[x(F)]\,.$$

5.1.9. Durch Zusammenfassung der vorangehenden Sätze ergibt sich das fundamentale

DUALITÄTS-THEOREM. *Für jeden nuklearen (F)- oder (F')-Raum E wird durch die Zuordnung $F \leftrightarrow F^0$ eine eineindeutige Beziehung zwischen den abgeschlossenen linearen Teilräumen von E und E_b' hergestellt. Dabei kann man die folgenden Identifikationen vornehmen:*

$$F = (E_b'/F^0)_b' , \quad E/F = (F^0)_b' , \quad F^0 = (E/F)_b' , \quad E_b'/F^0 = F_b' .$$

5.2. Topologische Produkte und Summen

5.2.1. Hat man eine Menge von lokalkonvexen Räumen E_i, die auf eindeutige Weise den Elementen einer Indexmenge I zugeordnet sind, so bilden die Familien $x = [x_i, I]$ mit $x_i \in E_i$ bezüglich der Operationen

$$[x_i, I] + [y_i, I] = [x_i + y_i, I] \quad \text{und} \quad \alpha[x_i, I] = [\alpha\, x_i\, I]$$

einen linearen Raum $E = \prod_I E_i$.

Man überzeugt sich leicht, daß die Mengen

$$U = [U_i, I] = \{[x_i, I] : x_i \in U_i\} \quad \text{mit } U_i \in \mathfrak{U}(E_i) ,$$

wobei stets nur endlich viele Nullumgebungen U_i von E_i verschieden sind, ein Fundamentalsystem von Nullumgebungen in E liefern. Die zugehörigen Halbnormen erhält man durch den Ansatz

$$p_U(x) = \sup\,\{p_{U_i}(x_i) : i \in I\} \quad \text{mit } x = [x_i, I] \in E .$$

Der auf diese Weise erzeugte lokalkonvexe Raum E heißt das **topologische Produkt** der lokalkonvexen Räume E_i.

SATZ. *Das topologische Produkt $E = \prod_I E_i$ von beliebig vielen nuklearen lokalkonvexen Räumen E_i ist ebenfalls nuklear.*

Beweis. Wir betrachten eine beliebige Nullumgebung $U = [U_i, I]$ von E und bilden die endliche Menge

$$\mathfrak{i} = \{i \in I : U_i \neq E_i\} .$$

Nun bestimmen wir auf Grund von Satz 4.1.4 für $i \in \mathfrak{i}$ Nullumgebungen $V_i \in \mathfrak{U}(E_i)$ und Linearformen $a_{in} \in E_i'$ mit

$$\sum_I p_{V_i^0}(a_{in}) < +\infty ,$$

so daß die Ungleichungen

$$p_{U_i}(x_i) \leqq \sum_I |\langle x_i, a_{in}\rangle| \quad \text{für alle } x_i \in E_i$$

bestehen. Mit $V_i = E_i$ für $i \notin \mathfrak{i}$ ist dann $V = [V_i, I]$ eine Nullumgebung von E.

Setzt man für jede Familie $x = [x_i, I] \in E$

$$\langle x, a_{in}\rangle = \langle x_i, a_{in}\rangle ,$$

so lassen sich die Linearformen a_{in} als stetige Linearform auf E interpretieren und es gilt

$$\sum_{\mathfrak{i}} \sum_N p_{V^0}(a_{in}) = \sum_{\mathfrak{i}} \sum_N p_{V_i^0}(a_{in}) < +\infty .$$

Da außerdem für alle $x = [x_i, I] \in E$ die Ungleichung

$$p_U(x) \leqq \sum_i p_{U_i}(x_i) \leqq \sum_i \sum_N |\langle x_i, a_{in}\rangle| = \sum_i \sum_N |\langle x, a_{in}\rangle|$$

besteht, ist der lokalkonvexe Raum E auf Grund von Satz 4.1.4 nuklear.

5.2.2. Hat man eine Menge von lokalkonvexen Räumen E_i, die auf eindeutige Weise den Elementen einer Indexmenge I zugeordnet sind, so bilden die Familien $x = [x_i, I]$ mit $x_i \in E_i$, die nur endlich viele Elemente $x_i \neq 0$ enthalten, bezüglich der Operationen

$$[x_i, I] + [y_i, I] = [x_i + y_i, I] \quad \text{und} \quad \alpha[x_i, I] = [\alpha\, x_i, I]$$

einen linearen Raum $E = \sum_I E_i$.

Man überzeugt sich leicht, daß die Mengen

$$U = [U_i, I] = \{[x_i, I] : x_i \in U_i\} \quad \text{mit } U_i \in \mathfrak{U}(E_i)$$

ein Fundamentalsystem von Nullumgebungen in E liefern. Die zugehörigen Halbnormen erhält man durch den Ansatz

$$p_U(x) = \sup\{p_{U_i}(x_i) : i \in I\} \quad \text{mit } x = [x_i, I] \in E\,.$$

Der auf diese Weise erzeugte lokalkonvexe Raum E wird als **topologische direkte Summe** der lokalkonvexen Räume E_i bezeichnet.

Es zeigt sich, daß auch die Mengen

$$U = (U_i, I) = \{[\alpha_i\, x_i, I] : x_i \in U_i\,,\quad \sum_I |\alpha_i| \leqq 1\} \quad \text{mit } U_i \in \mathfrak{U}(E_i)$$

ein Fundamentalsystem von Nullumgebungen in E bilden. Der mit der zugehörigen lokalkonvexen Topologie versehene lineare Raum E heißt **lokalkonvexe direkte Summe** der lokalkonvexen Räume E_i.

Da stets die Beziehung $(U_i, I) \subset [U_i, I]$ besteht, ist die zweite Topologie feiner als die erste. Im Falle einer abzählbaren Indexmenge N fallen beide Topologien zusammen, weil dann nämlich auch die Aussage $[2^{-n}\, U_n, N] \subset (U_n, N)$ gilt.

SATZ. *Die topologische (= lokalkonvexe) direkte Summe $E = \sum_N E_n$ von abzählbar vielen nuklearen lokalkonvexen Räumen E_n ist ebenfalls nuklear.*

Beweis. Wir betrachten eine beliebige Nullumgebung $U = [U_n, N]$ von E und bestimmen auf Grund von Satz 4.1.4 Nullumgebungen $V_n \in \mathfrak{U}(E_n)$ und Linearformen $a_{mn} \in E_n'$ mit

$$\sum_M p_{V_n^0}(a_{mn}) \leqq \frac{1}{2^n}\,, \qquad M = \{1, 2, \ldots\}\,,$$

so daß die Ungleichungen

$$p_{U_n}(x_n) \leqq \sum_M |\langle x_n, a_{mn}\rangle| \qquad \text{für alle } x_n \in E_n$$

bestehen. Dann ist $V = [V_n, N]$ eine Nullumgebung von E.

Setzt man für jede Familie $x = [x_n, N] \in E$

$$\langle x, a_{mn}\rangle = \langle x_n, a_{mn}\rangle\,,$$

so lassen sich die Linearformen a_{mn} als stetige Linearform auf E interpretieren, und es gilt

$$\sum_N \sum_M p_{V^0}(a_{mn}) = \sum_N \sum_M p_{V_n^0}(a_{mn}) \leqq \sum_N \frac{1}{2^n} < +\infty .$$

Da außerdem für alle $x = [x_n, N] \in E$ die Ungleichung

$$p_U(x) \leqq \sum_N p_{U_n}(x_n) \leqq \sum_N \sum_M |\langle x_n, a_{mn}\rangle| \leqq \sum_N \sum_M |\langle x, a_{mn}\rangle|$$

besteht, ist der lokalkonvexe Raum E nach Satz 4.1.4 nuklear.

5.2.3. Ist E ein linearer Raum, der durch gewisse lineare Abbildungen T_i so in lokalkonvexe Räume E_i mit $i \in I$ abgebildet wird, daß zu jedem Element $x \neq 0$ ein Index $i_0 \in I$ mit $T_{i_0} x \neq 0$ existiert, dann kann man E mit demjenigen linearen Teilraum des topologischen Produktes $\prod_I E_i$ identifizieren, der aus allen Familien $[T_i x, I]$ mit $x \in E$ besteht. Die durch $\prod_I E_i$ auf E induzierte lokalkonvexe Topologie ist die gröbste lokalkonvexe Topologie von E, für die alle Abbildungen T_i stetig sind. Der auf diese Weise erzeugte lokalkonvexe Raum E heißt **lokalkonvexer Kern** der lokalkonvexen Räume E_i bezüglich der Abbildungen T_i.

Aus 5.1.1 und 5.2.1 ergibt sich nun der

SATZ. *Der lokalkonvexe Kern von beliebig vielen nuklearen lokalkonvexen Räumen ist ebenfalls nuklear.*

5.2.4. Hat man eine Menge von lokalkonvexen Räumen E_i mit $i \in I$, die durch gewisse lineare Abbildungen T_i so in einen linearen Raum E abgebildet werden, daß E die Vereinigung der Bildräume dieser Abbildungen ist, so läßt sich E als Quotientenraum der lokalkonvexen direkten Summe $\sum_I E_i$ nach demjenigen linearen Teilraum F auffassen, der von allen Familien $[x_i, I] \in \sum_I E_i$ mit $\sum_I T_i x_i = 0$ gebildet wird. Falls F abgeschlossen ist, kann man E mit der zugehörigen Quotientenraumtopologie versehen, die die feinste lokalkonvexe Topologie von E ist, für die alle Abbildungen T_i stetig sind. Der auf diese Weise erzeugte lokalkonvexe Raum E heißt **lokalkonvexe Hülle** der lokalkonvexen Räume E_i bezüglich der Abbildungen T_i.

Aus 5.1.3 und 5.2.2 ergibt sich nun der

SATZ. *Die lokalkonvexe Hülle von abzählbar vielen nuklearen lokalkonvexen Räumen ist ebenfalls nuklear.*

5.3. Vollständige Hüllen

5.3.1. Als wichtigstes Ergebnis dieses Abschnittes formulieren wir den

SATZ. *Die vollständige (quasivollständige) Hülle eines nuklearen lokalkonvexen Raumes E ist ebenfalls nuklear.*

Beweis. Aus der Konstruktion der vollständigen Hülle $\tilde{E}$ folgt, daß die in $\tilde{E}$ gebildeten abgeschlossenen Hüllen $\tilde{U}$ der Nullumgebungen $U \in \mathfrak{U}(E)$ ein Fundamentalsystem von Nullumgebungen in $\tilde{E}$ liefern.

Wenn man jeder Linearform $a \in E'$ ihre stetige Fortsetzung $\tilde{a}$ auf $\tilde{E}$ zuordnet, erhält man eine eineindeutige Beziehung zwischen E' und $\tilde{E}'$. Die beiden dualen Räume können deshalb miteinander identifiziert werden. Dann gilt aber für jede Nullumgebung $U \in \mathfrak{U}(E)$ die Beziehung $U^0 = \tilde{U}^0$, und die normierten Räume $E'(U^0)$ und $\tilde{E}'(\tilde{U}^0)$ fallen zusammen. Folglich hat das Fundamentalsystem der Nullumgebungen $\tilde{U}$ die Eigenschaft (N), und die vollständige Hülle $\tilde{E}$ ist nuklear.

Abschließend folgt aus Satz 5.1.1, daß die quasivollständige Hülle $\hat{E}$ als linearer Teilraum von $\tilde{E}$ ebenfalls nuklear sein muß.

5.3.2. Zur Bestimmung der vollständigen Hülle eines nuklearen metrischen oder dualmetrischen lokalkonvexen Raumes benötigen wir das folgende

LEMMA. *Jeder lokalkonvexe Raum E, in dem alle beschränkten Teilmengen präkompakt sind, liegt dicht in E''_n.*

Beweis. Für jede Nullumgebung $U \in \mathfrak{U}(E)$ fällt nach Satz 0.6.7 auf U^0 die starke Topologie mit der schwachen Topologie zusammen. Demnach ist U^0 eine kompakte Teilmenge von E'_b. Nun ergibt sich gleichfalls aus Satz 0.6.7, daß für jede Menge $A \in \mathfrak{B}(E)$ auf der in E'' gebildeten Bipolaren A^{00} die schwache Topologie mit der natürlichen Topologie übereinstimmt.

Ist schließlich x ein beliebiges Element aus E'', so gibt es eine Menge $A \in \mathfrak{B}(E)$ mit $x \in A^{00}$. Da aber A^{00} auf Grund des Bipolarensatzes die schwach abgeschlossene Hülle von A ist, kann man in A ein gerichtetes System $\{x_\alpha\}$ finden, das in der schwachen und somit auch in der natürlichen Topologie gegen x konvergiert.

Nun ergibt sich der

SATZ. *Die vollständige (= quasivollständige) Hülle eines nuklearen metrischen bzw. dualmetrischen lokalkonvexen Raumes E ist ein nuklearer (F)-Raum bzw. (F')-Raum, der mit E''_b identifiziert werden kann.*

Beweis. Da der lokalkonvexe Raum E wegen Satz 0.7.4 bzw. Lemma 4.4.12 quasitonneliert ist, fällt auf E'' die natürliche Topologie mit der starken Topologie zusammen. Folglich ist E auf Grund des vorangehenden Lemmas ein dichter linearer Teilraum des nuklearen (F)- bzw. (F')-Raumes E''_b, und man kann E''_b als vollständige Hülle von E auffassen.

Im Beweis des vorangehenden Lemmas haben wir sogar gezeigt, daß jedes Element $x \in E''$ Grenzwert von einem beschränkten gerichteten System aus E ist. Deshalb stimmt die quasivollständige Hülle von E mit der vollständigen Hülle überein.

5.4. Lokalkonvexe Tensorprodukte

5.4.1. Obwohl die lokalkonvexen Tensorprodukte $E \otimes_\varepsilon F$ und $E \otimes_\pi F$ von zwei lokalkonvexen Räumen E und F erst in 7.1.2 erklärt werden, beweisen wir bereits jetzt den

SATZ. *Das lokalkonvexe Tensorprodukt $E \otimes_\varepsilon F = E \otimes_\pi F$ von zwei nuklearen lokalkonvexen Räumen E und F ist ebenfalls nuklear.*

Beweis. Da die beiden lokalkonvexen Tensorprodukte $E \otimes_\varepsilon F$ und $E \otimes_\pi F$ wegen Satz 7.3.2 zusammenfallen, genügt es, wenn wir unsere Behauptung für das Tensorprodukt $E \otimes_\varepsilon F$ beweisen. Zu diesem Zweck betrachten wir zwei beliebige Nullumgebungen $U \in \mathfrak{U}(E)$ und $V \in \mathfrak{U}(F)$. Dann gibt es nach Satz 4.1.4 Nullumgebungen $U_1 \in \mathfrak{U}(E)$ und $V_1 \in \mathfrak{U}(F)$ sowie Folgen von Linearformen $a_m \in E'$ und $b_n \in F'$ mit

$$\sum_M p_{U_1^0}(a_m) < +\infty \quad \text{und} \quad \sum_N p_{V_1^0}(b_n) < +\infty$$

so daß die Abschätzungen

$$|\langle x, a\rangle| \leqq p_U(x) \leqq \sum_M |\langle x, a_m\rangle| \quad \text{für } x \in E \quad \text{und} \quad a \in U^0$$

und

$$|\langle y, b\rangle| \leqq p_V(y) \leqq \sum_N |\langle y, b_n\rangle| \quad \text{für } y \in F \quad \text{und} \quad b \in V^0$$

gelten.

Wir definieren nun auf $E \otimes_\varepsilon F$ durch den Ansatz

$$\langle z, c_{mn}\rangle = \sum_{r=1}^{s} \langle x_r, a_m\rangle \langle y_r, b_n\rangle \quad \text{für } z = \sum_{r=1}^{s} x_r \otimes y_r \in E \otimes F$$

stetige Linearform c_{mn}, für die wegen

$$|\langle z, c_{mn}\rangle| \leqq \varepsilon_{(U_1, V_1)}(z)\, p_{U_1^0}(a_m)\, p_{V_1^0}(b_n)$$

die Beziehung

$$\sum_{M,N} \varepsilon_{(U_1, V_1)^0}(c_{mn}) \leqq \sum_{M,N} p_{U_1^0}(a_m)\, p_{V_1^0}(b_n) < +\infty \tag{1}$$

besteht.

Außerdem gilt mit $a \in U^0$ und $b \in V^0$ die Abschätzung

$$\left|\sum_{r=1}^{s} \langle x_r, a\rangle \langle y_r, b\rangle\right| = \left|\left\langle \sum_{r=1}^{s} x_r \langle y_r, b\rangle, a\right\rangle\right|$$

$$\leqq \sum_M \left|\left\langle \sum_{r=1}^{s} x_r \langle y_r, b\rangle, a_m\right\rangle\right| = \sum_M \left|\left\langle \sum_{r=1}^{s} \langle x_r, a_m\rangle y_r, b\right\rangle\right|$$

$$\leqq \sum_{M,N} \left|\left\langle \sum_{r=1}^{s} \langle x_r, a_m\rangle y_r, b_n\right\rangle\right| = \sum_{M,N} |\langle z, c_{mn}\rangle|,$$

aus der sich die Ungleichung

$$\varepsilon_{(U,V)}(z) \leqq \sum_{M,N} |\langle z, c_{mn}\rangle| \quad \text{für } z \in E \otimes F \tag{2}$$

ergibt.

Aus (1) und (2) folgt aber wegen Satz 4.1.4, daß der lokalkonvexe Raum $E \otimes_\varepsilon F$ nuklear ist.

5.4.2. Als unmittelbare Folgerung aus 5.3.1 und 5.4.1 erhält man den

SATZ. *Das vollständige lokalkonvexe Tensorprodukt* $E \tilde{\otimes}_\varepsilon F = E \tilde{\otimes}_\pi F$ *von zwei nuklearen lokalkonvexen Räumen* E *und* F *ist ebenfalls nuklear.*

5.5. Räume von stetigen linearen Abbildungen

5.5.1. SATZ. *Für einen dualnuklearen lokalkonvexen Raum* E *und einen nuklearen lokalkonvexen Raum* F *ist* $\mathcal{L}_b(E, F)$ *nuklear.*

Beweis. Wir betrachten eine beliebige Nullumgebung (A, U) von $\mathcal{L}_b(E, F)$ mit $A \in \mathfrak{B}(E)$ und $U \in \mathfrak{U}(F)$.

Weil der lokalkonvexe Raum E dualnuklear sein soll, gibt es eine Menge $B \in \mathfrak{B}(E)$ mit $A \prec B$, so daß die kanonische Abbildung von $E(A)$ in $E(B)$ nuklear ist. Folglich existieren Linearformen $\mathfrak{a}_m$ aus der abgeschlossenen Einheitskugel von $[E(A)]'$ und Elemente $x_m \in E(B)$ mit

$$\sum_M p_B(x_m) < +\infty ,$$

so daß für alle Elemente $x \in E(A)$ die Beziehung

$$x = \sum_M \langle x, \mathfrak{a}_m \rangle \, x_m$$

besteht. Deshalb hat man

$$|\langle x, a\rangle| \leqq \sum_M |\langle x_m, a\rangle| \quad \text{für } x \in A \quad \text{und} \quad a \in E' .$$

Auf Grund von Satz 4.1.4 gibt es eine Nullumgebung $V \in \mathfrak{U}(F)$ und eine Folge von stetigen Linearformen $b_n \in F'$ mit

$$\sum_N p_{V^\circ}(b_n) < +\infty ,$$

so daß die Ungleichung

$$|\langle y, b\rangle| \leqq p_U(y) \leqq \sum_N |\langle y, b_n\rangle| \quad \text{für } y \in F \quad \text{und} \quad b \in U^0$$

gilt.

Wir definieren nun auf $\mathscr{L}_b(E, F)$ durch den Ansatz

$$\langle T, A_{mn}\rangle = \langle T\, x_m, b_n\rangle \quad \text{für } T \in \mathscr{L}(E, F)$$

stetige Linearformen A_{mn}, für die man wegen

$$|\langle T, A_{mn}\rangle| \leqq p_{(B,V)}(T)\, p_B(x_m)\, p_{V^\circ}(b_n)$$

die Abschätzung

$$\sum_{M,N} p_{(B,V)^\circ}(A_{mn}) \leqq \sum_{M,N} p_B(x_m)\, p_{V^\circ}(b_n) < +\infty \tag{1}$$

erhält.

Außerdem gilt mit $x \in A$ und $b \in U^0$ die Beziehung

$$|\langle T\, x, b\rangle| \leqq \sum_N |\langle T\, x, b_n\rangle| = \sum_N |\langle x, T'\, b_n\rangle|$$
$$\leqq \sum_{M,N} |\langle x_m, T'\, b_n\rangle| = \sum_{M,N} |\langle T, A_{mn}\rangle| ,$$

aus der sich die Ungleichung

$$p_{(A,U)}(T) \leqq \sum_{M,N} |\langle T, A_{mn}\rangle| \quad \text{für } T \in \mathscr{L}(E, F) \tag{2}$$

ergibt.

Aus (1) und (2) folgt aber wegen Satz 4.1.4, daß der lokalkonvexe Raum $\mathscr{L}_b(E, F)$ nuklear ist.

5.5.2. Sind E und F zwei beliebige lokalkonvexe Räume, so kann das algebraische Tensorprodukt $E_b' \otimes F$ mit dem linearen Raum $\mathscr{A}(E, F)$ identifiziert werden, wenn man jedem Element

$$z = \sum_{r=1}^{s} a_r \otimes y_r \in E_b' \otimes F$$

die Abbildung

$$T\,x = \sum_{r=1}^{s} \langle x, a_r \rangle\, y_r$$

zuordnet. Außerdem zeigt sich, daß dann die ε-Topologie von $E_b' \otimes F$ mit der durch $\mathscr{L}_b(E, F)$ auf $\mathscr{A}(E, F)$ induzierten Topologie übereinstimmt.

Ist der lokalkonvexe Raum F nuklear, so läßt sich leicht beweisen, daß die ausgearteten Abbildungen $T \in \mathscr{A}(E, F)$ in $\mathscr{L}_b(E, F)$ dicht liegen. Folglich kann der lokalkonvexe Raum $\mathscr{L}_b(E, F)$ als dichter linearer Teilraum des vollständigen lokalkonvexen Tensorproduktes $E_b' \tilde{\otimes}_\varepsilon F$ aufgefaßt werden.

Setzt man nun auch noch voraus, daß der lokalkonvexe Raum E dualnuklear sein soll, so ist $E_b' \tilde{\otimes}_\varepsilon F$ nach Satz 5.4.2 nuklear. Die gleiche Aussage gilt dann wegen 5.1.1 auch für $\mathscr{L}_b(E, F)$. Damit haben wir gezeigt, daß man Satz 5.5.1 auch aus Satz 5.4.1 ableiten kann.

KAPITEL 6

Beispiele von nuklearen lokalkonvexen Räumen

Die einfachsten Beispiele für nukleare lokalkonvexe Räume liefern die von G. KÖTHE und O. TOEPLITZ eingeführten *Folgenräume*, die zusätzlich der in Theorem 6.1.2 angegebenen Bedingung genügen. Dieses allgemeine Kriterium stammt von A. PIETSCH [6]. Für den Fall von metrischen Folgenräumen (gestuften Räumen) wurde es jedoch schon von A. GROTHENDIECK [3] bewiesen.

Die wichtigsten nuklearen lokalkonvexen Räume werden von beliebig oft differenzierbaren Funktionen gebildet. Solche Räume traten zum ersten Mal in der *Distributionentheorie* von L. SCHWARTZ [2] auf, wo sie eine ganz fundamentale Rolle spielen. Durch die abstrakte Fassung einer bestimmten Eigenschaft der Räume $\mathcal{D}$ und $\mathcal{E}$ gelangte A. GROTHENDIECK überhaupt erst zum Begriff des nuklearen lokalkonvexen Raumes.

Lokalkonvexe Räume von analytischen Funktionen wurden bereits von O. TOEPLITZ [1] G. KÖTHE [3] und A. GROTHENDIECK [7] untersucht. Ihre Nuklearität hat A. GROTHENDIECK [3] bewiesen. H. G. TILLMANN betrachtete lokalkonvexe Räume, die aus harmonischen Funktionen gebildet sind.

Man kann auch lokalkonvexe Räume von beliebig oft differenzierbaren, analytischen oder harmonischen Funktionen einführen, die auf entsprechende Mannigfaltigkeiten definiert sind. Außerdem hat DE RHAM in seiner „*théorie des courants*" lokalkonvexe Räume von Differentialformen verwendet.

6.1. Folgenräume

6.1.1. Wir setzen $R = \{0, 1, 2, \ldots\}$ und betrachten eine Menge P von Zahlenfolgen $[\varrho_r, R]$ mit den nachstehenden Eigenschaften:

(F_1) *Für alle Folgen* $[\varrho_r, P\ R] \in P$ *gilt* $\varrho_r \geqq 0$.

(F_2) *Zu jeder Zahl* $s \in R$ *gibt es eine Folge* $[\varrho_r, R] \in P$ *mit* $\varrho_s > 0$.

(F_3) *Zu endlich vielen Folgen* $[\varrho_r^{[1]}, R], \ldots, [\varrho_r^{[n]}, R] \in P$ *existiert stets eine Folge* $[\varrho_r, R] \in P$ *mit*

$$\sup\{\varrho_r^{[1]}, \ldots, \varrho_r^{[n]}\} \leqq \varrho_r \quad \textit{für alle } \varrho_r \in R\,.$$

Unter diesen Voraussetzungen ist die Gesamtheit $\Lambda = \Lambda(P)$ aller **reellen oder komplexen Zahlenfolgen** $[\xi_r, R]$ mit

$$p[\xi_r, R] = \sum_R |\xi_r|\, \varrho_r < +\infty \qquad \text{für } [\varrho_r, R] \in P$$

bezüglich der Operationen

$$[\xi_r, R] + [\eta_r, R] = [\xi_r + \eta_r, R] \qquad \text{und} \qquad \alpha[\xi_r, R] = [\alpha\, \xi_r, R]$$

ein linearer Raum, auf dem man aus den Halbnormen $p[\xi_r, R]$ eine lokalkonvexe Topologie erzeugen kann. Der so gewonnene lokalkonvexe Raum ist vollständig.

6.1.2. THEOREM. *Der lokalkonvexe Folgenraum $\Lambda(P)$ ist dann und nur dann nuklear, wenn es zu jeder Folge $[\varrho_r, R] \in P$ Folgen $[\mu_r, R] \in l_R^1$ und $[\sigma_r, R] \in P$ mit*

$$\varrho_r \leqq \mu_r \sigma_r \quad \textit{für } r \in R$$

gibt.

Beweis. Für jede Nullumgebung

$$U = \left\{[\xi_r, R] \in \Lambda : \sum_R |\xi_r| \varrho_r \leqq 1\right\}$$

setzen wir

$$R(U) = \{r \in R : \varrho_r > 0\} .$$

Wird dann der zu der Folge $[\xi_r, R]$ gehörigen Restklasse aus $\Lambda(U)$ die Folge $[\xi_r \varrho_r, R(U)]$ zugeordnet, so kann man den normierten Raum $\Lambda(U)$ mit einem dichten linearen Teilraum von $l_{R(U)}^1$ identifizieren.

Hat man zwei Nullumgebungen

$$U = \left\{[\xi_r, R] \in \Lambda : \sum_R |\xi_r| \varrho_r \leqq 1\right\}$$

und

$$V = \left\{[\xi_r, R] \in \Lambda : \sum_R |\xi_r| \sigma_r \leqq 1\right\}$$

mit $V \prec U$, so entspricht der kanonischen Abbildung von $\Lambda(V)$ auf $\Lambda(U)$ die durch die Matrix

$$[\sigma_s^{-1} \delta_{sr} \varrho_r, R(V) \times R(U)]$$

erzeugte Abbildung von $l_{R(V)}^1$ in $l_{R(U)}^1$. Für die Nuklearität dieser Abbildung ist aber nach Satz 3.1.10, das Bestehen der Ungleichung

$$\sum_{R(U)} \sigma_r^{-1} \varrho_r < +\infty$$

notwendig und hinreichend. Diese Bedingung ist aber genau dann erfüllt, wenn mit einer Folge $[\mu_r, R] \in l_R^1$ die Beziehungen

$$\varrho_r \leqq \mu_r \sigma_r \quad \text{für alle } r \in R$$

gelten.

6.1.3. Als leichte Folgerung aus dem vorangehenden Kriterium ergibt sich das

THEOREM. *Ein lokalkonvexer Folgenraum $\Lambda(P)$ ist dann und nur dann nuklear, wenn man seine Topologie aus den Halbnormen*

$$q[\xi_r, R] = \sup \{|\xi_r| \varrho_r : r \in R\} \quad \textit{mit } [\varrho_r, R] \in P$$

erzeugen kann.

6.1.4. Aus dem System aller Zahlenfolgen $[\varrho_r, R]$ mit $\varrho_r \geqq 0$ erhält man den Folgenraum Φ_R, der aus allen Zahlenfolgen $[\xi_r, R]$ besteht, die nur endlich viele von 0 verschiedene ξ_r enthalten. Dagegen ergibt sich aus dem System der Zahlenfolgen $[\varrho_r, R] \in \Phi_R$ mit $\varrho_r \geqq 0$ der Folgeraum Ω_R, der alle Zahlenfolgen $[\xi_r, R]$ enthält. Die beiden Folgeräume Φ_R und Ω_R sind nuklear.

6.1.5. Unter einem **Potenzreihenraum** verstehen wir einen Folgenraum $\Lambda(P)$, für den P aus alle Folgen der Form

$$[\varrho^{\alpha_r}, R] \quad \text{mit } 0 < \varrho < \varrho_0$$

besteht. Dabei sollen die Zahlen α_r die Bedingung

$$0 \leqq \alpha_0 \leqq \alpha_1 \leqq \alpha_2 \leqq \dots$$

erfüllen. Man sagt, daß $\Lambda(P)$ **vom endlichen** bzw. **unendlichen Typus** ist, wenn $\varrho_0 < +\infty$ bzw. $\varrho_0 = +\infty$ gilt.

Für die Nuklearität eines solchen Raumes ist nach Theorem 6.1.2 im Falle $\varrho_0 < +\infty$ bzw. $\varrho_0 = +\infty$ das Bestehen der Ungleichung

$$\sum_R q^{\alpha_r} < +\infty$$

für jede bzw. eine Zahl q zwischen 0 und 1 notwendig und hinreichend.

Die einfachsten Potenzreihenräume vom endlichen oder unendlichen Typus erhält man aus den Zahlen $\alpha_r = r$.

6.1.6. Den wichtigsten nuklearen Potenzreihenraum Σ gewinnt man aus den Folgensystemen

$$\{[\varrho^{\log(r+1)}, R] : 0 < \varrho < +\infty\} \quad \text{oder} \quad \{[(r+1)^n, R] : n \in N\} .$$

$\sum$ besteht dann gerade aus allen Zahlenfolgen $[\xi_r, R]$ mit

$$\lim_r \, (r+1)^n \, |\xi_r| = 0 \qquad \text{für } n \in N .$$

6.2. Räume von beliebig oft differenzierbaren Funktionen

6.2.1. Im folgenden bezeichnen wir mit $\mathscr{E}(\Delta)$ die Gesamtheit der auf dem abgeschlossenen Intervall $\Delta = [a, b]$ **beliebig oft differenzierbaren reellen oder komplexen Funktionen** $f = [f(t)]$, die bezüglich der Operationen

$$[f(t) + [g(t)] = [f(t) + g(t)] \quad \text{und} \quad \alpha[f(t)] = [\alpha\, f(t)]$$

einen linearen Raum bilden.

Man überzeugt sich leicht, daß $\mathscr{E}(\Delta)$ ein (F)-Raum ist, wenn man die aus den Normen

$$p_r(f) = \sup\left\{\sum_{k=0}^{r} |f^{[k]}(t)| : a \leqq t \leqq b\right\} \quad \text{mit } r = 0, 1, 2, \dots$$

erzeugte lokalkonvexe Topologie verwendet.

THEOREM. *Der lokalkonvexe Raum $\mathscr{E}(\Delta)$ ist nuklear.*

Beweis. Für jede Funktion $f \in \mathscr{E}(\Delta)$ erhält man aus der Identität

$$f^{[k]}(t) - f^{[k]}(a) = \int_a^t f^{[k+1]}(s)\, ds$$

die Abschätzung

$$|f^{[k]}(t)| \leqq \int_a^b |f^{[k+1]}(s)|\, ds + |f^{[k]}(a)| .$$

Da aber die rechte Seite der letzten Beziehung nicht mehr von t abhängt, ergibt sich durch Summation über $k = 0, 1, \dots, r$ und nachträgliche Bildung des Supremums die Ungleichung

$$p_r(f) \leqq \sum_{k=0}^{r} \left\{\int_a^b |f^{[k+1]}(s)|\, ds + |f^{[k]}(a)|\right\} .$$

Weil die stetigen Linearformen $\delta_s^{[k]}$ mit

$$\langle f, \delta_s^{[k]} \rangle = f^{[k]}(s)$$

für $s \in \Delta$ und $k = 0, 1, \ldots, r + 1$ in der Polaren der Nullumgebung

$$V = \{f \in \mathscr{E}(\Delta) : p_{r+1}(f) \leqq 1\}$$

liegen, wird auf V^0 durch den Ansatz

$$\int_{V^0} \varphi(a)\, d\mu = \sum_{k=0}^{r} \left\{ \int_a^b \varphi(\delta_s^{[k+1]})\, ds + \varphi(\delta_a^{[k]}) \right\} \quad \text{für } \varphi \in \mathscr{C}(V^0)$$

ein positives Radonsches Maß μ definiert, so daß die Abschätzung

$$p_r(f) \leqq \int_{V^0} |\langle f, a \rangle|\, d\mu \qquad \text{für alle } f \in \mathscr{E}(\Delta)$$

gilt. Folglich ist der lokalkonvexe Raum $\mathscr{E}(\Delta)$ nach Satz 4.1.5 nuklear.

6.2.2. Der lineare Raum $\mathscr{E}$ aller auf der Geraden $(-\infty, +\infty)$ beliebig oft differenzierbaren reellen oder komplexen Funktionen $f = [f(t)]$ ist ein (F)-Raum, wenn man ihn mit der aus den Halbnormen

$$q_r(f) = \sup \left\{ \sum_{k=0}^{r} |f^{[k]}(t)| : -r \leqq t \leqq +r \right\} \quad (r = 0, 1, \ldots)$$

gewonnenen lokalkonvexen Topologie versieht.

Wird die Einschränkung jeder Funktion $f \in \mathscr{E}$ auf das Intervall $\Delta_r = [-r, +r]$ mit $T_r[f]$ bezeichnet, so zeigt sich, daß $\mathscr{E}$ der lokalkonvexe Kern der nuklearen (F)-Räume $\mathscr{E}(\Delta_r)$ bezüglich der Abbildungen T_r mit $r = 0, 1, \ldots$ ist. Deshalb gilt wegen Satz 5.2.3 das

THEOREM. *Der lokalkonvexe Raum $\mathscr{E}$ ist nuklear.*

6.2.3. Bezeichnet man mit $\mathscr{E}_0(\Delta)$ denjenigen linearen Teilraum von $\mathscr{E}(\Delta)$, der aus allen Funktionen f mit $f^{[k]}(a) = f^{[k]}(b) = 0$ für $k = 0, 1, \ldots$ besteht, so ergibt sich wegen Satz 5.1.1 das

THEOREM. *Der lokalkonvexe Raum $\mathscr{E}_0(\Delta)$ ist nuklear.*

6.2.4. Wir betrachten nun den für die Distributionentheorie grundlegenden linearen Raum $\mathscr{D}$ aller auf der Geraden $(-\infty, +\infty)$ beliebig oft differenzierbaren reellen oder komplexen Funktionen $f = [f(t)]$, die außerhalb eines (von f abhängigen) Intervalles $\Delta_r = [-r, +r]$ identisch verschwinden.

Wenn man jeder Funktion $f \in \mathscr{E}_0(\Delta_r)$ diejenige Funktion $T_r[f]$ zuordnet, die auf Δ_r gleich $f(t)$ und außerhalb von Δ_r gleich 0 ist, erhält man $\mathscr{D}$ als Vereinigung der Bildräume der Abbildungen T_r. Es zeigt sich, daß man auf dem linearen Raum $\mathscr{D}$ im Sinne von 5.2.4 eine lokalkonvexe Topologie einführen kann. Der so gewonnene lokalkonvexe Raum ist vollständig, aber nicht metrisch oder dualmetrisch. Außerdem gilt wegen Satz 5.2.4 das

THEOREM. *Der lokalkonvexe Raum $\mathscr{D}$ ist nuklear.*

6.2.5. Der lineare Raum $\mathscr{S}$ aller auf der Geraden $(-\infty, +\infty)$ beliebig oft differenzierbaren reellen oder komplexen Funktion $f = [f(t)]$ mit

$$s_r(f) = \sup \left\{ (1 + t^2)^r \sum_{k=0}^{r} |f^{[k]}(t) : -\infty < t < +\infty \right\} < +\infty \qquad \text{für } r = 0, 1, \ldots$$

ist ein (F)-Raum, wenn man ihn mit der aus den Normen $s_r(f)$ gewonnenen Topologie versieht.

THEOREM. *Der lokalkonvexe Raum $\mathcal{S}$ ist nuklear.*

Beweis. Für jede Funktion $f \in \mathcal{S}$ erhält man aus der Identität

$$(1 + t^2)^r f^{[k]}(t) = \int_{-\infty}^{t} \{2\, r\, s\, (1 + s^2)^{r-1} f^{[k]}(s) + (1 + s^2)^r f^{[k+1]}(s)\}\, ds$$

wegen $|2\, s| \leqq (1 + s^2)$ die Abschätzung

$$(1 + t^2)^r\, |f^{[k]}(t)| \leqq \int_{-\infty}^{+\infty} \{r\, (1 + s^2)^r\, |f^{[k]}(s)| + (1 + s^2)^r\, |f^{[k+1]}(s)|\}\, ds\,.$$

Da aber die rechte Seite dieser Beziehung nicht mehr von t abhängt, ergibt sich durch Summation über $k = 0, 1, \ldots, r$ und nachträgliche Bildung des Supremums die Ungleichung

$$s_r(f) \leqq \sum_{k=0}^{r} \int_{-\infty}^{+\infty} \{r\, (1 + s^2)^r\, |f^{[k]}(s)| + (1 + s^2)^r\, |f^{[k+1]}(s)|\}\, ds\,.$$

Folglich hat man erst recht

$$s_r(f) \leqq (r + 1) \sum_{k=0}^{r+1} \int_{-\infty}^{+\infty} (1 + s^2)^r\, |f^{[k]}(s)|\, ds\,.$$

Weil die stetigen Linearformen $\varepsilon_s^{[k]}$ mit

$$\langle f, \varepsilon_s^{[k]} \rangle = (1 + s^2)^{r+1} f^{[k]}(s)$$

für $-\infty < s < +\infty$ und $k = 0, 1, \ldots, r + 1$ in der Polaren der Nullumgebung

$$V = \{f \in \mathcal{S} : s_{r+1}(f) \leqq 1\}$$

liegen, wird auf V^0 durch den Ansatz

$$\int_{V^0} \varphi(a)\, d\mu = (r + 1) \sum_{k=0}^{r+1} \int_{-\infty}^{+\infty} \varphi(\varepsilon_s^{[k]})\, (1 + s^2)^{-1}\, ds \qquad \text{für } \varphi \in \mathcal{C}(V^0)$$

ein positives Radonsches Maß μ definiert, so daß die Abschätzung

$$s_r(f) \leqq \int_{V^0} |\langle f, a \rangle|\, d\mu \qquad \text{für alle } f \in \mathcal{S}$$

gilt. Folglich ist der lokalkonvexe Raum $\mathcal{S}$ nach Satz 4.1.5 nuklear.

6.2.6. Abschließend erhalten wird das

THEOREM. *Der starke topologische Dual der lokalkonvexen Raume $\mathcal{E}(\Delta)$, $\mathcal{E}_0(\Delta)$, $\mathcal{E}$, $\mathcal{S}$, und $\mathcal{D}$ ist nuklear.*

Beweis. Da die aufgeführten lokalkonvexen Räume mit Ausnahme von $\mathcal{D}$ metrisch sind, ergibt sich unsere Behauptung im wesentlichen aus Theorem 4.3.3. Weil man aber nachweisen kann, daß der lokalkonvexe Raum $\mathcal{D}$ die Eigenschaft (B) hat, folgt die Nuklearität von $\mathcal{D}'$ aus Theorem 4.3.1. Man kann sich jedoch auch überlegen, daß $\mathcal{D}'$ der lokalkonvexe Kern der nuklearen (F')-Räume $\mathcal{E}_0(\Delta_r)'$ bezüglich der Abbildungen T_r' ist.

6.2.7. Die von J. Włoka [1], [2] entwickelte *Methode der reproduzierenden Kerne* kann zum Nachweis der Nuklearität einer großen Klasse von Funktionen- und Distributionenräumen benutzt werden.

6.3 Räume von harmonischen Funktionen

6.3.1. Im folgenden bezeichnen wir die Punkte des n-dimensionalen euklidischen Raumes R^n mit $t = [t_1, \ldots, t_n]$, und

$$\varrho(s, t) = \left\{\sum_{k=1}^{n} |s_k - t_k|^2\right\}^{1/2}$$

ist der Abstand der beiden Punkte s und t.

Unter dem Mittelwert einer reellen oder komplexen Funktion $f = [f(t)]$ über der Kugel

$$K(t, \varepsilon) = \{s \in R^n : \varrho(s, t) \leqq \varepsilon\}$$

versteht man das Integral

$$M(f, t, \varepsilon) = \frac{1}{\varepsilon^n V_n} \int\limits_{K(t, \varepsilon)} f(s)\, ds\,.$$

Dabei ist V_n das Volumen der n-dimensionalen Einheitskugel.

6.3.2. Eine stetige reelle oder komplexe Funktion $f = [f(t)]$ heißt **harmonisch** auf der offenen Teilmenge G von R^n, wenn für jede Kugel $K(t, \varepsilon) \subset G$ die Identität

$$f(t) = M(f, t, \varepsilon)$$

gilt.

Die Gesamtheit $\mathcal{H}(G)$ aller auf G **harmonischen Funktionen** ist bezüglich der Operationen

$$[f(t)] + [g(t)] = [f(t) + g(t)] \quad \text{und} \quad \alpha[f(t)] = [\alpha f(t)]$$

ein linearer Raum, auf dem man aus den Halbnormen

$$p_K(f) = \sup\{|f(t)| : t \in K\}$$

eine lokalkonvexe Topologie erzeugen kann. Dabei soll K alle kompakten Teilmengen von G durchlaufen.

Wir betrachten nun die speziellen kompakten Teilmengen K_r mit $r = 1, 2, \ldots$, die aus allen Punkten $t \in G$ mit

$$\varrho(t, 0) \leqq r \quad \text{und} \quad \varrho(s, t) \geqq \frac{1}{r} \quad \text{für } s \notin G$$

bestehen. Da jede beliebige kompakte Teilmenge K von G in fast allen Mengen K_r liegt, erkennt man, daß sich die Topologie von $\mathcal{H}(G)$ bereits aus der monoton wachsenden Folge der Halbnormen

$$p_r(f) = \sup\{|f(t)| : t \in K_r\}$$

erzeugen läßt.

Als einfache Folgerung aus der Mittelwerteigenschaft der harmonischen Funktionen folgt schließlich, daß $\mathcal{H}(G)$ vollständig und somit ein (F)-Raum ist.

6.3.3. THEOREM. *Der lokalkonvexe Raum $\mathcal{H}(G)$ ist nuklear.*

Beweis. Ist K eine beliebige kompakte Teilmenge von G, so bestimmen wir eine positive Zahl ε, so daß die ebenfalls kompakte Menge

$$H = \bigcup\{K(t, \varepsilon) : t \in K\}$$

auch noch in G liegt. Dann gilt für $t \in K$ und alle harmonischen Funktionen $f \in \mathcal{H}(G)$ auf Grund der Mittelwerteigenschaft die Abschätzung

$$|f(t)| \leqq \frac{1}{\varepsilon^n V_n} \int\limits_{K(t,\varepsilon)} |f(s)|\, ds \leqq \frac{1}{\varepsilon^n V_n} \int\limits_H |f(s)|\, ds\,,$$

aus der sich die Ungleichung

$$p_K(f) \leqq \frac{1}{\varepsilon^n V_n} \int\limits_H |f(s)|\, ds$$

ergibt.

Weil die stetigen Linearformen δ_s mit

$$\langle f, \delta_s \rangle = f(s)$$

für $s \in H$ in der Polaren der Nullumgebung

$$V = \{f \in \mathcal{H}(G) : p_H(f) \leqq 1\}$$

liegen, wird auf V^0 durch den Ansatz

$$\int\limits_{V^0} \varphi(a)\, d\mu = \frac{1}{\varepsilon^n V_n} \int\limits_H \varphi(\delta_s)\, ds \qquad \text{für } \varphi \in \mathscr{C}(V^0)$$

ein positives Radonsches Maß μ definiert, so daß die Abschätzung

$$p_K(f) \leqq \int\limits_{V^0} |\langle f, a \rangle|\, d\mu \qquad \text{für alle } f \in \mathcal{H}(G)$$

gilt. Folglich ist der lokalkonvexe Raum G(G) nach Satz 4.1.5 nuklear.

6.3.4. Die Nuklearität der in der axiomatischen Potentialtheorie auftretenden lokalkonvexen Räume wurde unabhängig von P. A. Loeb und B. Walsh [1] bzw. H. Bauer [1] bewiesen.

6.3.5. Von Y. Kōmura [1] wurde gezeigt, daß der Lösungsraum einer homogenen partiellen Differentialgleichung mit konstanten Koeffizienten genau im hypoelliptischen Fall nuklear ist. Verwandte Ergebnisse findet man bei J. Włoka [3] und A. Pietsch [11].

6.3.6. Schließlich formulieren wir noch ein allgemeines Nuklearitätskriterium für Räume von stetigen Funktionen.

Ist $\mathscr{C}(G)$ der (F)-Raum aller auf G stetigen reellen oder komplexen Funktionen, dessen Topologie aus den Halbnormen

$$p_K(f) = \sup\{|f(t)| : t \in K\}$$

erzeugt wird, so gilt nach A. Pietsch [11], [13] das

THEOREM. *Ein linearer Teilraum $\mathcal{N}(G)$ von $\mathscr{C}(G)$ ist dann und nur dann nuklear, wenn es auf G ein positives Radonsches Maß μ gibt, so daß sich die Topologie von $\mathcal{N}(G)$ aus den Halbnormen*

$$s_K(f) = \left\{\int\limits_K |f(t)|^p\, d\mu\right\}^{1/p} \quad (1 \leqq p < +\infty)$$

erzeugen läßt.

6.4. Räume von analytischen Funktionen

6.4.1. Die Gesamtheit $\mathcal{A}(G)$ der in einer offenen Menge G der endlichen komplexen Ebene **analytischen Funktionen** $f = [f(z)]$ ist bezüglich der Operationen

$$[f(z)] + [g(z)] = [f(z) + g(z)] \quad \text{und} \quad \alpha[f(z)] = [\alpha f(z)]$$

ein linearer Raum, auf dem man aus den Halbnormen

$$p_K(f) = \sup \{ |f(z)| : z \in K \}$$

eine lokalkonvexe Topologie erzeugen kann. Dabei soll K alle kompakten Teilmengen von G durchlaufen.

Wir betrachten nun die speziellen kompakten Teilmengen K_r mit $r = 1, 2, \ldots$, die aus allen komplexen Zahlen $z \in G$ mit

$$|z| \leqq r \quad \text{und} \quad |z - w| \geqq \frac{1}{r} \quad \text{für } w \notin G$$

bestehen. Da jede beliebige kompakte Teilmenge K von G in fast allen Mengen K_r liegt, erkennt man, daß sich die Topologie von $\mathcal{A}(G)$ bereits aus der monoton wachsenden Folge der Halbnormen

$$p_r(f) = \sup \{ |f(z)| : z \in K_r \}$$

erzeugen läßt.

Schließlich folgt aus dem Weierstraßschen Konvergenzsatz, daß $\mathcal{A}(G)$ vollständig und somit ein (F)-Raum ist.

6.4.2. THEOREM. *Der lokalkonvexe Raum $\mathcal{A}(G)$ ist nuklear.*

Beweis. Wir betrachten zuerst eine beliebige in G gelegene Kreisscheibe

$$K = \{ w : |w - z_0| \leqq \varrho \} ,$$

und bestimmen eine positive Zahl ε, so daß auch noch

$$H = \{ w : |w - z_0| \leqq \varrho + \varepsilon \}$$

ganz zu G gehört. Dann gilt für jede komplexe Zahl $z \in K$ und alle analytischen Funktionen $f \in \mathcal{A}(G)$ auf Grund der Cauchyschen Integralformel

$$f(z) = \frac{1}{2\pi i} \int\limits_{|w - z_0| = \varrho + \varepsilon} \frac{f(w)}{w - z}\, dw$$

wegen $|w - z| \leqq \varepsilon$ die Abschätzung

$$|f(z)| \leqq \frac{\varrho + \varepsilon}{2\pi\varepsilon} \int\limits_0^{2\pi} |f(w)|\, d\alpha \quad \text{mit} \quad w = z_0 + (\varrho + \varepsilon)\, e^{i\alpha} .$$

Folglich hat man auch

$$p_K(f) \leqq \frac{\varrho + \varepsilon}{2\pi\varepsilon} \int\limits_0^{2\pi} |f(w)|\, d\alpha .$$

Weil die stetigen Linearformen δ_w mit

$$\langle f, \delta_w \rangle = f(w)$$

für $|w - z_0| = \varrho + \varepsilon$ in der Polaren der Nullumgebung

$$V = \{f \in \mathcal{A}(G) : p_H(f) \leqq 1\}$$

liegen, wird auf V^0 durch den Ansatz

$$\int_{V^0} \varphi(a)\, d\mu = \frac{\varrho + \varepsilon}{2\pi\varepsilon} \int_0^{2\pi} \varphi(\delta_w)\, d\alpha \quad \text{für} \quad \varphi \in \mathscr{C}(V^0)$$

ein positives Radonsches Maß μ definiert, so daß die Ungleichung

$$p_K(f) \leqq \int_{V^0} |\langle f, a\rangle|\, d\mu \quad \text{für alle } f \in \mathcal{A}(G)$$

gilt.

Ist nun K eine beliebige kompakte Teilmenge von G, so überdecken wir sie durch endlich viele Kreisscheiben K_i. Nach dem bisher Bewiesenen gibt es dann aber Nullumgebungen V_i und positive Radonsche Maße μ_i mit

$$p_{K_i}(f) \leqq \int_{V^0} |\langle f, a\rangle|\, d\mu_i \quad \text{für alle } f \in \mathcal{A}(G)\,,$$

und man kann auf der Polaren der Nullumgebung $V = \bigcap V_i$ durch den Ansatz

$$\int_{V^0} \varphi(a)\, d\mu = \sum \int_{V_i^0} \varphi(a)\, d\mu_i \quad \text{für } \varphi \in \mathscr{C}(V^0)$$

ein positives Rodonsches Maß μ definieren, so daß für alle analytischen Funktionen $f \in \mathcal{A}(G)$ die Abschätzung

$$p_K(f) \leqq \sum p_{K_i}(f) \leqq \int_{V_i^0} |\langle f, a\rangle|\, d\mu_i = \int_{V^0} |\langle f, a\rangle|\, d\mu$$

gilt. Folglich ist der lokalkonvexe $\mathcal{A}(G)$ nach Satz 4.1.5 nuklear.

KAPITEL 7

Lokalkonvexe Tensorprodukte

Der Begriff des topologischen Tensorproduktes von zwei Hilberträumen taucht zum ersten Mal 1936/37 in Arbeiten von F. J. MURRAY und J. VON NEUMANN auf. Die Übertragung dieses Ansatzes auf Banachräume wurde von R. SCHATTEN [1] vorgenommen. Eine ausführliche Zusammenfassung aller weiteren Untersuchungen findet man in einer Monographie von R. SCHATTEN [3]. Die allgemeinen *lokalkonvexen Tensorprodukte* hat schließlich A. GROTHENDIECK [1], [2], [3] eingeführt. Sie bilden die wesentliche Grundlage für seine Theorie der nuklearen lokalkonvexen Räume. Im Gegensatz dazu wurden die lokalkonvexen Tensorprodukte bei unserem Aufbau dieser Theorie nicht verwendet. Sie werden deshalb in diesen Kapitel nur sehr kurz behandelt.

Wir beginnen mit der Definition des algebraischen Tensorproduktes von zwei lokalkonvexen Räumen, auf dem wir anschließend zwei lokalkonvexe Topologien einführen, die im allgemeinen voneinander verschieden sind. Bereits im Abschnitt 7.2 wird die Verbindung zu den Ergebnissen aus 4.2 hergestellt, indem wir zeigen, daß sich das lokalkonvexe Tensorprodukt $l_I^1 \tilde{\otimes}_\pi E$ bzw. $l_I^1 \tilde{\otimes}_\varepsilon E$ für jeden vollständigen lokalkonvexen Raum E mit dem Raum $l_I^1\{E\}$ bzw. $l_I^1(E)$ identifizieren läßt. Diese Aussagen wurden genau wie die in Theorem 7.3.1 angegebene Charakterisierung der nuklearen lokalkonvexen Räume zuerst von A. GROTHENDIECK [3] bewiesen.

L. SCHWARTZ konnte 1948 zeigen, daß es zu jeder stetigen linearen Abbildung T von $\mathfrak{D}$ in $\mathfrak{D}'$ eine eindeutig bestimmte Distribution $[T(x, y)]$ gibt, so daß

$$T(\varphi) = [\textstyle\int T(x, y)\, \varphi(y)\, dy] \qquad \text{für } \varphi \in \mathfrak{D}$$

gilt. Alle derartigen Abbildungen lassen sich also mit Hilfe eines „*Kernes*" darstellen. Die Frage nach der allgemeinen Gültigkeit von solchen Darstellungssätzen führte A. GROTHENDIECK zu dem Begriff des nuklearen lokalkonvexen Raumes.

Wir übergehen im folgenden das klassische „*théorème des noyaux*" und verweisen auf das Buch von I. M. GELFAND und N. J. WILENKIN sowie die Arbeiten von W. BOGDANOWICZ, K. EHRENPREIS und H. GASK. Dafür geben wir in 7.4.3 eine abstrakte Fassung des Kern-Theorems an, die uns eine weitere Charakterisierung der nuklearen lokalkonvexen Räume liefert (Theorem 7.4.4).

Auch der letzte Abschnitt dieses Kapitels hat für uns im wesentlichen nur historischen Wert. Er zeigt nämlich, wie man den Begriff der nuklearen Abbildung im Rahmen der Theorie der lokalkonvexen Tensorprodukte erhält. Hervorheben sollte man vielleicht noch den sehr einfachen neuen Beweis von Theorem 7.5.1.

7.1. Definition der lokalkonvexen Tensorprodukte

7.1.1. Das **algebraische Tensorprodukt** $E \otimes F$ von zwei linearen Räumen E und F ist der lineare Raum aller formalen endlichen Summen

$$z = \sum_{r=1}^{n} x_r \otimes y_r \quad \text{mit } x_r \in E \quad \text{und} \quad y_r \in F\,,$$

wobei die folgenden Ausdrücke identifiziert werden:

$$(x_1 + x_2) \otimes y = x_1 \otimes y + x_2 \otimes y\,, \qquad x \otimes (y_1 + y_2) = x \otimes y_1 + x \otimes y_2\,,$$
$$\alpha\,(x \otimes y) = (\alpha\, x) \otimes y = x \otimes (\alpha\, y)\,.$$

7.1.2. Sind E und F zwei lokalkonvexe Räume, so setzen wir für beliebige Nullumgebungen $U \in \mathfrak{U}(E)$ und $V \in \mathfrak{U}(F)$

$$\pi_{(U,\,V)}(z) = \inf \left\{ \sum_{r=1}^{n} p_U(x_r)\, p_V(y_r) \right\},$$

wobei das Infimum über alle möglichen Darstellungen des Elementes z in der Form

$$z = \sum_{r=1}^{n} x_r \otimes y_r \quad \text{mit } x_r \in E \quad \text{und} \quad y_r \in F$$

gebildet wird. Dagegen ist der Ausdruck

$$\varepsilon_{(U,\,V)}(z) = \sup \left\{ \left| \sum_{r=1}^{n} \langle x_r, a\rangle \langle y_r, b\rangle \right| : a \in U^0,\ b \in V^0 \right\}$$

von der speziellen Darstellung des Elementes z unabhängig.

Man erhält durch diese Ansätze auf dem algebraischen Tensorprodukt $E \otimes F$ zwei Systeme von Halbnormen, aus denen sich lokalkonvexe Topologien (π-Topologie und ε-Topologie) erzeugen lassen. Die auf diese Weise gewonnenen **lokalkonvexen Tensorprodukte** werden mit $E \otimes_\pi F$ und $E \otimes_\varepsilon F$ bezeichnet.

7.1.3. SATZ. *Auf dem algebraischen Tensorprodukt $E \otimes F$ von zwei lokalkonvexen Räumen E und F ist die π-Topologie feiner als die ε-Topologie.*

Beweis. Sind $U \in \mathfrak{U}(E)$ und $V \in \mathfrak{U}(F)$ zwei beliebige Nullumgebungen, so gilt für jedes Element

$$z = \sum_{r=1}^{n} x_r \otimes y_r \in E \otimes F$$

und alle Linearformen $a \in U^0$, $b \in V^0$ die Ungleichung

$$\left| \sum_{r=1}^{n} \langle x_r, a\rangle \langle y_r, b\rangle \right| \leqq \sum_{r=1}^{n} p_U(x_r)\, p_V(y_r)\,.$$

Folglich hat man

$$\varepsilon_{(U,\,V)}(z) \leqq \sum_{r=1}^{n} p_U(x_r)\, p_V(y_r)\,.$$

Da aber diese Abschätzung für jede Darstellung des Elementes z gilt, erhalten wir die Aussage

$$\varepsilon_{(U,\,V)}(z) \leqq \pi_{(U,\,V)}(z) \qquad \text{für alle } z \in E \otimes F\,.$$

Damit ist unsere Behauptung bewiesen.

7.2. Spezielle lokalkonvexe Tensorprodukte

7.2.1. Wir untersuchen in diesem Abschnitt die lokalkonvexen Tensorprodukte der Banachräume $\mathfrak{l}_I^1$ mit einem beliebigen lokalkonvexen Raum E. Als erstes Ergebnis erhalten wir den

SATZ. *Das algebraische Tensorprodukt $\mathfrak{l}_I^1 \otimes E$ kann mit dem linearen Raum aller endlichdimensionalen summierbaren (= absolutsummierbaren) Familien $[x_i, I]$ aus dem lokalkonvexen Raum E identifiziert werden.*

Beweis. Zuerst zeigen wir, daß durch die Zuordnung

$$\sum_{r=1}^{n} [\xi_i^{[r]}, I] \otimes y_r \to \left[\sum_{r=1}^{n} \xi_i^{[r]} y_r, I\right]$$

eine eineindeutige Abbildung H von $\mathfrak{l}_I^1 \otimes E$ in den linearen Raum aller Familien $[x_i, I]$ aus E definiert wird. Zu diesem Zweck betrachten wir ein Element

$$\sum_{r=1}^{n} [\xi_i^{[r]}, I] \otimes y_r \in \mathfrak{l}_I^1 \otimes E ,$$

das durch die lineare Abbildung H in die Familie $[0, I]$ überführt wird. Dann gilt

$$\sum_{r=1}^{n} \xi_i^{[r]} y_r = 0 \qquad \text{für } i \in I .$$

Nun bestimmen wir endlich viele linear unabhängige Elemente $e_1, \ldots, e_m$, aus denen sich die Elemente $y_1, \ldots, y_n$ linear kombinieren lassen:

$$y_r = \sum_{s=1}^{m} \alpha_{rs} e_s \qquad (r = 1, \ldots, n) .$$

Setzt man

$$\eta_i^{[s]} = \sum_{r=1}^{n} \xi_i^{[r]} \alpha_{rs} \qquad (s = 1, \ldots, m \quad \text{und} \quad i \in I) ,$$

so ergeben sich die Identitäten

$$\sum_{s=1}^{m} \eta_i^{[s]} e_s = 0 \qquad \text{für } i \in I .$$

Folglich hat man

$$\eta_i^{[s]} = 0 \qquad \text{für } s = 1, \ldots, m \quad \text{und} \quad i \in I .$$

Jetzt erhalten wir die Aussage

$$\sum_{r=1}^{n} [\xi_i^{[r]}, I] \otimes y_r = \sum_{s=1}^{m} [\eta_i^{[s]}, I] \otimes e_s = [0, I] \otimes 0 .$$

Damit ist die Eineindeutigkeit der linearen Abbildung H bewiesen.

Es ist klar, daß alle Familien aus dem Bildraum von H endlichdimensional und absolutsummierbar sind. Andererseits läßt sich auf Grund der Betrachtungen aus 1.6.2 jede endlichdimensionale summierbare Familie $[x_i, I]$ in der Form

$$x_i = \sum_{r=1}^{n} \xi_i^{[r]} e_r \qquad \text{mit } [\xi_i^{[r]}, I] \in \mathfrak{l}_I^1 \quad \text{und} \quad e_r \in E$$

schreiben. Sie liegt deshalb im Bildraum von H, denn es gilt

$$H\left(\sum_{r=1}^{n} [\xi_i^{[r]}, I] \otimes e_r\right) = [x_i, I] .$$

7.2.2. SATZ. *Für jeden lokalkonvexen Raum E kann das lokalkonvexe Tensorprodukt $l_I^1 \otimes_\pi E$ mit demjenigen linearen Teilraum von $l_I^1\{E\}$ identifiziert werden, der von den endlichdimensionalen Familien gebildet wird.*

Beweis. Da der algebraische Teil unserer Behauptung unmittelbar aus 7.2.1 folgt, müssen wir nun noch zeigen, daß die π-Topologie von $l_I^1 \otimes E$ mit der durch $l_I^1\{E\}$ induzierten π-Topologie übereinstimmt. Dazu genügt es, daß wir für jede endlichdimensionale Familie $[x_i, I] \in l_I^1\{E\}$ und alle Nullumgebungen $U \in \mathfrak{U}(E)$ die folgende Identität beweisen:

$$\pi_U[x_i, I] = \inf\left\{\sum_{r=1}^{n} \lambda_1[\xi_r^{[r]}, I]\, p_U(y_r)\right\} .$$

Dabei soll das rechtsstehende Infimum, das wir mit $\pi_{(\lambda_1, U)}[x_i, I]$ bezeichnen, über alle möglichen Darstellungen der Familie $[x_i, I]$ in der Form

$$x_i = \sum_{r=1}^{n} \xi_i^{[r]} y_r \qquad \text{mit } [\xi_i^{[r]}, I] \in l_I^1 \quad \text{und} \quad y_r \in E$$

gebildet werden.

Da stets die Ungleichung

$$\pi_U[x_i, I] = \sum_I p_U(x_i) \leqq \sum_I \sum_{r=1}^{n} |\xi_i^{[r]}|\, p_U(y_r) = \sum_{r=1}^{n} \lambda_1[\xi_i^{[r]}, I]\, p_U(y_r)$$

besteht, hat man

$$\pi_U[x_i, I] \leqq \pi_{(\lambda_1, U)}[x_i, I] .$$

Wir betrachten nun irgendeine Darstellung der Familie $[x_i, I]$ in der Form

$$x_i = \sum_{r=1}^{n} \xi_i^{[r]} y_r \qquad \text{mit } [\xi_i^{[r]}, I] \in l_I^1 \quad \text{und} \quad y_r \in E$$

und bestimmen zu jeder positiven Zahl δ eine Menge $\mathfrak{i} \in \mathfrak{F}(I)$, so daß die Abschätzungen

$$\sum_{I \setminus \mathfrak{i}} |\xi_i^{[r]}|\, p_U(y_r) \leqq \frac{\delta}{n} \qquad \text{für } r = 1, \ldots, n$$

gelten.

Dann hat man

$$\pi_{(\lambda_1, U)}[x_i - x_i(\mathfrak{i}), I] \leqq \sum_{r=1}^{n} \lambda_1[\xi_i^{[r]} - \xi_i^{[r]}(\mathfrak{i}), I]\, p_U(y_r) \leqq \delta$$

und

$$\pi_{(\lambda_1, U)}[x_i(\mathfrak{i}), I] \leqq \sum_{\mathfrak{i}} p_U(x_i) \leqq \pi[x_i, I] .$$

Folglich besteht die Beziehung

$$\pi_{(\lambda_1, U)}[x_i, I] \leqq \pi_{(\lambda_1, U)}[x_i - x_i(\mathfrak{i}), I] + \pi_{(\lambda_1, U)}[x_i(\mathfrak{i}), I] \leqq \delta + \pi_U[x_i, I] ,$$

aus der sich durch den Grenzübergang $\delta \to 0$ die Ungleichung

$$\pi_{(\lambda_1, U)}(x_i, I] \leqq \pi_U[x_i, I]$$

ergibt.

Damit ist für alle endlichdimensionalen Familien $[x_i, I] \in l_I^1\{E\}$ die Identität

$$\pi_U[x_i, I] = \pi_{(\lambda_1, U)}[x_i, I]$$

bewiesen.

7.2.3. THEOREM. *Für jeden vollständigen lokalkonvexen Raum E kann das vollständige lokalkonvexe Tensorprodukt* $l_I^1 \tilde{\otimes}_\pi E$ *mit dem lokalkonvexen Raum* $l_I^1\{E\}$ *identifiziert werden.*

Beweis. Wenn man das lokalkonvexe Tensorprodukt $l_I^1 \otimes_\pi E$ als linearen Teilraum von $l_I^1\{E\}$ auffaßt, ergibt sich aus der für alle Familien $[x_i, I] \in l_I^1\{E\}$ gültigen Beziehung

$$\pi\text{-}\lim_{\mathfrak{i}} [x_i(\mathfrak{i}), I] = [x_i, I],$$

daß der lineare Raum $l_I^1 \otimes E$ in $l_I^1\{E\}$ dicht liegt. Da aber der lokalkonvexe Raum $l_I^1\{E\}$ nach Satz 1.4.3 vollständig ist, kann man ihn mit der vollständigen Hülle von $l_I^1 \otimes_\pi E$ identifizieren.

7.2.4. SATZ. *Für jeden lokalkonvexen Raum E kann das lokalkonvexe Tensorprodukt* $l_I^1 \otimes_\varepsilon E$ *mit demjenigen linearen Teilraum von* $l_I^1(E)$ *identifiziert werden, der von den endlichdimensionalen Familien gebildet wird.*

Beweis. Da der algebraische Teil unserer Behauptung unmittelbar aus 7.2.1 folgt, müssen wir nur noch zeigen, daß die ε-Topologie von $l_I^1 \otimes E$ mit der durch $l_I^1(E)$ induzierten ε-Topologie übereinstimmt.

Zu diesem Zweck betrachten wir eine beliebige endlichdimensionale summierbare Familie $[x_i, I]$ aus E und stellen sie in der Form

$$x_i = \sum_{r=1}^{n} \xi_i^{[r]} y_r \quad \text{mit} \quad [\xi_i^{[r]}, I] \in l_I^1 \quad \text{und} \quad y_r \in E$$

dar.

Ist nun U eine Nullumgebung aus $\mathfrak{U}(E)$, so hat man nach Definition

$$\varepsilon_U[x_i, I] = \sup\left\{\left|\sum_I |\langle x_i, a\rangle|\right| : a \in U^0\right\}.$$

Folglich besteht auch die Beziehung

$$\varepsilon_U[x_i, I] = \sup\left\{\left|\sum_I \alpha_i \langle x_i, a\rangle\right| : |\alpha_i| \leqq 1, \quad a \in U^0\right\},$$

aus der man durch die Substitution

$$x_i = \sum_{r=1}^{n} \xi_i^{[r]} y_r$$

die Identität

$$\varepsilon_U[x_i, I] = \sup\left\{\left|\sum_{r=1}^{n} \langle [\xi_i^{[r]}, I], [\alpha_i, I]\rangle \langle y_r, a\rangle\right| : |\alpha_i| \leqq 1, \quad a \in U^0\right\}$$

erhält. Jetzt zeigt ein Vergleich mit der in 7.1.2 angegebenen Definition, daß die rechte Seite unserer Gleichung mit der in $l_I^1 \otimes E$ gebildeten $\varepsilon_{(\lambda_1, U)}$-Halbnorm der Familie $[x_i, I]$ übereinstimmt. Damit ist unsere Behauptung bewiesen.

7.2.5. Durch die gleichen Betrachtungen wie in 7.2.3 ergibt sich nun das

THEOREM. *Für jeden vollständigen lokalkonvexen Raum E kann das vollständige lokalkonvexe Tensorprodukt* $\mathfrak{l}_I^1 \tilde{\otimes}_\varepsilon E$ *mit dem lokalkonvexen Raum* $\mathfrak{l}_I^1(E)$ *identifiziert werden.*

7.2.6. Abschließend beweisen wir nun noch den

SATZ. *Für jeden lokalkonvexen Raum E sind die Aussagen*

$$\mathfrak{l}_I^1 \otimes_\varepsilon E \equiv \mathfrak{l}_I^1 \otimes_\pi E \quad (1) \quad \textit{und} \quad \mathfrak{l}_I^1(E) \equiv \mathfrak{l}_I^1\{E\} \quad (2)$$

äquivalent.

Beweis. Da die Implikation (2) → (1) trivial ist, haben wir nur noch zu zeigen, daß aus (1) auch (2) folgt.

Zu diesem Zweck nehmen wir an, daß für einen lokalkonvexen Raum E die Aussage (1) gilt. Dann fällt auf $\mathfrak{l}_I^1 \otimes E$ die ε-Topologie mit der π-Topologie zusammen, und es gibt zu jeder Nullumgebung $U \in \mathfrak{U}(E)$ eine Nullumgebung $V \in \mathfrak{U}(E)$ mit

$$\pi_U[x_i, I] \leqq \varepsilon_V[x_i, I] \quad \text{für } [x_i, I] \in \mathfrak{l}_I^1 \otimes E\,.$$

Da für jede summierbare Familie $[x_i, I]$ aus E die Familien $[x_i(\mathfrak{i}), I]$ mit $\mathfrak{i} \in \mathfrak{F}(I)$ zu $\mathfrak{l}_I^1 \otimes E$ gehören, hat man

$$\sum_{\mathfrak{i}} p_U(x_i) = \pi_U[x_i(\mathfrak{i}), I] \leqq \varepsilon_V[x_i(\mathfrak{i}), I] \leqq \varepsilon_V[x_i, I]\,.$$

Folglich besteht die Ungleichung

$$\pi_U[x_i, I] = \sum_I p_U(x_i) \leqq \varepsilon_V[x_i, I]\,,$$

und die Familie $[x_i, I]$ ist sogar absolutsummierbar. Damit ist die Identität

$$\mathfrak{l}_I^1(E) = \mathfrak{l}_I^1\{E\}$$

bewiesen. Gleichzeitig haben wir aber gezeigt, daß auf $\mathfrak{l}_I^1(E)$ die ε-Topologie feiner als die π-Topologie ist, so daß beide Topologien zusammenfallen müssen.

7.3. Eine Charakterisierung der nuklearen lokalkonvexen Räume

7.3.1. Als unmittelbare Folgerung aus Theorem 4.2.4 und Satz 7.2.6 ergibt sich das

THEOREM. *Ein lokalkonvexer Raum E ist dann und nur dann nuklear, wenn für eine (jede) unendliche Indexmenge I die Identität*

$$\mathfrak{l}_I^1 \otimes_\varepsilon E \equiv \mathfrak{l}_I^1 \otimes_\pi E$$

besteht.

7.3.2. Als wichtige Ergänzung zu dieser Charakterisierung der nuklearen lokalkonvexen Räume erhalten wir den

SATZ. *Ist E ein nuklearer lokalkonvexer Raum, so gilt für jeden beliebigen lokalkonvexen Raum F die Identität*

$$E \otimes_\varepsilon F \equiv E \otimes_\pi F\,.$$

Beweis. Zu einer beliebig vorgegebenen Nullumgebung $U \in \mathfrak{U}(E)$ bestimmen wir eine Nullumgebung $V \in \mathfrak{U}(E)$ mit $V \prec U$, so daß die kanonische Abbildung von $E(V)$ auf $E(U)$ nuklear ist. Dann gibt es Linearformen $a_n \in E'$ und Elemente $x_n \in E$ mit

$$\varrho = \sum_N p_{V^0}(a_n)\, p_U(x_n) < +\infty$$

so daß für alle $x \in E$ die Beziehung

$$\lim_n p_U\left(x - \sum_n \langle x, a_n\rangle\, x_n\right) = 0 \qquad (*)$$

besteht.

Ist nun W eine beliebige Nullumgebung aus $\mathfrak{U}(F)$, so existiert auf Grund des Hahn-Banach-Theorems zu jedem Element

$$z_0 = \sum_{r=1}^{s} x_r^0 \otimes y_r^0 \in E \otimes F$$

auf $E \otimes_\pi F$ eine stetige Linearform c mit

$$\langle z_0, c\rangle = \pi_{(U,W)}(z_0) \quad \text{und} \quad |\langle z, c\rangle| \leqq \pi_{(U,W)}(z) \quad \text{für alle } z \in E \otimes F\,.$$

Insbesondere gilt dann für alle Elemente $x \in E$ und $y \in F$ die Ungleichung

$$|\langle x \otimes y, c\rangle| \leqq \pi_{(U,W)}(x \otimes y) \leqq p_U(x)\, p_W(y)\,,$$

und wir erhalten wegen (*) die Identität

$$\langle x \otimes y, c\rangle = \sum_N \langle x, a_n\rangle \langle x_n \otimes y, c\rangle\,.$$

Folglich besteht die Beziehung

$$\pi_{(U,W)}(z_0) = \langle z_0, c\rangle = \sum_{r=1}^{s} \langle x_r^0 \otimes y_r^0, c\rangle = \sum_N \sum_{r=1}^{s} \langle x_r^0, a_n\rangle \langle x_n \otimes y_r^0, c\rangle$$

$$= \sum_N \left\langle x_n \otimes \sum_{r=1}^{s} \langle x_r^0, a_n\rangle\, y_r^0, c\right\rangle,$$

aus der sich die Abschätzung

$$\pi_{(U,W)}(z_0) \leqq \sum_N p_U(x_n)\, p_W\left(\sum_{r=1}^{s} \langle x_r^0, a_n\rangle\, y_r^0\right)$$

ergibt.

Schließlich folgt aus der Definition der Halbnorm $\varepsilon_{(V,W)}(z_0)$, daß für alle Linearformen $a \in E'(V^0)$ die Ungleichung

$$p_W\left(\sum_{r=1}^{s} \langle x_r^0, a\rangle\, y_r^0\right) \leqq p_{V^0}(a)\, \varepsilon_{(V,W)}(z_0)$$

gilt. Deshalb hat man

$$\pi_{(U,W)}(z_0) \leqq \sum_N p_U(x_n)\, p_{V^0}(a_n)\, \varepsilon_{(V,W)}(z_0)\,.$$

Da aber z_0 ein beliebiges Element aus $F \otimes F$ war, ist damit die Ungleichung

$$\pi_{(U,W)}(z) \leqq \varrho\, \varepsilon_{(V,W)}(z) \qquad \text{für alle } z \in E \otimes F$$

bewiesen. Auf dem algebraischen Tensorprodukt $E \otimes F$ ist demnach die ε-Topologie feiner als die π-Topologie, so daß beide Topologien wegen Satz 7.1.3 zusammenfallen müssen.

7.3.3. Durch Kombination von Theorem 7.3.1 und Satz 7.3.2 erhalten wir das

THEOREM. *Ein lokalkonvexer Raum E ist dann und nur dann nuklear, wenn für jeden beliebigen lokalkonvexen Raum F die Identität*

$$E \otimes_\varepsilon F \equiv E \otimes_\pi F$$

besteht.

7.3.4. Man kann sich fragen, welche Eigenschaften ein lokalkonvexer Raum F haben muß, damit die Identität

$$E \otimes_\varepsilon F \equiv E \otimes_\pi F$$

nur für nukleare lokalkonvexe Räume E gilt. Es ist klar, daß F selbst nicht nuklear sein darf. Ob aber diese Voraussetzung auch hinreichend ist, weiß man bis jetzt noch nicht.

Insbesondere erhebt sich das folgende

PROBLEM. *Ist ein lokalkonvexer Raum E nuklear, wenn die Identität*

$$E \otimes_\varepsilon E \equiv E \otimes_\pi E \quad .$$

besteht?

7.4. Das Kern-Theorem

7.4.1. Im folgenden bezeichnen wir die Menge der auf zwei lokalkonvexen Räumen E und F definierten stetigen Bilinearformen mit $\mathscr{B}(E, F)$. Man weiß, daß eine Bilinearform $B = [B(x, y)]$ dann und nur dann stetig ist, wenn mit zwei Nullumgebungen $U \in \mathfrak{U}(E)$ und $V \in \mathfrak{U}(F)$ die Ungleichung

$$|B(x, y)| \leqq p_U(x)\, p_V(y) \qquad \text{für } x \in E \quad \text{und} \quad y \in F$$

gilt.

7.4.2. Eine Bilinearform B heißt **nuklear,** wenn sie sich in der Form

$$B(x, y) = \sum_N \langle x, a_n\rangle \langle y, b_n\rangle \qquad \text{für } x \in E \quad \text{und} \quad y \in F$$

darstellen läßt. Dabei soll für die Linearformen $a_n \in E'$ und $b_n \in F'$ mit zwei Nullumgebungen $U \in \mathfrak{U}(E)$ und $V \in \mathfrak{U}(F)$ die Ungleichung

$$\sum_N p_{U^0}(a_n)\, p_{V^0}(b_n) < +\infty$$

bestehen. Alle nuklearen Bilinearformen sind stetig.

7.4.3. Nach diesen Vorbereitungen erhalten wir das

KERN-THEOREM. *Ist E ein nuklearer lokalkonvexer Raum, so sind für jeden beliebigen lokalkonvexen Raum F alle Bilinearformen $B \in \mathscr{B}(E, F)$ nuklear.*

Beweis. Wir bestimmen zwei Nullumgebungen $U \in \mathfrak{U}(E)$ und $W \in \mathfrak{U}(F)$, so daß die Ungleichung

$$|B(x, y)| \leqq p_U(x)\, p_W(y) \qquad \text{für alle } x \in E \quad \text{und} \quad y \in F$$

gilt. Weil der lokalkonvexe Raum E nuklear sein soll, gibt es dann eine Nullumgebung $V \in \mathfrak{U}(E)$ mit $V \prec U$, so daß die kanonische Abbildung von $E(V)$ auf $E(U)$ nuklear ist. Deshalb existieren Linearformen $a_n \in E'$ und Elemente $x_n \in E$ mit

$$\sum_N p_{V^0}(a_n)\, p_U(x_n) < +\infty$$

und

$$\lim_n p_U\Big(x - \sum_n \langle x, a_n\rangle\, x_n\Big) = 0 \qquad \text{für } x \in E\,.$$

Nun erhalten wir für die Bilinearform B die Beziehung

$$B(x, y) = \sum_N \langle x, a_n\rangle\, B(x_n, y) \qquad \text{mit } x \in E \quad \text{und} \quad y \in F\,.$$

Werden die Linearformen $b_n \in F'$ durch den Ansatz

$$\langle y, b_n\rangle = B(x_n, y) \qquad \text{für } y \in F$$

definiert, so hat man

$$p_{W^0}(b_n) = \sup\{|\langle y, b_n\rangle| : y \in W\} \leqq p_U(x_n)\,.$$

Folglich besteht die Ungleichung

$$\sum_N p_{V^0}(a_n)\, p_{W^0}(b_n) \leqq \sum_N p_{V^0}(a_n)\, p_U(x_n) < +\infty\,.$$

Außerdem gilt natürlich die Identität

$$B(x, y) = \sum_N \langle x, a_n\rangle \langle y, b_n\rangle \qquad \text{für } x \in E \quad \text{und} \quad x \in F\,.$$

7.4.4. Die in 7.4.3 angegebene Eigenschaft der nuklearen lokalkonvexen Räume ist sogar charakteristisch. Es gilt nämlich das

THEOREM. *Ein lokalkonvexer Raum E ist dann und nur dann nuklear, wenn für jeden beliebigen lokalkonvexen Raum F alle Bilinearformen $B \in \mathscr{B}(E, F)$ nuklear sind.*

Beweis. Da die Notwendigkeit der angegebenen Bedingung bereits bewiesen ist, haben wir nur noch ihre Hinlänglichkeit zu zeigen. Zu diesem Zweck betrachten wir eine beliebige Nullumgebung $U \in \mathfrak{U}(E)$ und definieren durch den Ansatz

$$B(x, a) = \langle x, a\rangle \qquad \text{mit } x \in E \quad \text{und} \quad a \in E'(U^0)$$

eine Bilinearform $B \in \mathscr{B}(E, E'(U^0))$. Diese Bilinearform kann nach Voraussetzung in der Form

$$\langle x, a\rangle = \sum_N \langle x, a_n\rangle \langle \mathfrak{x}_n, a\rangle$$

dargestellt werden, so daß für die Linearformen $a_n \in E'$ und $\mathfrak{x}_n \in [E'(U^0)]'$ mit einer geeigneten Nullumgebung $V \in \mathfrak{U}(E)$ die Ungleichung

$$\sum_N p_{V^0}(a_n)\, p'_{U^0}(\mathfrak{x}_n) < +\infty$$

besteht. Deshalb gilt für $x \in E$ und $a \in U^0$ die Abschätzung

$$|\langle x, a\rangle| \leqq \sum_N |\langle x, a_n\rangle|\, p'_{U^0}(\mathfrak{x}_n)\,,$$

aus der man mit den Linearformen $b_n = p'_{U^\circ}(\mathfrak{x}_n)\, a_n \in E'$ die Beziehung

$$p_U(x) \leqq \sum_N |\langle x, b_n\rangle| \quad \text{für } x \in E$$

erhält. Da aber auch die Ungleichung

$$\sum_N p_{V^\circ}(b_n) = \sum_N p_{V^\circ}(a_n)\, p'_{U^\circ}(\mathfrak{x}_n) < +\infty$$

gilt, muß der lokalkonvexe Raum E nach Satz 4.1.4 nuklear sein.

7.4.5. In Analogie zu 7.3.4 ergibt sich das folgende

PROBLEM. *Ist ein lokalkonvexer Raum E nuklear, wenn alle Bilinearformen $B \in \mathscr{B}(E, E)$ nuklear sind?*

Bereits A. GROTHENDIECK ([3], Kap. II, S. 47) hat darauf hingewiesen, daß die in den Problemen 7.3.4 und 7.4.5 aufgeworfenen Fragen positiv zu beantworten sind, wenn sich die Topologie des lokalkonvexen Raumes E aus einem System von Halbskalarprodukten erzeugen läßt. Diese Voraussetzung ist für nukleare lokalkonvexe Räume nach Theorem 4.4.2 stets erfüllt. Ein elementarer Beweis dieser Tatsache wurde kürzlich von K. JOHN [1] angegeben.

7.5. Das vollständige π-Tensorprodukt von normierten Räumen

7.5.1. Sind E und F zwei normierte Räume mit den abgeschlossenen Einheitskugeln U und V, so erhält man die lokalkonvexe π-Topologie des algebraischen Tensorproduktes $E \otimes F$ aus der Norm $\pi_{(U,V)}$, und es gilt das

THEOREM. *Jedes Element z aus dem vollständigen Tensorprodukt $E \tilde{\otimes}_\pi F$ kann in der Form*

$$z = \sum_N x_n \otimes y_n \quad \textit{mit } x_n \in E \quad \textit{und} \quad y_n \in F$$

dargestellt werden, so daß mit einer beliebig vorgegebenen positiven Zahl δ die Ungleichung

$$\sum_N p_U(x_n)\, p_V(y_n) \leqq \pi_{(U,V)}(z) + \delta$$

besteht.

Beweis. Weil das Element z in der vollständigen Hülle des normierten Raumes $E \otimes_\pi F$ liegt, gibt es eine Folge von Elementen $z_r \in E \otimes F$ mit

$$\pi_{(U,V)}(z - z_r) < \frac{1}{2^{r+3}}\delta \quad \text{für } r \in R = \{0, 1, 2, \ldots\}.$$

Dann folgt aus der Ungleichung

$$\pi_{(U,V)}(z_{r+1} - z_r) < \frac{1}{2^{r+2}}\delta \quad \text{für } r \in R,$$

daß sich die Elemente $z_{r+1} - z_r$ in der Form

$$z_{r+1} - z_r = \sum_{n=1}^{n_{r+1}} x_n^{[r+1]} \otimes y_n^{[r+1]}$$

mit

$$x_n^{[r+1]} \in E, \quad y_n^{[r+1]} \in F \quad \text{und} \quad \sum_{n=1}^{n_{r+1}} p_U(x_n^{[r+1]})\, p_V(y_n^{[r+1]}) \leqq \frac{1}{2^{r+2}}\delta$$

darstellen lassen. Wegen

$$\pi_{(U,V)}(z_0) \leqq \pi_{(U,V)}(z) + \pi_{(U,V)}(z - z_0) < \pi_{(U,V)}(z) + \frac{1}{2}\delta$$

kann man außerdem das Element z_0 in der Form

$$z_0 = \sum_{n=1}^{n_0} x_n^{[0]} \otimes y_n^{[0]}$$

mit

$$x_n^{[0]} \in E\,, \quad y_n^{[0]} \in F \quad \text{und} \quad \sum_{n=1}^{n_0} p_U(x_n^{[0]})\, p_V(y_n^{[0]}) \leqq \pi_{U,V}(z) + \frac{1}{2}\delta$$

schreiben. Folglich hat man

$$z = z_0 + \sum_R (z_{r+1} - z_r) = \sum_R \sum_{n=1}^{n_r} x_n^{[r]} \otimes y_n^{[r]}\,.$$

Damit ist unsere Behauptung vollständig bewiesen, denn es gilt auch die Ungleichung

$$\sum_R \sum_{n=1}^{n_r} p_U(x_n^{[r]})\, p_V(y_n^{[r]}) \leqq \pi_{(U,V)}(z) + \delta\,.$$

7.5.2. Wenn man jedem Element

$$z = \sum_{r=1}^{n} a_r \otimes y_r \in E' \otimes F$$

die zu $\mathcal{A}(E, F)$ gehörige Abbildung

$$T\,x = \sum_{r=1}^{n} \langle x, a_r \rangle\, y_r$$

zuordnet, läßt sich das algebraische Tensorprodukt $E' \otimes F$ mit dem linearen Raum $\mathcal{A}(E, F)$ identifizieren. Hat man die Darstellung des Elementes z insbesondere so gewählt, daß mit einer beliebig vorgegebenen positiven Zahl δ die Ungleichung

$$\sum_{r=1}^{n} p_{U^\circ}(a_r)\, p_V(y_r) \leqq \pi_{(U^\circ, V)}(z) + \delta$$

besteht, so ergibt sich die Abschätzung

$$\beta(T) \leqq \pi_{(U^\circ, V)}(z) + \delta\,,$$

aus der man durch den Grenzübergang $\delta \to 0$ die Beziehung

$$\beta(T) \leqq \pi_{(U^\circ, V)}(z)$$

erhält. Folglich ist die kanonische Abbildung von $E'_b \otimes_\pi F$ in $\mathcal{L}_b(E, F)$ stetig. Sie kann deshalb auf eindeutige Weise zu einer stetigen linearen Abbildung von $E'_b \tilde{\otimes}_\pi F$ in $\mathcal{L}_b(E, \tilde{F})$ fortgesetzt werden. Wegen Theorem 7.5.1 bekommt man dabei als Bilder der Elemente von $E'_b \tilde{\otimes}_\pi F$ gerade die nuklearen Abbildungen von E in $\tilde{F}$.

Für eine umfangreiche Klasse von normierten Räumen konnte sogar gezeigt werden, daß die kanonische Abbildung von $E'_b \tilde{\otimes}_\pi F$ auf $\mathcal{L}(E, \tilde{F})$ eineindeutig ist. Die Frage, ob diese Aussage auch für beliebige normierte Räume gilt, ist bis jetzt noch unbeantwortet.

KAPITEL 8

Abbildungen vom Typus $\mathfrak{l}^p$ und $\mathfrak{s}$

Sind E und F zwei normierte Räume, so liefern die in 8.1.1 für jede Abbildung $T \in \mathscr{L}(E, F)$ definierten Approximationszahlen $\alpha_r(T)$ mit $r = 0, 1, \ldots$ ein Maß für die Güte der Approximation von T durch ausgeartete Abbildungen, deren Bildraum höchstens r-dimensional ist. Für vollstetige Abbildungen in Hilberträumen stimmen die Approximationszahlen mit den der Größe nach geordneten Eigenwerten der Abbildungen $|T| = (T^* T)^{1/2}$ überein (Theorem 8.3.2).

Wir sagen, daß eine Abbildung $T \in \mathscr{L}(E, F)$ vom *Typus* $\mathfrak{l}^p$ ist, wenn die Ungleichung

$$\sum_R \alpha_r(T)^p < +\infty$$

besteht. Alle derartigen Abbildungen bilden einen linearen Raum. Produkte von Abbildungen mit vorgegebenem Typus werden in 8.2.7 untersucht.

Als Hauptergebnis erhalten wir die Aussage, daß jede Abbildung vom Typus $\mathfrak{l}^1$ nuklear ist (Theorem 8.4.3). In Hilberträumen gilt auch die Umkehrung dieses Satzes. Für beliebige Banachräume kann man jedoch nur zeigen, daß das Produkt von zwei nuklearen Abbildungen den Typus $\mathfrak{l}^2$ hat (Theorem 8.4.5).

Besonders gut lassen sich die Abbildungen von *Typus* $\mathfrak{s}$ approximieren, die mit den von A. Grothendieck ([3]), Chap. II, p. 6) eingeführten *Fredholmschen Abbildungen 0-ter Ordnung* zusammenfallen (Theorem 8.5.6).

Im letzten Abschnitt werden die Abbildungen vom Typus $\mathfrak{l}^p$ und $\mathfrak{s}$ zur Charakterisierung der nuklearen lokalkonvexen Räume benutzt.

Die Ergebnisse dieses Kapitels stammen im wesentlichen von A. Pietsch [5].

8.1. Die Approximationszahlen von stetigen linearen Abbildungen in normierten Räumen

8.1.1. Sind E und F zwei beliebige normierte Räume, so soll $\mathscr{A}_r(E, F)$ für $r = 0, 1, \ldots$ die Gesamtheit aller ausgearteten Abbildungen $A \in \mathscr{L}(E, F)$ sein, deren Bildraum $\mathfrak{R}(A)$ höchstens r-dimensional ist.

Hat man eine beliebige Abbildung $T \in \mathscr{L}(E, F)$, so bezeichnen wir

$$\alpha_r(T) = \inf \{\beta (T - A) : A \in \mathscr{A}_r(E, F)\} \quad (r = 0, 1, \ldots)$$

als **r-te-Approximationszahl** von T. Offenbar gilt stets

$$\beta(T) = \alpha_0(T) \geqq \alpha_1(T) \geqq \alpha_2(T) \geqq \cdots \geqq 0 .$$

8.1.2. Im folgenden stellen wir einige elementare Eigenschaften der Approximationszahlen zusammen.

SATZ 1. *Für zwei Abbildungen $S, T \in \mathcal{L}(E, F)$ gilt stets*

$$\alpha_{r+s}(S + T) \leqq \alpha_r(S) + \alpha_s(T) .$$

Beweis. Ist δ eine beliebige positive Zahl, so bestimmen wir Abbildungen $A \in \mathcal{A}_r(E, F)$ und $B \in \mathcal{A}_s(E, F)$ mit

$$\beta(S - A) \leqq \alpha_r(S) + \delta \quad \text{und} \quad \beta(T - B) \leqq \alpha_s(T) + \delta .$$

Dann besteht wegen $A + B \in \mathcal{A}_{r+s}(E, F)$ die Abschätzung

$$\alpha_{r+s}(S + T) \leqq \beta(S + T - A - B) \leqq \beta(S - A) + \beta(T - B) \leqq \alpha_r(S) + \alpha_s(T) + 2\,\delta ,$$

aus der sich durch den Grenzübergang $\delta \to 0$ die behauptete Ungleichung ergibt.

SATZ 2. *Für zwei Abbildungen $S, T \in \mathcal{L}(E, F)$ gilt stets*

$$|\alpha_r(S) - \alpha_r(T)| \leqq \beta(S - T) .$$

Beweis. Wegen Satz 1 hat man

$$\alpha_r(S) \leqq \alpha_r(T) + \alpha_0(S - T) \quad \text{oder} \quad \alpha_r(S) - \alpha_r(T) \leqq \beta(S - T) .$$

Wird jetzt noch S mit T vertauscht, so erhält man die Ungleichung

$$|\alpha_r(S) - \alpha_r(T)| \leqq \beta\,(S - T) .$$

Ohne Beweis formulieren wir

SATZ 3. *Für jede Abbildung $T \in \mathcal{L}(E, F)$ und alle Zahlen λ gilt*

$$\alpha_r(\lambda, T) = |\lambda|\,\alpha_r(T) .$$

SATZ 4. *Für jede Abbildung $T \in \mathcal{L}(E, F)$ folgt aus $\alpha_r(T) = 0$ stets $T \in \mathcal{A}_r(E, F)$.*

Beweis. Wir nehmen an, daß die Dimension des Bildraumes von T größer als r ist. Dann gibt es $r + 1$ linear unabhängige Elemente $y_i = T\,x_i$, zu denen wir $r + 1$ Linearformen $b_k \in F'$ mit $\langle y_i, b_k\rangle = \delta_{ik}$ bestimmen können.

Wegen $\det \{\delta_{ik}\} = 1$ existiert eine positive Zahl σ mit

$$\det \{\alpha_{ik}\} \neq 0 \quad \text{für } |\delta_{ik} - \alpha_{ik}| \leqq \sigma .$$

Weil nach Voraussetzung die Beziehung

$$\inf \{\beta\,(T - A) : A \in \mathcal{A}_r(E, F)\} = 0$$

besteht, gibt es zu der positiven Zahl

$$\varrho = \sigma \max \{p_U(x_i)\, p_{V^0}(b_k) : i, k = 1, \ldots, r + 1\}^{-1}$$

eine Abbildung $A \in \mathcal{A}_r\,(E, F)$ mit $\beta\,(T - A) \leqq \varrho$. Wegen

$$|\delta_{ik} - \langle A\,x_i, b_k\rangle| = |\langle T\,x_i - A\,x_i, b_k\rangle| \leqq \varrho\, p_U(x_i)\, p_{V^0}(b_k) \leqq \sigma$$

gilt dann die Aussage

$$\det \{\langle A\,x_i, b_k\rangle\} \neq 0 .$$

Da aber der Bildraum von A höchstens r-dimensional sein kann, sind die $r + 1$ Elemente $A\,x_i$ linear abhängig. Deshalb hat man

$$\det \{\langle A\,x_i, b_k\rangle\} = 0 .$$

Aus dem aufgetretenen Widerspruch folgt, daß die Annahme $\dim \mathfrak{R}(T) > r$ falsch ist. Also gilt $T \in \mathcal{A}_r(E, F)$.

Sind E, F und G drei beliebige normierte Räume, so erhalten wir

SATZ 5. *Für zwei Abbildungen $T \in \mathcal{L}(E, F)$ und $S \in \mathcal{L}(F, G)$ gilt*

$$\alpha_{r+s}(S\,T) \leqq \alpha_r(S)\,\alpha_s(T)\,.$$

Beweis. Ist δ eine beliebige positive Zahl, so bestimmen wir Abbildungen $B \in \mathcal{A}_s(E, F)$ und $A \in \mathcal{A}_r(F, G)$ mit

$$\beta(T - B) \leqq \alpha_s(T) + \delta \quad \text{und} \quad \beta(S - A) \leqq \alpha_r(S) + \delta\,.$$

Dann besteht wegen $A\,(T - B) + S\,B \in \mathcal{A}_{r+s}(E, G)$ die Abschätzung

$$\begin{aligned}\alpha_{r+s}(S\,T) &\leqq \beta\,(S\,T - A(T - B) - S\,B) \leqq \beta\,(S - A)\,\beta\,(T - B)\\ &\leqq \big(\alpha_r(S) + \delta\big)\,\big(\alpha_s(T) + \delta\big)\,,\end{aligned}$$

aus der sich durch den Grenzübergang $\delta \to 0$ die behauptete Ungleichung ergibt.

8.1.3. Wenn F ein linearer Teilraum des normierten Raumes G ist, läßt sich jede stetige lineare Abbildung T von E in F auch als Abbildung von E in G auffassen. Demnach hat T sowohl in $\mathcal{L}(E, F)$ als auch in $\mathcal{L}(E, G)$ Approximationszahlen, die wir zur Unterscheidung mit $\alpha_r^F(T)$ bzw. $\alpha_r^G(T)$ bezeichnen wollen. Man erkennt sofort, daß dann stets die Ungleichung

$$\alpha_r^G(T) \leqq \alpha_r^F(T)$$

besteht. Dabei gilt im Fall $r = 0$ sogar das Gleichheitszeichen, während $\alpha_r^F(T)$ für $r = 1, 2, \ldots$ echt größer als $\alpha_r^G(T)$ sein kann.

SATZ. *Ist F ein dichter linearer Teilraum des normierten Raumes G, so gelten für jede stetige lineare Abbildung T eines normierten Raumes E in F die Identitäten*

$$\alpha_r^F(T) = \alpha_r^G(T)\,.$$

Beweis. Ist δ eine beliebige positive Zahl, so bestimmen wir eine Abbildung $B \in \mathcal{A}_r(E, G)$ mit

$$\beta\,(T - B) \leqq \alpha_r^G(T) + \delta\,.$$

Weil sich die Abbildung B mit Linearformen $a_1, \ldots, a_r \in E'$ und Elementen $z_1, \ldots, z_r \in G$ in der Form

$$B\,x = \sum_{n=1}^{r} \langle x, a_n\rangle\, z_n \qquad \text{für } x \in E$$

darstellen läßt, gibt es Elemente $y_1, \ldots, y_r \in F$ mit

$$\sum_{n=1}^{r} p_{U^0}(a_n)\, p_W\,(z_n - y_n) \leqq \delta\,,$$

und wir können die Abbildung $A \in \mathcal{A}_r(E, F)$ mit

$$A\,x = \sum_{n=1}^{r} \langle x, a_n\rangle\, y_n \qquad \text{für } x \in E$$

betrachten. Dann gilt

$$\beta\,(B - A) \leqq \sum_{n=1}^{r} p_{U^0}(a_n)\, p_W(z_n - y_n) \leqq \delta\,.$$

Folglich besteht die Abschätzung

$$\alpha_r^F(T) \leqq \beta\,(T - A) \leqq \beta\,(T - B) + \beta\,(B - A) \leqq \alpha_r^G(T) + 2\,\delta\,,$$

aus der sich durch den Grenzübergang $\delta \to 0$ die Ungleichung

$$\alpha_r^F(T) \leqq \alpha_r^G(T)$$

ergibt. Damit ist aber unsere Behauptung bewiesen, denn wie wir bereits bemerkt haben, gilt stets

$$\alpha_r^G(T) \leqq \alpha_r^F(T) .$$

8.1.4. Wir geben nun noch ein Verfahren zur Bestimmung der Approximationszahlen an. Dazu benötigen wir das folgende

LEMMA. *Ist T eine stetige lineare Abbildung von einem beliebigen normierten Raum E in einen $(r+1)$-dimensionalen normierten Raum F, zu der eine Abbildung $S \in \mathcal{L}(F, E)$ mit $T\,S\,y = y$ für $y \in F$ existiert, so besteht die Ungleichung*

$$\alpha_r(T)\,\beta(S) \geqq 1 .$$

Beweis. Wir wollen annehmen, daß

$$\alpha_r(T)\,\beta(S) < 1$$

gilt. Dann gibt es eine Abbildung $A \in \mathcal{A}_r(E, F)$ mit

$$\beta\,(T - A)\,\beta(S) < 1 .$$

Weil F sogar ein Banachraum ist, dessen identische Abbildung mit I bezeichnet werden soll, muß die Abbildung $I - (T - A)\,S = A\,S$ invertierbar sein. Das ist aber wegen $A\,S \in \mathcal{A}_r(F, F)$ unmöglich. Aus dem aufgetretenen Widerspruch folgt nun die Richtigkeit unserer Behauptung.

8.1.5. Als Anwendung des vorangehenden Lemmas berechnen wir die Approximationszahlen einer einfachen Abbildung. Zu diesem Zweck bezeichnen wir die Gesamtheit aller r-elementigen Teilmengen einer beliebigen Indexmenge I mit $\mathfrak{F}_r(I)$. Dann gilt der

SATZ. *Für jede Abbildung $T \in \mathcal{L}(\boldsymbol{m}_I, \boldsymbol{m}_I)$ der Form*

$$T[\xi_i, I] = [\tau_i\,\xi_i, I] \qquad \textit{mit } [\tau_i, I] \in \boldsymbol{m}_I$$

bestehen die Identitäten

$$\alpha_r(T) = \sup\,\{\inf\,\{\,|\tau_i| : i \in \mathfrak{i}\} : \mathfrak{i} \in \mathfrak{F}_{r+1}(I)\} .$$

Beweis. Wir vereinbaren, daß wir den auf der rechten Seite der behaupteten Identität stehenden Ausdruck mit σ_r bezeichnen. Dann ist die Menge

$$\mathfrak{i}_0 = \{i \in I : |\tau_i| > \sigma_r\}$$

höchstens r-elementig, und die durch den Ansatz

$$A[\xi_i, I] = [\tau_i(\mathfrak{i}_0)\,\xi_i, I]$$

definierte Abbildung A gehört zu $\mathcal{A}_r(\boldsymbol{m}_I, \boldsymbol{m}_I)$. Folglich hat man

$$\alpha_r(T) \leqq \beta\,(T - A) = \sup\,\{\,|\tau_i| : i \in I \setminus \mathfrak{i}_0\} \leqq \sigma_r .$$

Für den Fall, daß $\sigma_r = 0$ gilt, ist unsere Behauptung damit bereits bewiesen. Anderenfalls betrachten wir ein beliebige Menge $\mathfrak{i} \in \mathfrak{F}_{r+1}(I)$ mit

$$\varrho_{\mathfrak{i}} = \inf\,\{\,|\tau_i| : i \in \mathfrak{i}\} > 0$$

und definieren durch den Ansatz

$$P_{\mathfrak{i}}[\xi_i, I] = [\xi_i, \mathfrak{i}]$$

eine Abbildung $P_{\mathfrak{i}} \in \mathcal{L}(\boldsymbol{m}_I, \boldsymbol{m}_{\mathfrak{i}})$ mit $\boldsymbol{\beta}(P_{\mathfrak{i}}) = 1$. Weil die Abbildung $T_{\mathfrak{i}} = P_{\mathfrak{i}}\, T$ die Form

$$T_{\mathfrak{i}}[\xi_i\, I] = [\tau_i, \xi_i, \mathfrak{i}]$$

hat, können wir durch den Ansatz

$$S_{\mathfrak{i}}[\xi_i, \mathfrak{i}] = [\eta_i, I] \quad \text{mit}\, \eta_i = \begin{cases} \tau_i^{-1}\, \xi_i & \text{für } i \in \mathfrak{i} \\ 0 & \text{für } i \notin \mathfrak{i} \end{cases}$$

eine Abbildung $S_{\mathfrak{i}} \in \mathcal{L}(\boldsymbol{m}_{\mathfrak{i}}, \boldsymbol{m}_I)$ mit $\boldsymbol{\beta}(S_{\mathfrak{i}}) = \varrho_{\mathfrak{i}}^{-1}$ erklären, für die mit $[\xi_i, \mathfrak{i}] \in \boldsymbol{m}_{\mathfrak{i}}$ stets

$$T_{\mathfrak{i}}\, S_{\mathfrak{i}}[\xi_i, \mathfrak{i}] = [\xi_i, \mathfrak{i}]$$

gilt. Folglich hat man

$$\varrho_{\mathfrak{i}} = \boldsymbol{\beta}(S_{\mathfrak{i}})^{-1} \leqq \alpha_r(T_{\mathfrak{i}}) \leqq \boldsymbol{\beta}(P_{\mathfrak{i}})\, \alpha_r(T) = \alpha_r(T)\,.$$

Da $\mathfrak{i}$ eine im wesentlichen beliebige Teilmenge aus $\mathfrak{F}_{r+1}(I)$ war, gilt somit auch

$$\sigma_r \leqq \alpha_r(T)\,,$$

und die behauptete Identität ist bewiesen.

8.2. Abbildungen vom Typus l^p

8.2.1. Sind E und F zwei beliebige normierte Räume, so betrachten wir für jede positive Zahl p die Gesamtheit $\boldsymbol{l}^p(E, F)$ aller Abbildungen $T \in \mathcal{L}(E, F)$, für die

$$\sum_R \alpha_r(T)^p < +\infty \qquad \text{mit } R = \{0, 1, 2, \ldots\}$$

gilt, und wir sagen, daß diese Abbildungen vom **Typus $\boldsymbol{l}^p$** sind.

8.2.2. SATZ. *$\boldsymbol{l}^p(E, F)$ ist ein linearer Raum.*

Beweis. Da für zwei Zahlen $\xi, \eta \geqq 0$ stets die Ungleichung

$$(\xi + \eta)^p \leqq \tau_p(\xi^p + \eta^p) \quad \text{mit } \tau^p = \max\{2^{p-1}, 1\}$$

besteht, ergibt sich unter Benutzung von Satz 1 aus 8.1.2 für zwei Abbildungen $S, T \in \boldsymbol{l}^p(E, F)$ die Abschätzung

$$\begin{aligned} \sum_R \alpha_r(S + T)^p &\leqq 2 \sum_R \alpha_{2r}(S + T)^p \\ &\leqq 2 \sum_R [\alpha_r(S) + \alpha_r(T)]^p \leqq 2\,\tau_p \sum_R [\alpha_r(S)^p + \alpha_r(T)^p]\,. \end{aligned}$$

Folglich ist auch die Abbildung $S + T$ vom Typus $\boldsymbol{l}^p$.

Andererseits gehört wegen

$$\sum_R \alpha_r(\lambda, T)^p = |\lambda|^p \sum_R \alpha_r(T)^p$$

für jede Zahl λ mit T auch die Abbildung $\lambda\, T$ zu $\boldsymbol{l}^p(E, F)$.

8.2.3. Wir definieren nun durch den Ansatz

$$\varrho_p(T) = \left\{\sum_R \alpha_r(T)^p\right\}^{1/p}$$

auf $l^p(E, F)$ eine reellwertige Funktion mit den folgenden Eigenschaften.

(Q_1) *Es gilt stets* $\varrho_p(T) \geqq 0$.
(Q_2) *Aus* $\varrho_p(T) = 0$ *folgt* $T = 0$.
(Q_3) *Für alle Zahlen* λ *hat man* $\varrho_p(\lambda T) = |\lambda| \, \varrho_p(T)$.
(Q_4) *Mit einer Zahl* $\sigma_p \geqq 1$ *besteht die Ungleichung*

$$\varrho_p(S + T) \leqq \sigma_p[\varrho_p(S) + \varrho_p(T)] \quad \textit{für } S, T \in l^p(E, F) .$$

Da die Aussagen (Q_1), (Q_2) und (Q_3) unmittelbar klar sind, bewiesen wir nur die Ungleichung (Q_4). Dazu schreiben wir die in 8.2.2 abgeleitete Abschätzung in der Form

$$\varrho_p(S + T)^p \leqq 2\,\tau_p[\varrho_p(S)^p + \varrho_p(T)^p] .$$

Folglich gilt

$$\varrho_p(S + T) \leqq (2\,\tau_p)^{1/p}\,\tau_{1/p}\,[\varrho_p(S) + \varrho_p(T)] ,$$

und man kann für σ_p die Zahl

$$(2\,\tau_p)^{1/p}\,\tau_{1/p} = \begin{cases} 2 & \text{für } p \geqq 1 \\ 2^{2/p-1} & \text{für } p \leqq 1 \end{cases}$$

verwenden.

Auf Grund der angegebenen Eigenschaften wird $\varrho_p(T)$ als **Quasinorm** bezeichnet. Man erhält auf $l^p(E, F)$ eine metrische Topologie, wenn man die Mengen

$$U_\varepsilon(T) = \{S \in l^p(E, F) : \varrho_p(S - T) \leqq \varepsilon\} \qquad \text{mit } \varepsilon > 0$$

als Fundamentalsystem von Umgebungen der Abbildung T benutzt.

8.2.4. LEMMA. *Ist* $\{T_\alpha\}$ *ein gerichtetes Cauchy-System aus* $l^p(E, F)$, *und gibt es eine Abbildung* $T \in \mathcal{L}(E, F)$ *mit* $\lim_\alpha T_\alpha x = T\,x$ *für* $x \in E$, *so gehört* T *zu* $l^p(E, F)$, *und es gilt* $\varrho_p - \lim_\alpha T_\alpha = T$.

Beweis. Da für alle Abbildungen $S \in l^p(E, F)$ die Ungleichung $\varrho_p(S) \geqq \beta(S)$ besteht, ist $\{T_\alpha\}$ auch ein gerichtetes Cauchy-System in $\mathcal{L}(E, F)$, das wegen $\lim_\alpha T_\alpha\,x = T\,x$ für $x \in E$ gegen die Abbildung T konvergiert.

Da wegen Satz 2 aus 8.1.2 die Abschätzung

$$|\alpha_r\,(T - T_\alpha) - \alpha_r\,(T_\beta - T_\alpha)| \leqq \beta\,(T - T_\beta)$$

gilt, hat man

$$\lim_\beta \alpha_r\,(T_\beta - T_\alpha) = \alpha_r\,(T - T_\alpha) .$$

Nun bestimmen wir zu einer beliebig vorgegebenen positiven Zahl δ ein α_0 mit

$$\varrho_p(T_\beta - T_\alpha) = \left\{\sum_R \alpha_r\,(T_\beta - T_\alpha)^p\right\}^{1/p} \leqq \delta \quad \text{für } \alpha, \beta \geqq \alpha_0 .$$

Dann ergibt sich durch Grenzübergang die Aussage

$$\varrho_p\,(T - T_\alpha) = \left\{\sum_R \alpha_r\,(T - T_\alpha)^p\right\}^{1/p} \leqq \delta \qquad \text{für } \alpha \geqq \alpha_0 .$$

Folglich gehört die Abbildung $T - T_{\alpha_0}$ und somit auch T zu $l^p(E, F)$, und das gerichtete Cauchy-System $\{T_\alpha\}$ konvergiert in $l^p(E, F)$ gegen T.

Als einfache Folgerung aus dem soeben bewiesenen Lemma ergibt sich der

SATZ. *Für einen normierten Raum E und einen Banachraum F ist $\mathfrak{l}^p(E, F)$ vollständig.*

8.2.5. SATZ. *Der lineare Raum $\mathcal{A}(E, F)$ liegt dicht in $\mathfrak{l}^p(E, F)$.*

Beweis. Offenbar gehört jede ausgeartete Abbildung $T \in \mathcal{L}(E, F)$ zu $\mathfrak{l}^p(E, F)$, denn die Folge $\{\alpha_r(T)\}$ enthält nur endlich viele von 0 verschiedene Zahlen.

Hat man andererseits eine Abbildung $T \in \mathfrak{l}^p(E, F)$, so gibt es zu jeder positiven Zahl δ eine natürliche Zahl s mit

$$\sum_{r=s+1}^{\infty} \alpha_r(T)^p < \frac{1}{3}\delta^p .$$

Weil die Folge der Approximationszahlen monoton fällt, gilt dann

$$s\,\alpha_{2s}(T)^p \leqq \sum_{r=s+1}^{2s} \alpha_r(T)^p < \frac{1}{3}\delta^p .$$

Nun bestimmen wir eine Abbildung $A \in \mathcal{A}_{2s}(E, F)$ mit

$$s\,\beta(T-A)^p < \frac{1}{3}\delta^p .$$

Dann hat man

$$\alpha_r(T-A) = \alpha_r(T) \qquad \text{für } r \geqq 2\,s\,,$$

und es ergibt sich die Ungleichung

$$\begin{aligned} \varrho_p(T-A)^p &= \sum_{r=0}^{2s-1} \alpha_r(T-A)^p + \sum_{r=2s}^{\infty} \alpha_r(T-A)^p \\ &\leqq 2\,s\,\beta(T-A)^p + \sum_{r=2s}^{\infty} \alpha_r(T)^p \leqq \frac{2}{3}\delta^p + \frac{1}{3}\delta^p = \delta^p . \end{aligned}$$

Damit ist unsere Behauptung bewiesen, denn wir haben zu der beliebigen positiven Zahl δ eine Abbildung $A \in \mathcal{A}(E, F)$ mit $\varrho_p(T-A) \leqq \delta$ bestimmt.

8.2.6. SATZ. *Jede Abbildung vom Typus $\mathfrak{l}^p$ ist präkompakt.*

Beweis. Nach 8.2.5 gibt es zu jeder Abbildung $T \in \mathfrak{l}^p(E, F)$ eine Folge von Abbildungen $T_n \in \mathcal{A}(E, F)$ mit

$$\lim_n \varrho_p(T - T_n) = 0 .$$

Da aber für alle Abbildungen $S \in \mathfrak{l}^p(E, F)$ die Ungleichung $\varrho_p(S) \geqq \beta(S)$ besteht, hat man auch

$$\lim_n \beta(T - T_n) = 0 .$$

Folglich ist die Abbildung T nach 0.10.6 präkompakt.

8.2.7. Sind E, F und G drei normierte Räume, so gilt das wichtige

THEOREM. *Aus $T \in \mathfrak{l}^p(E, F)$ und $S \in \mathfrak{l}^q(F, G)$ folgt $S\,T \in \mathfrak{l}^s(E, G)$ mit*

$$\frac{1}{s} = \frac{1}{p} + \frac{1}{q} .$$

Beweis. Unter Verwendung der verallgemeinerten Hölderschen Ungleichung

$$\left\{\sum_R |\xi_r \eta_r|^s\right\}^{1/s} \leqq \left\{\sum_R |\xi_r|^p\right\}^{1/p} \cdot \left\{\sum_R |\eta_r|^q\right\}^{1/q}$$

und Satz 5 aus 8.1.2 ergibt sich die Abschätzung

$$\varrho_s(S\,T) = \left\{\sum_R \alpha_r(S\,T)^s\right\}^{1/s} \leqq \left\{2 \sum_R \alpha_{2r}(S\,T)^s\right\}^{1/s} \leqq \left\{2 \sum_R [\alpha_r(S)\,\alpha_r(T)]^s\right\}^{1/s}$$

$$\leqq 2^{1/s} \left\{\sum_R \alpha_r(S)^q\right\}^{1/q} \cdot \left\{\sum_R \alpha_r(T)^p\right\}^{1/p} = 2^{1/s}\, \varrho_q(S)\, \varrho_p(T)\,.$$

Demnach gehört das Produkt $S\,T$ zu $\mathfrak{l}^s(E, G)$.

8.2.8. Außerdem erhalten wir noch den

SATZ. (1) *Aus $T \in \mathscr{L}(E, F)$ und $S \in \mathfrak{l}^p(F, G)$ folgt $S\,T \in \mathfrak{l}^p(E, G)$, und es gilt*

$$\varrho_p(S\,T) \leqq \varrho_p(S)\, \beta(T)\,.$$

(2) *Aus $T \in \mathfrak{l}^p(E, F)$ und $S \in \mathscr{L}(F, G)$ folgt $S\,T \in \mathfrak{l}^p(E, G)$, und es gilt*

$$\varrho_p(S\,T) \leqq \beta(S)\, \varrho_p(T)\,.$$

Beweis. Wegen Satz 5 aus 8.1.2 hat man

$$\alpha_r(S\,T) \leqq \alpha_r(S)\, \beta(T) \quad \text{bzw.} \quad \alpha_r(S\,T) \leqq \beta(S)\, \alpha_r(T)\,.$$

Folglich besteht die Ungleichung

$$\varrho_p(S\,T) \leqq \varrho_p(S)\, \beta(T) \quad \text{bzw.} \quad \varrho_p(S\,T) \leqq \beta(S)\, \varrho_p(T)\,.$$

Damit ist unsere Behauptung bewiesen.

8.2.9. Abschließend geben wir noch eine einfache Klasse von Abbildungen an, die vom Typus $\mathfrak{l}^p$ sind.

SATZ. *Eine Abbildung $T \in \mathscr{L}(\boldsymbol{m}_I, \boldsymbol{m}_I)$ der Form*

$$T[\xi_i, I] = [\tau_i\, \xi_i\, I] \quad \textit{mit } [\xi_i, I] \in \boldsymbol{m}_I$$

ist dann und nur dann vom Typus $\mathfrak{l}^p$, wenn die Beziehung

$$\varrho_p(T) = \left\{\sum_I |\tau_i|^p\right\}^{1/p} < +\infty$$

besteht.

Beweis. Wir nehmen zuerst an, daß die Abbildung T vom Typus $\mathfrak{l}^p$ ist. Dann gilt insbesondere

$$\lim_r \alpha_r(T) = 0\,.$$

Folglich müssen alle Mengen

$$\mathfrak{i}_n = \left\{i \in I : |\tau_i| \geqq \frac{1}{n}\right\} \quad \text{mit } n \in N$$

endlich sein, weil sonst wegen Satz 8.1.5 die Beziehung

$$\alpha_r(T) \geqq \frac{1}{n} \quad \text{für alle } r \in R$$

gelten würde. Die Menge

$$I_0 = \{i \in I : |\tau_i| > 0\} = \bigcup_N \mathfrak{i}_n$$

hat deshalb die Form

$$I_0 = \{i_0, i_1, \ldots, i_s\} \quad \text{oder} \quad I_0 = \{i_0, i_1, i_2, \ldots\}\,.$$

Dabei kann man zusätzlich erreichen, daß aus $m \leqq n$ stets $|\tau_{i_m}| \geqq |\tau_{i_n}|$ folgt. Somit bestehen wegen Satz 8.1.5 die Identitäten

$$\alpha_r(T) = \begin{cases} |\tau_{i_r}| & \text{für } 0 \leqq r \leqq s \\ 0 & \text{für } r > s\,, \end{cases}$$

und man hat

$$\left\{\sum_I |\tau_i|^p\right\}^{1/p} = \left\{\sum_R \alpha_r(T)^p\right\}^{1/p} = \varrho_p(T) < +\infty\,.$$

Ist T andererseits eine Abbildung mit

$$\left\{\sum_I |\tau_i|^p\right\}^{1/p} < +\infty\,,$$

so sind die Mengen

$$\mathfrak{i}_n = \left\{i \in I : |\tau_i| \geqq \frac{1}{n}\right\} \quad \text{mit } n \in N$$

ebenfalls endlich, und die Identität

$$\varrho_p(T) = \left\{\sum_R \alpha_r(T)^p\right\}^{1/p} = \left\{\sum_I |\tau_i|^p\right\}^{1/p} < +\infty$$

ergibt sich genauso wie im ersten Teil unseres Beweises. Folglich ist die Abbildung T vom Typus $\mathfrak{l}^p$.

8.3. Die Approximationszahlen von kompakten Abbildungen in Hilberträumen

8.3.1. In diesem Abschnitt wollen wir stets voraussetzen, daß E und F zwei Hilberträume mit den abgeschlossenen Einheitskugeln U und V sind. Dann lassen sich die kompakten linearen Abbildungen von E in F auf eine sehr einfache Weise darstellen.

SPEKTRALZERLEGUNGSSATZ. *Zu jeder kompakten Abbildung $T \in \mathfrak{L}(E, F)$ gibt es zwei Orthogonalsysteme $[e_i, I]$ und $[f_i, I]$ aus E bzw. F sowie eine Zahlenfamilie $[\lambda_i, I] \in \mathfrak{c}_I$ mit $\lambda_i > 0$, so daß*

$$T\,x = \sum_I \lambda_i (x, e_i)\, f_i \quad \text{für alle } x \in E$$

gilt.

Beweis. Wir betrachten die bezüglich der mengentheoretischen Inklusion induktiv geordnete Gesamtheit aller Orthonormalsysteme von E, die aus solchen Elementen e bestehen, zu denen eine positive Zahl λ mit

$$T^*\,T\,e = \lambda^2\,e$$

existiert. Auf Grund des Zornschen Lemmas gibt es dann ein maximales Orthonormalsystem $[e_i, I]$, so daß mit gewissen positiven Zahlen λ_i die Gleichungen

$$T^*\,T\,e_i = \lambda_i^2\,e_i$$

gelten. Dann wird durch den Ansatz

$$P\,x = x - \sum_I (x, e_i)\, e_i \quad \text{für} \quad x \in E \qquad (*)$$

ein stetiger Projektor P definiert, dessen Bildraum $\mathfrak{R}(P)$ aus allen Elementen $x \in E$ mit $(x, e_i) = 0$ für $i \in I$ besteht.

Wir wollen nun annehmen, daß für die Abbildung $T_0 = T\,P$ die Aussage $\lambda_0 = \beta(T_0) > 0$ gilt. Dann gibt es in E nach dem anschließenden Lemma ein Element e_0 mit

$$T_0^*\,T_0\,e_0 = \lambda_0^2\,e_0 \quad \text{und} \quad p_U(e_0) = 1\,.$$

Wegen $T_0^* = P\,T^*$ gilt

$$e_0 = \lambda_0^{-2}\,P\,T^*\,T\,P\,e_0 \in \mathfrak{R}(P)\,,$$

und aus der Beziehung

$$(T^*\,T\,e_0, e_i) = (e_0, T^*\,T\,e_i) = \lambda_i^2(e_0, e_i) = 0 \quad \text{für } i \in I$$

folgt, daß auch $T^*\,T\,e_0$ in $\mathfrak{R}(P)$ liegt. Deshalb hat man

$$T^*\,T\,e_0 = P\,T^*\,T\,P\,e_0 = T_0^*\,T_0\,e_0 = \lambda_0^2\,e_0\,.$$

Demzufolge könnte man das maximale Orthonormalsystem $[e_i, I]$ durch Hinzunahme des Elementes e_0 vergrößern. Weil das aber nicht sein kann, muß die Aussage $\beta(T_0) = 0$ oder $T_0 = 0$ gelten.

Nun erhalten wir wegen (*) für die Abbildung T die Darstellung

$$T\,x = T\left[\sum_I (x, e_i)\,e_i\right] + T\,P\,x = \sum_I (x, e_i)\,T\,e_i \quad \text{für } x \in E\,.$$

Setzt man schließlich $f_i = \lambda_i^{-1}\,T\,e_i$, so gilt

$$T\,x = \sum_I \lambda_i(x, e_i)\,f_i \quad \text{für } x \in E\,,$$

und die Elemente f_i bilden wegen

$$(f_i, f_j) = (\lambda_i^{-1}\,T\,e_i, \lambda_j^{-1}\,T\,e_j) = (\lambda_i^{-1}\,T^*\,T\,e_i\,, \lambda_j^{-1}\,e_j) = \lambda_i\,\lambda_j^{-1}\,\delta_{ij}$$

ein Orthonormalsystem in F.

Abschließend zeigen wir, daß die Zahlenfamilie $[\lambda_i, I]$ zu $\mathbf{c}_I$ gehört. Zu diesem Zweck betrachten wir für eine beliebige positive Zahl δ die Menge

$$I_\delta = \{i \in I : \lambda_i \geqq \delta\}\,.$$

Dann gilt für zwei verschiedene Indizes $i, j \in I_\delta$ stets

$$p_V(T\,e_i - T\,e_j)^2 = p_V\,(\lambda_i\,f_i - \lambda_j\,f_j)^2 = \lambda_i^2 + \lambda_j^2 \geqq 2\,\delta^2\,.$$

Da aber die Menge aller Elemente $T\,e_i$ mit $i \in I$ wegen $e_i \in U$ präkompakt ist, muß I_δ endlich sein.

LEMMA. *Zu jeder kompakten Abbildung* $T \in \mathfrak{L}(E, F)$ *mit* $\lambda = \beta(T) > 0$ *existiert ein Element* $e \in E$ *mit*

$$T^*\,T\,e = \lambda^2\,e \quad \textit{und} \quad p_U(e) = 1\,.$$

Beweis. Wegen

$$\lambda = \sup\,\{p_V(T\,x) : x \in U\}$$

gibt es in U eine Folge von Elementen x_n mit

$$\lim_n p_V(T\,x_n) = \lambda\,.$$

Weil die Abbildung T nach Voraussetzung kompakt sein sollte, kann man dabei stets annehmen, daß die Folge $\{T\,x_n\}$ in F gegen ein Element $\lambda\,f$ konvergiert. Setzt man $T^*\,f = \lambda\,e$, so gilt

$$\lim_n T^*\,T\,x_n = \lambda^2\,e\,. \tag{1}$$

Da die rechte Seite der Identität

$$p_U(T^*\,T\,x_n - \lambda^2\,x_n)^2 = p_U(T^*\,T\,x_n)^2 - 2\,\lambda^2\,p_V\,(T\,x_n)^2 + \lambda^4\,p_U(x_n)^2$$

für $n \to \infty$ gegen 0 strebt, hat man

$$\lim_n (T^*\,T\,x_n - \lambda^2\,x_n) = 0\,. \tag{2}$$

Durch Zusammenfassung von (1) und (2) ergibt sich

$$\lim_n x_n = e\,.$$

Folglich gilt die Gleichung

$$T^*\,T\,e = \lim_n T^*\,T\,x_n = \lambda^2\,e\,.$$

Abschließend erhält man aus der Beziehung

$$\lambda = \lim_n p_V(T\,x_n) = p_V(T\,e) \leqq \lambda\,p_U(e) = \lambda \lim_n p_U(x_n) \leqq \lambda$$

die Aussage $p_U(e) = 1$.

8.3.2. Wir betrachten nun eine beliebige kompakte lineare Abbildung T von E in F und stellen sie auf die angegebene Art dar:

$$T\,x = \sum_I \lambda_i(x, e_i)\,f_i \qquad \text{für } x \in E\,.$$

Wegen $[\lambda_i, I] \in \mathbf{c}_I$ und $\lambda_i > 0$ gehören die Mengen

$$\mathfrak{i}_n = \left\{i \in I : \lambda_i \geqq \frac{1}{n}\right\}$$

zu $\mathfrak{F}(I)$, und es gilt

$$I = \bigcup_N \mathfrak{i}_n\,.$$

Folglich ist die Indexmenge I höchstens abzählbar unendlich, und man kann annehmen, daß sie die Form

$$I = \{0, 1, \ldots, n\} \qquad \text{oder} \qquad I = \{0, 1, 2, \ldots\}$$

hat. Dabei läßt sich zusätzlich erreichen, daß aus $i \leqq j$ stets $\lambda_i \geqq \lambda_j$ folgt. Setzt man jetzt

$$\lambda_r(T) = \begin{cases} \lambda_r & \text{für } r \in I \\ 0 & \text{für } r \notin I \end{cases},$$

so ergibt sich das

THEOREM. *Für jede kompakte Abbildung $T \in \mathcal{L}(E, F)$ gelten die Identitäten*

$$\alpha_r(T) = \lambda_r(T) .$$

Beweis. Wir bringen die Abbildung T auf die Form

$$T\,x = \sum_I \lambda_i(T)\,(x, e_i)\,f_i \qquad \text{für } x \in E$$

und definieren für jede Zahl $r \in I$ die Abbildung $A_0 \in \mathcal{A}_r(E, F)$ durch den Ansatz

$$A_0\,x = \sum_{i=0}^{r-1} \lambda_i(T)\,(x, e_i)\,f_i \qquad \text{für } x \in E .$$

Wegen

$$p_V(T\,x - A_0\,x)^2 = \sum_{i \geqq r} \lambda_i(T)^2\,|(x, e_i)|^2 \leqq \lambda_r(T)^2\,p_U(x)^2 \quad \text{für } x \in E$$

gilt dann

$$\alpha_r(T) \leqq \beta(T - A_0) \leqq \lambda_r(T) . \tag{1}$$

Ist andererseits A eine beliebige Abbildung aus $\mathcal{A}_r(E, F)$, so kann man sie mit Elementen $a_1, \ldots, a_r \in E$ und $y_1, \ldots, y_r \in F$ in der Form

$$A\,x = \sum_{k=1}^{r} (x, a_k)\,y_k \qquad \text{für } x \in E$$

darstellen. Nun bestimmen wir eine nicht triviale Lösung des homogenen Gleichungssystems

$$\sum_{i=0}^{r} \xi_i(e_i, a_k) = 0 \qquad (k = 1, \ldots, r) ,$$

die wir so normieren können, daß

$$\sum_{i=0}^{r} |\xi_i|^2 = 1$$

gilt. Für das Element

$$x_0 = \sum_{i=0}^{r} \xi_i\,e_i$$

ergibt sich dann die Aussage

$$A\,x_0 = \sum_{k=1}^{r} (x_0, a_k)\,y_k = \sum_{k=1}^{r} \sum_{i=0}^{r} \xi_i(e_i, a_k)\,y_k = 0 .$$

Folglich besteht wegen $p_U(x_0) = 1$ die Abschätzung

$$\beta\,(T - A)^2 \geqq p_V(T\,x_0 - A\,x_0)^2 = p_V(T\,x_0)^2 = \sum_{i=0}^{r} \lambda_i(T)^2\,|\xi_i|^2 \geqq \lambda_r(T)^2 .$$

Da aber A eine beliebige Abbildung aus $\mathcal{A}_r(E, F)$ war, erhalten wir die Ungleichung

$$\alpha_r(T) \geqq \lambda_r(T) . \tag{2}$$

Durch Zusammenfassung von (1) und (2) ergibt sich schließlich für alle Zahlen $r \in I$ die behauptete Identität.

Liegt dagegen r nicht in I, so hat man nach Definition $\lambda_r(T) = 0$. Da aber dann die Dimension des Bildraumes von T höchstens gleich r sein kann, gehört T zu $\mathcal{A}_r(E, F)$, und es gilt auch $\alpha_r(T) = 0$.

8.3.3. THEOREM. *Sind E und F zwei Hilberträume, so fallen die nuklearen Abbildungen von E in F mit den Abbildungen vom Typus $\mathfrak{l}^1$ zusammen, und für $T \in \mathcal{N}(E, F) = \mathfrak{l}^1(E, F)$ gilt $\boldsymbol{\nu}(T) = \varrho_1(T)$.*

Beweis. Wir betrachten eine beliebige nukleare Abbildung $T \in N(E, F)$ und stellen sie nach 8.3.1 in der Form

$$T\,x = \sum_I \lambda_i(x, e_i)\, f_i \qquad \text{für } x \in E$$

dar.

Weil T nuklear ist, gibt es zu jeder positiven Zahl δ Elemente $x_n \in E$ und $y_n \in F$ mit

$$\sum_N p_U(x_n)\, p_V(y_n) \leqq \boldsymbol{\nu}(T) + \delta$$

und

$$T\,x = \sum_N (x, x_n)\, y_n \qquad \text{für } x \in E\,.$$

Folglich ergibt sich wegen

$$\lambda_i = (T\,e_i, f_i) = \sum_N (e_i, x_n)\,(y_n, f_i)$$

die Abschätzung

$$\sum_I \lambda_i \leqq \sum_N \sum_I |(e_i, x_n)\,(y_n, f_i)| \leqq \sum_N \left\{\sum_I |(e_i, x_n)|^2\right\}^{1/2} \left\{\sum_I |(y_n, f_i)|^2\right\}^{1/2}$$

$$\leqq \sum_N p_U(x_n)\, p_V(y_n) \leqq \boldsymbol{\nu}(T) + \delta\,,$$

aus der durch den Grenzübergang $\delta \to 0$ die Ungleichung

$$\sum_I \lambda_i \leqq \boldsymbol{\nu}(T)$$

folgt. Da aber die Indexmenge I endlich oder abzählbar unendlich ist, gilt andererseits wegen 3.1.1 auch

$$\boldsymbol{\nu}(T) \leqq \sum_I \lambda_i\, p_U(e_i)\, p_V(f_i) = \sum_I \lambda_i\,.$$

Folglich hat man

$$\boldsymbol{\nu}(T) = \sum_I \lambda_i\,.$$

Da aber wegen Theoremen 8.3.2 die Beziehung

$$\varrho_1(T) = \sum_R \alpha_r(T) = \sum_I \lambda_i$$

besteht, gilt die Identität

$$\varrho_1(T) = \boldsymbol{\nu}(T)\,.$$

Damit haben wir bewiesen, daß jede nukleare Abbildung vom Typus $\mathfrak{l}^1$ ist.

Andererseits müssen alle Abbildungen vom Typus $\mathfrak{l}^1$ nuklear sein, denn sie lassen sich in der Form

$$T\,x = \sum \lambda_i(x, e_i)\, f_i \qquad \text{für } x \in E$$

mit

$$\sum_I \lambda_i\, p_U(e_i)\, p_V(f_i) < +\infty$$

darstellen.

8.3.4. THEOREM. *Sind E und F zwei Hilberträume, so fallen die Hilbert-Schmidt-Abbildungen von E in F mit den Abbildungen vom Typus $\mathfrak{l}^2$ zusammen, und für $T \in \mathcal{S}(E, F) = \mathfrak{l}^2(E, F)$ gilt $\sigma(T) = \varrho_2(T)$.*

Beweis. Wir betrachten eine beliebige kompakte Abbildung $T \in \mathcal{L}(E, F)$ und stellen sie nach 8.4.1 in der Form

$$T\,x = \sum \lambda_i\,(x, e_i)\,f_i \qquad \text{für } x \in E$$

dar. Wird das Orthonormalsystem $[e_i, I]$ zu einem vollständigen Orthonormalsystem $[e_i, I']$ von E erweitert, so hat man $T\,e_i = 0$ für $i \in I' \setminus I$. Folglich besteht wegen Theorem 8.3.2 die Identität

$$\sigma(T)^2 = \sum_{I'} p_V(T\,e_i)^2 = \sum_{I} \lambda_i^2 = \sum_{R} \alpha_r(T)^2 = \varrho_2(T)^2\,.$$

Deshalb sind die beiden Aussagen

$$\sigma(T) < +\infty \quad \text{und} \quad \varrho_2(T) < +\infty$$

für jede kompakte Abbildung $T \in \mathcal{L}(E, F)$ äquivalent. Damit ist aber unsere Behauptung bewiesen, denn sowohl die Hilbert-Schmidt-Abbildungen als auch die Abbildungen vom Typus $\mathfrak{l}^2$ sind kompakt.

8.4. Nukleare und absolutsummierende Abbildungen

8.4.1. Für unsere weiteren Betrachtungen benötigen wir das folgende

LEMMA 1. *Zu jedem r-dimensionalen linearen Teilraum F eines normierten Raumes E gibt es Elemente $x_1, \ldots, x_r \in F$ und Linearformen $a_1, \ldots, a_r \in E'$ mit $p_U(x_i) = 1$, $p_{U^0}(a_k) = 1$ und $\langle x_i, a_k\rangle = \delta_{ik}$. Dabei gilt*

$$x = \sum_{i=1}^{r} \langle x, a_i\rangle\, x_i \qquad \textit{für alle } x \in F\,.$$

Beweis. Wir betrachten in F ein beliebiges System von linear unabhängigen Elementen $y_1, \ldots, y_r$ und setzen

$$\delta(b_1, \ldots, b_r) = |\det\{\langle y_i, b_k\rangle\}| \qquad \text{für } b_1, \ldots, b_r \in U^0\,.$$

Dann ist $\delta(b_1, \ldots, b_r)$ eine stetige Funktion auf dem kompakten r-fachen topologischen Produkt der schwach kompakten Einheitskugel U^0 von E'. Folglich muß es Elemente $a_1, \ldots, a_r \in U^0$ geben, für die $\delta(a_1, \ldots, a_r)$ den Maximalwert δ_0 annimmt, der wegen der linearen Unabhängigkeit der Elemente $y_1, \ldots, y_r$ sicher größer als 0 ist.

Sind die Elemente $x_1, \ldots, x_r \in F$ die eindeutig bestimmten Lösungen des Gleichungssystems

$$\sum_{j=1}^{r} \langle y_i, a_j\rangle\, x_j = y_i \qquad (i = 1, \ldots, r),$$

so gilt

$$\langle x_j, a_k\rangle = \delta_{jk}\,.$$

Wegen

$$\sum_{j=1}^{r} \langle y_i, a_j\rangle\,\langle x_j, b_k\rangle = \langle y_i, b_k\rangle \qquad \text{für } b_1, \ldots, b_r \in U^0$$

ergibt sich aus dem Multiplikationstheorem für Determinanten die Identität

$$\delta(a_1, \ldots, a_r) \, |\det \{\langle x_j, b_k \rangle\}| = \delta(b_1, \ldots, b_r) .$$

Deshalb besteht die Ungleichung

$$|\det \{\langle x_j, b_k \rangle\} \, | \leqq 1 \qquad \text{für } b_1, \ldots, b_r \in U^0 .$$

Setzt man insbesondere $b_k = a_k$ für $k \neq i$ und $b_i = b \in U^0$, so erhält man die Aussage

$$|\langle x_i, b \rangle| \leqq 1 \quad \text{für } b \in U^0 \quad \text{oder} \quad p_U(y_i) \leqq 1 .$$

Da nach Voraussetzung auch die Ungleichung $p_{U^0}(a_i) \leqq 1$ gilt, folgt aus der Beziehung

$$1 = \langle x_i, a_i \rangle \leqq p_U(x_i) \, p_{U^0}(a_i) ,$$

daß sogar die Gleichungen

$$p_U(x_i) = 1 \quad \text{und} \quad p_{U^0}(a_i) = 1$$

bestehen.

Weil die Elemente $x_1, \ldots, x_r$ eine linear unabhängige Basis in F bilden, kann man jedes Element $x \in F$ auf eindeutige Weise als Linearkombination

$$x = \sum_{i=1}^{r} \xi_i \, x_i$$

schreiben. Dabei gilt

$$\langle x, a_k \rangle = \sum_{i=1}^{r} \xi_i \, \langle x_i, a_k \rangle = \xi_k .$$

Damit ist unsere Behauptung bewiesen.

Für zwei beliebige normierte Räume E und F mit den abgeschlossenen Einheitskugeln U und V ergibt sich nun das

LEMMA 2. *Jede Abbildung* $T \in \mathcal{A}(E, F)$ *mit* dim $\mathfrak{R}(T) = r$ *kann mit Linearformen* $a_i \in U^0$ *und Elementen* $y_i \in V$ *in der Form*

$$T\, x = \sum_{i=1}^{r} \lambda_i \langle x, a_i \rangle \, y_i$$

dargestellt werden, so daß für die Zahlen λ_i *die Ungleichung*

$$|\lambda_i| \leqq \beta(T)$$

besteht.

Beweis. Zu dem r-dimensionalen Bildraum von T bestimmen wir Elemente $y_i \in \mathfrak{R}(T)$ und Linearformen $b_i \in F'$ mit den in Lemma 1 angegebenen Eigenschaften. Dann besteht die Identität

$$T\, x = \sum_{i=1}^{r} \langle x, T' \, b_i \rangle \, y_i \qquad \text{für } x \in E ,$$

und es gilt

$$\lambda_i = p_{U^0}(T' \, b_i) > 0 .$$

Setzt man schließlich

$$a_i = \lambda_i^{-1} \, T' \, b_i ,$$

so ergibt sich für die Abbildung T die Darstellung

$$T\,x = \sum_{i=1}^{r} \lambda_i \langle x, a_i \rangle\, y_i\,.$$

Außerdem hat man

$$a_i \in U^0\,, \quad y_i \in V \quad \text{und} \quad |\lambda_i| \leqq \beta(T)\,.$$

8.4.2. Nach diesen Vorbereitungen erhalten wir den

SATZ. *Jede Abbildung* $T \in \mathfrak{l}^p(E, F)$ *mit* $0 < p \leqq 1$ *kann mit Linearformen* $a_r \in U^0$ *und Elementen* $y_r \in V$ *in der Form*

$$T\,x = \sum_R \lambda_r \langle x, a_r \rangle\, y_r$$

dargestellt werden, so daß für die Zahlen λ_r *die Ungleichung*

$$\left\{\sum_R |\lambda_r|^p\right\}^{1/p} \leqq 2^{2+3/p}\,\varrho_p(T)$$

besteht.

Beweis. Wir bestimmen für $n = 1, 2, \ldots$ Abbildungen $A_n \in \mathcal{A}_{2^n-2}(E, F)$ mit

$$\beta(T - A_n) \leqq 2\,\alpha_{2^n-2}\,(T)$$

und setzen

$$B_n = A_{n+1} - A_n\,.$$

Dann gelten die Aussagen

$$d_n = \dim \mathfrak{R}(B_n) \leqq 2^{n+2}$$

und

$$\beta(B_n) \leqq \beta(T - A_n) + \beta(T - A_{n+1}) \leqq 4\,\alpha_{2^n-2}(T)\,.$$

Folglich hat man

$$d_n \beta(B_n)^p \leqq 2^{2p+n+2}\,\alpha_{2^n-2}\,(T)^p\,.$$

Weil die Folge $[\alpha_r(T), R]$ monoton fällt, besteht die Ungleichung

$$\sum_N 2^{n-1}\,\alpha_{2^n-2}\,(T)^p \leqq \sum_N \sum_{r=2^{n-1}-1}^{2^n-2} \alpha_r(T)^p = \sum_R \alpha_r(T)^p = \varrho_p(T)^p\,.$$

Deshalb gilt die Abschätzung

$$\sum_N d_n \beta(B_n)^p \leqq 2^{2p+3}\,\varrho_p(T)^p\,.$$

Unter Benutzung von Lemma 2 aus 8.4.1 bringen wir nun die Abbildungen B_n auf die Form

$$B_n\,x = \sum_{i=1}^{d_n} \lambda_i^{[n]} \langle x, a_i^{[n]} \rangle\, y_i^{[n]}\,.$$

Dabei gilt

$$a_i^{[n]} \in U^0\,, \quad y_i^{[n]} \in V \quad \text{und} \quad |\lambda_i^{[n]}| \leqq \beta(B_n)\,.$$

Folglich hat man

$$\sum_N \sum_{i=1}^{d_n} |\lambda_i^{[n]}|^p \leqq \sum_N d_n \beta(B_n)^p \leqq 2^{2p+3}\,\varrho_p(T)^p\,.$$

Damit ist unsere Behauptung bewiesen, denn für alle $x \in E$ gilt die Identität

$$T\,x = \lim_m A_{m+1}\,x = \sum_N B_n\,x = \sum_N \sum_{i=1}^{d_n} \lambda_i^{[n]} \langle x, a_i^{[n]} \rangle\, y_i^{[n]}\,.$$

8.4.3. In 8.3.3 haben wir gezeigt, daß in Hilberträumen die nuklearen Abbildungen mit den Abbildungen vom Typus $\boldsymbol{l}^1$ zusammenfallen. In beliebigen normierten Räumen kann es dagegen nukleare Abbildungen geben, die nicht vom Typus $\boldsymbol{l}^1$ sind. Immerhin ergibt sich als unmittelbare Folgerung aus Satz 8.4.2 das

THEOREM. *Sind E und F zwei normierte Räume, so ist jede Abbildung $T \in \boldsymbol{l}^1(E, F)$ nuklear, und es gilt $\boldsymbol{\nu}(T) \leqq 2^5\, \varrho_1(T)$.*

8.4.4. PROBLEM. *Man bestimme die kleinste positive Zahl ϱ, für die mit allen Abbildungen T vom Typus $\boldsymbol{l}^1$ die Ungleichung*

$$\boldsymbol{\nu}(T) \leqq \varrho\, \varrho_1(T)$$

besteht.

8.4.5. Als Gegenstück zu der Aussage von Theorem 8.4.3 erhalten wir für drei beliebige normierte Räume E, F und G das folgende

THEOREM. *Das Produkt $S\,T$ von zwei absolutsummierenden Abbildungen $T \in \mathfrak{P}(E, F)$ und $S \in \mathfrak{P}(F, G)$ ist vom Typus $\boldsymbol{l}^2$, und es gilt*

$$\varrho_2(S\,T) \leqq \boldsymbol{\pi}(S)\, \boldsymbol{\pi}(T)\,.$$

Beweis. Wie in 3.3.5 benutzen wir für $S\,T$ als Abbildung von E in $\tilde{G}$ die Produktzerlegung

$$S\,T = S_2\, K_2\, \tilde{S}_1\, T_2\, K_T\, T_1\,.$$

Dann gilt wegen Theorem 8.3.4 die Ungleichung

$$\varrho_2(K_S\, \tilde{S}_1\, T_2) = \boldsymbol{\sigma}(K_S\, \tilde{S}_1\, T_2) \leqq \boldsymbol{\pi}(T)\,.$$

Deshalb hat man

$$\varrho_2^{\tilde{G}}(S\,T) \leqq \boldsymbol{\beta}(S_2)\, \varrho_2(K_S\, \tilde{S}_1\, T_2)\, \boldsymbol{\beta}(K_T\, T_1) \leqq \boldsymbol{\pi}(S)\, \boldsymbol{\pi}(T)\,.$$

Damit ist unsere Behauptung bewiesen, denn auf Grund von Satz 8.1.3 ist $S\,T$ auch als Abbildung von E in G vom Typus $\boldsymbol{l}^2$, und es gilt $\varrho_2^G(S\,T) = \varrho_2^{\tilde{G}}(S\,T)$.

8.4.6. Auf genau die gleiche Art wie in 8.4.5 kann man zeigen, daß das Produkt von drei absolutsummierenden Abbildungen stets vom Typus $\boldsymbol{l}^1$ ist.

8.5. Abbildungen vom Typus s

8.5.1. Sind E und F zwei normierte Räume, so betrachten wir die Gesamtheit $\boldsymbol{s}(E, F)$ aller Abbildungen $T \in \mathfrak{L}(E, F)$, für die mit jeder positiven Zahl p die Ungleichung

$$\sum_R \alpha_r(T)^p < +\infty$$

besteht, und wir sagen, daß diese Abbildungen vom **Typus s** sind.

8.5.2. Aus der Beziehung

$$\mathbf{s}(E, F) = \bigcap_{p>0} \mathbf{l}^p(E, F)$$

ergibt sich der

SATZ. *$\mathbf{s}(E, F)$ ist ein linearer Raum.*

8.5.3. Man erhält auf $\mathbf{s}(E, F)$ eine metrische Topologie, wenn man die Mengen

$$U_{p,\varepsilon}(T) = \{S \in \mathbf{s}(E, F) : \varrho_p(S - T) \leqq \varepsilon\} \quad \text{mit } p > 0 \quad \text{und} \quad \varepsilon > 0$$

als Fundamentalsystem von Umgebungen der Abbildung T verwendet.

Als unmittelbare Folgerungen aus 8.2.4 und 8.2.5 ergeben sich dann die beiden folgenden Sätze.

SATZ. *Für einen normierten Raum E und einen Banachraum F ist $\mathbf{s}(E, F)$ vollständig.*

SATZ. *Der lineare Raum $\mathcal{A}(E, F)$ liegt dicht in $\mathbf{s}(E, F)$.*

8.5.4. Sind E, F und G drei normierte Räume, so gilt der

SATZ. (1) *Aus $T \in \mathcal{L}(E, F)$ und $S \in \mathbf{s}(E, F)$ folgt $S\,T \in \mathbf{s}(E, G)$.*
(2) *Aus $T \in \mathbf{s}(E, F)$ und $S \in \mathcal{L}(F, G)$ folgt $S\,T \in \mathbf{s}(E, G)$.*

8.5.5. Eine Zahlenfolge $[\lambda_r, R]$ heißt **schnell fallend**, wenn die Zahlenfolgen $[(r + 1)^k \lambda_r, R]$ mit $k = 0, 1, \ldots$ beschränkt sind.

LEMMA 1. *Ist $[\lambda_r, R]$ eine schnell fallende Zahlenfolge, so besteht für alle Zahlen $k = 0, 1, \ldots$ und $p > 0$ die Ungleichung*

$$\sum_R (r + 1)^k |\lambda_r|^p < + \infty .$$

Beweis. Wir bestimmen eine natürliche Zahl h mit $h\,p \geqq k + 2$. Weil es dann nach Voraussetzung eine positive Zahl ϱ mit

$$(r + 1)^h |\lambda_r| \leqq \varrho \quad \text{für } r \in R$$

gibt, hat man

$$\sum_R (r + 1)^k |\lambda_r|^p \leqq \varrho^p \sum_R (r + 1)^{-2} < + \infty .$$

LEMMA 2. *Jede Zahlenfolge $[\lambda_r, R]$ mit $|\lambda_0| \geqq |\lambda_1| \geqq \cdots \geqq 0$, für die mit allen positiven Zahlen p stets*

$$\sum_R |\lambda_r|^p < + \infty$$

gilt, ist schnell fallend.

Beweis. Unsere Behauptung ergibt sich unmittelbar aus der für $s = 0, 1, \ldots$ gültigen Ungleichung

$$(s + 1)\, |\lambda_s|^p \leqq \sum_{r=0}^{s} |\lambda_r|^p \leqq \sum_R |\lambda_r|^p < + \infty .$$

Nach diesen Vorbereitungen erhält man den

SATZ. *Eine Abbildung $T \in \mathcal{L}(E, F)$ ist dann und nur dann vom Typus $\mathbf{s}$, wenn die Folge ihrer Approximationszahlen schnell fällt.*

8.5.6. Sind E und F zwei normierte Räume mit den abgeschlossenen Einheitskugeln U und V, so gilt das

THEOREM. *Eine Abbildung $T \in \mathcal{L}(E, F)$ ist dann und nur dann vom Typus* $\mathbf{s}$, *wenn sie sich mit Linearformen $a_r \in U^0$, Elementen $y_r \in V$ und einer schnell fallenden Zahlenfolge $[\lambda_r, R]$ in der Form*

$$T\,x = \sum_R \lambda_r \langle x, a_r \rangle\, y_r$$

darstellen läßt.

Notwendigkeit. Ist T eine Abbildung aus $\mathbf{s}(E, F)$, so bestimmen wir für $s \in S = \{0, 1, \ldots\}$ Abbildungen $A_s \in \mathcal{A}_s(E, F)$ mit

$$\beta\,(T - A_s) \leqq 2\,\alpha_s(T)\,.$$

Dann gelten für die Abbildungen $B_s = A_{s+1} - A_s$ die Aussagen

$$d_s = \dim \Re(B_s) \leqq 2\,s + 1 \quad \text{und} \quad \beta(B_s) \leqq 4\,\alpha_s(T)\,,$$

und man hat

$$\sum_S d_s\, \beta(B_s)^p \leqq 2 \cdot 4^p \sum_S (s + 1)\, \alpha_s\,(T)^p < + \infty \quad \text{für alle } p > 0\,.$$

Unter Benutzung von Lemma 2 aus 8.4.1. bringen wir nun die Abbildungen B_s auf die Form

$$B_s\, x = \sum_{i=1}^{d_s} \lambda_i^{[s]}\, \langle x, a_i^{[s]} \rangle\, y_i^{[s]}.$$

Dabei gilt

$$a_i^{[s]} \in U^0,\; y_i^{[s]} \in V \quad \text{und} \quad |\lambda_i^{[s]}| \leqq \beta(B_s)\,.$$

Folglich hat man

$$\sum_S \sum_{i=1}^{d_s} |\lambda_i^{[s]}|^p \leqq \sum_S d_s\, \beta(B_s)^p < + \infty \quad \text{für alle } p > 0\,,$$

und für jedes Element $x \in E$ gilt die Identität

$$T\,x = \lim_r A_{r+1}\, x = \sum_S B_s\, x = \sum_S \sum_{i=1}^{d_s} \lambda_i^{[s]} \langle x, a_i^{[s]} \rangle\, y_i^{[s]}\,.$$

Damit haben wir gezeigt, daß sich die Abbildung T mit Linearformen $a_r \in U^0$ und Elementen $y_r \in V$ in der Form

$$T\,x = \sum_R \lambda_r \langle x, a_r \rangle\, y_r$$

darstellen läßt, so daß für jede positive Zahl p die Ungleichung

$$\sum_R |\lambda_r|^p < + \infty$$

besteht. Da man durch Umordnen von R stets erreichen kann, daß die Aussage $|\lambda_0| \geqq |\lambda_1| \geqq \cdots \geqq 0$ gilt, ist die Zahlenfolge $[\lambda_r, R]$ schnell fallend.

Hinlänglichkeit. Wir betrachten nun eine Abbildung $T \in \mathcal{L}(E, F)$, die sich auf die angegebene Art darstellen läßt. Weil dann die Abbildung A mit

$$A\,x = \sum_{r=0}^{s-1} \lambda_r \langle x, a_r \rangle\, y_r \quad \text{für } x \in E$$

zu $\mathcal{A}_s(E, F)$ gehört, hat man

$$\alpha_s(T) \leqq \beta(T - A) \leqq \sum_{r=s}^{\infty} |\lambda_r| .$$

Folglich gilt für alle p zwischen 0 und 1 die Ungleichung

$$\alpha_s(T)^p \leqq \left(\sum_{r=s}^{\infty} |\lambda_r|\right)^p \leqq \sum_{r=s}^{\infty} |\lambda_r|^p ,$$

aus der sich die Abschätzung

$$\sum_S \alpha_s(T)^p \leqq \sum_S \sum_{r=s}^{\infty} |\lambda_r|^p = \sum_R (r+1) |\lambda_r|^p < +\infty$$

ergibt. Deshalb ist die Abbildung T vom Typus **s**.

8.6. Eine Charakterisierung der nuklearen lokalkonvexen Räume

8.6.1. THEOREM. *Ein lokalkonvexer Raum E ist dann und nur dann nuklear, wenn für eine (jede) positive Zahl p die folgende Aussage gilt:*

Zu jeder Nullumgebung $U \in \mathfrak{U}(E)$ gibt es eine Nullumgebung $V \in \mathfrak{U}(E)$ mit $V \prec U$, so daß die kanonische Abbildung von $E(V)$ auf $E(U)$ vom Typus l^p ist.

Notwendigkeit. Zu einer beliebigen Nullumgebung $U = U_0 \in \mathfrak{U}(E)$ bestimmen wir Nullumgebungen $U_1, \ldots, U_{4n} \in \mathfrak{U}(E)$ mit $U_{4n} \prec \cdots \prec U_1 \prec U_0$, so daß die kanonischen Abbildungen $E(U_k, U_{k-1})$ absolutsummierend sind, und setzen $V = U_{4n}$. Dann ist die Abbildung

$$E(V, U) = E(U_1, U_0) \ldots E(U_{4n}, U_{4n-1})$$

nach Theorem 8.2.7 vom Typus $l^{1/n}$, denn man kann in dem rechtsstehenden Produkt jeweils zwei aufeinanderfolgende absolutsummierende Abbildungen zu einer Abbildung vom Typus l^2 zusammenfassen.

Ist nun p eine beliebige positive Zahl, so wählt man n größer als $1/p$. Dann ist die kanonische Abbildung $E(V, U)$ vom Typus l^p.

Hinlänglichkeit. Wenn die angegebene Aussage für eine positive Zahl p erfüllt ist, bestimmen wir zu einer beliebigen Nullumgebung $U = U_0 \in \mathfrak{U}(E)$ Nullumgebungen $U_1, \ldots, U_n \in \mathfrak{U}(E)$ mit $U_n \prec \cdots \prec U_1 \prec U_0$, so daß die kanonischen Abbildungen $E(U_k, U_{k-1})$ vom Typus l^p sind. Dabei soll die natürliche Zahl n größer als p sein. Wir setzen nun $V = U_n$. Dann ist die Abbildung

$$E(V, U) = E(U_1, U_0) \cdots E(U_n, U_{n-1})$$

nach Theorem 8.2.7 vom Typus $l^{p/n}$. Da aber $p/n < 1$ gilt, muß $E(V, U)$ auf Grund von Theorem 8.4.3 nuklear sein.

8.6.2. Für dualmetrische lokalkonvexe Räume gilt sogar das folgende

THEOREM. *Ein dualmetrischer lokalkonvexer Raum E ist dann und nur dann nuklear, wenn es zu jeder Nullumgebung $U \in \mathfrak{U}(E)$ eine Nullumgebung $V \in \mathfrak{U}(E)$ mit $V \prec U$ gibt, so daß die kanonische Abbildung von $E(V)$ auf $E(U)$ vom Typus* **s** *ist.*

Beweis. Da die Hinlänglichkeit der angegebenen Bedingung unmittelbar aus Theorem 8.6.1 folgt, haben wir nur noch ihre Notwendigkeit zu beweisen. Zu diesem Zweck bestimmen wir eine Folge von Nullumgebungen $V_n \in \mathfrak{U}(E)$ mit $V_n \prec U$, so daß die kanonische Abbildung von $E(V_n)$ auf $E(U)$ vom Typus $l^{1/n}$ ist. Wir betrachten jetzt in E ein Fundamentalsystem von beschränkten Teilmengen B_n mit $B_1 \subset B_2 \subset \ldots$. Dann gibt es positive Zahlen ϱ_{mn} mit $B_m \subset \varrho_{mn} V_n$, und wir können die abgeschlossene und absolutkonvexe Menge

$$V = \bigcap_{N} \varrho_{nn} V_n$$

bilden. Weil die Aussage

$$B_m \subset \sup \{\varrho_{mn} \varrho_{nn}^{-1} : n = 1, \ldots, m\} V \quad \text{für } m = 1, 2, \ldots$$

gilt, gibt es zu jeder beschränkten Teilmenge B von E eine positive Zahl ϱ mit $B \subset \varrho V$. Da aber der nukleare dualmetrische Raum E auf Grund von Lemma 4.4.12 quasitonneliert ist, muß V eine Nullumgebung von E sein. Die kanonische Abbildung von $E(V)$ auf $E(U)$ ist jedoch vom Typus $\mathbf{s}$, denn sie kann mit $n = 1, 2, \ldots$ in der Form

$$E(V, U) = E(V_n, U)\, E(V, V_n)$$

dargestellt werden.

8.6.3. Wie man sich leicht am Beispiel des Folgenraumes $\sum$ klar machen kann, braucht es in einem nuklearen metrischen lokalkonvexen Raum E zu einer beliebigen Nullumgebung $U \subset \mathfrak{U}(E)$ nicht immer eine Nullumgebung $V \subset \mathfrak{U}(E)$ mit $V \prec U$ zu geben, so daß die kanonische Abbildung von $E(V)$ auf $E(U)$ vom Typus $\mathbf{s}$ ist.

8.6.4. Unter Verwendung der gleichen Schlüsse wie in 8.6.1 ergibt sich das

THEOREM. *Ein lokalkonvexer Raum E ist dann und nur dann dualnuklear, wenn für eine (jede) positive Zahl p die folgende Aussage gilt:*

Zu jeder Menge $A \in \mathfrak{B}(E)$ gibt es eine Menge $B \in \mathfrak{B}(E)$ mit $A \prec B$, so daß die kanonische Abbildung von $E(A)$ in $E(B)$ vom Typus l^p ist.

8.6.5. Als duales Analogon zu der Aussage von 8.6.2 erhält man das

THEOREM. *Ein metrischer lokalkonvexer Raum E ist dann und nur dann dualnuklear, wenn es zu jeder Menge $A \in \mathfrak{B}(E)$ eine Menge $B \in \mathfrak{B}(E)$ mit $A \prec B$ gibt, so daß die kanonische Abbildung von $E(A)$ in $E(B)$ vom Typus $\mathbf{s}$ ist.*

8.6.6. Eine wesentliche Verschärfung von Satz 4.4.3 liefert der folgende

SATZ. *Für einen nuklearen oder dualnuklearen lokalkonvexen Raum E sind alle kanonischen Abbildungen $E(A, U)$ mit $A \in \mathfrak{B}(E)$ und $U \in \mathfrak{U}(E)$ vom Typus $\mathbf{s}$.*

Beweis. Ist V eine beliebige Nullumgebung aus $\mathfrak{U}(E)$ mit $V \prec U$, so gilt die Identität

$$E(A, U) = E(V, U)\, E(A, V) .$$

Auf Grund von Theorem 8.6.1 kann man aber V im Falle eines nuklearen lokalkonvexen Raumes insbesondere so wählen, daß $E(V, U)$ und somit auch $E(A, U)$ für eine beliebige positive Zahl p vom Typus l^p ist. Folglich muß die kanonische Abbildung $E(A, U)$ vom Typus $\mathbf{s}$ sein.

Der Beweis unserer Behauptung für dualnukleare lokalkonvexe Räume verläuft analog, wenn man die kanonische Abbildung $E(A, U)$ mit einer Menge $B \in \mathfrak{B}(E)$ in der Form

$$E(A, U) = E(B, U)\, E(A, B)$$

schreibt.

8.6.7. Als Ergänzung von 4.4.6 ergibt sich schließlich das

THEOREM. *Ein metrischer oder dualmetrischer lokalkonvexer Raum E ist dann und nur dann nuklear, wenn in ihm alle kanonischen Abbildungen $E(K, U)$ mit $K \in \mathfrak{K}(E)$ und $U \in \mathfrak{U}(E)$ vom Typus* **s** *sind.*

KAPITEL 9

Die diametrale und approximative Dimension

In diesem Kapitel werden für lokalkonvexe Räume Invarianten konstruiert. Dabei handelt es sich um die von A. N. KOLMOGOROW [2] und A. PEŁCZÝNSKI [1] eingeführte *approximative Dimension* und die eng mit ihr verwandte *diametrale Dimension* (C. BESSAGA, A. PEŁCZÝNSKI und S. ROLEWICZ [1], [2]), die sich besonders gut für die Untersuchung von lokalkonvexen Folgenräumen eignet.
Auf Anregung von I. M. GELFAND hat B. S. MITIAGIN [2], [4] die nuklearen lokalkonvexen Räume mit Hilfe dieser Dimensionen charakterisiert (Theorem 9.4.1 und 9.8.4). Spezialfälle wurden bereits von S. ROLEWICZ [1] sowie A. S. DYNIN und B. S. MITIAGIN [1] untersucht.

Für beschränkte Teilmengen in normierten Räumen werden in 9.1.1 bzw. 9.6.1 zwei fundamentale Begriffe eingeführt. Dabei handelt es sich um die zuerst von A. N. KOLMOGOROW betrachteten *Durchmesser* und den sogenannten *ε-Inhalt*, dessen Definition auf L. PONTRJAGIN und SCHNIRELMANN zurückgeht. Der in 9.6.3 hergestellte Zusammenhang zwischen beiden Begriffsbildungen wurde von B. S. MITIAGIN [2], [4] entdeckt.

In 9.5.3 benutzen wir die entwickelten Methoden zum Beweis der Aussage, daß jede beschränkte Teilmenge eines nuklearen (F)-Raumes in der abgeschlossenen und absolutkonvexen Hülle einer schnell fallenden Folge von Elementen enthalten ist. Dieses Theorem stammt von A. GROTHENDIECK, der auch schon bemerkte, daß die „*propriétés de décroissance*" der gleichstetigen Teilmengen des topologischen Duals zur Klassifikation der nuklearen lokalkonvexen Räume verwendet werden können ([3], Chap. II, p. 64).

Man könnte den Versuch unternehmen, die Theorie der nuklearen lokalkonvexen Räume allein mit Hilfe des Begriffes der approximativen Dimension aufzubauen. Dazu müßte man allerdings neben den in den Sätzen 9.7.5 angegebenen Eigenschaften der approximativen Dimension auch ihr Verhalten beim Übergang zu dem starken topologischen Dual kennen. Wenn man von einigen Beziehungen absieht, die von C. BESSAGA, A. PEŁCZÝNSKI und S. ROLEWICZ [1] ohne Beweise angegeben wurden, besteht aber gerade an dieser Stelle eine große Lücke, die so bald wie möglich ausgefüllt werden sollte (Problem 9.7.6).

9.1. Die Durchmesser von beschränkten Teilmengen in normierten Räumen

9.1.1. Ist B eine beliebige beschränkte Teilmenge in einem normierten Raum E mit der abgeschlossenen Einheitskugel U, so wird das Infimum $\delta_r(B)$ aller positiven Zahlen δ, zu denen es einen höchstens r-dimensionalen linearen Teilraum F von E mit

$$B \subset \delta U + F$$

gibt, als r-**ter Durchmesser von** B bezeichnet. Es gilt stets

$$\delta_0(B) \geqq \delta_1(B) \geqq \delta_2(B) \geqq \cdots \geqq 0 .$$

9.1.2. LEMMA. *Ist* $P \in \mathcal{L}(E, E)$ *eine Abbildung mit* $\beta(P) \leqq 1$, $P^2 = P$ *und* $\dim \mathfrak{R}(P) = r + 1$, *so folgt für jede beschränkte Teilmenge* B *von* E *aus der Beziehung*

$$U \cap \mathfrak{R}(P) \subset \delta^{-1} B$$

die Ungleichung

$$\delta_r(B) \geqq \delta .$$

Beweis. Wir nehmen an, daß die Aussage $\delta_r(B) < \delta$ gilt, und betrachten eine Zahl δ_0, die zwischen $\delta_r(B)$ und δ liegt. Dann gibt es einen höchstens r-dimensionalen linearen Teilraum F von E mit

$$B \subset \delta_0 U + F .$$

Weil $F_0 = P(F)$ ein echter linearer Teilraum von $\mathfrak{R}(P)$ ist, existiert ein Element $x_0 \in \mathfrak{R}(P)$ mit

$$\varrho = \inf \{p_U(x_0 - y) : y \in F_0\} > 0 .$$

Wir bestimmen nun in F_0 ein Element y_0 mit

$$\varrho_0 = p_U(x_0 - y_0) < \varrho\, \delta_0^{-1}\, \delta .$$

Da wegen $P(U) \subset U$ die Beziehung

$$U \cap \mathfrak{R}(P) \subset \delta^{-1} P(B) \subset \delta^{-1} \delta_0 U + F_0$$

besteht, kann das zu $U \cap \mathfrak{R}(P)$ gehörige Element $\varrho_0^{-1}(x_0 - y_0)$ in der Form

$$\varrho_0^{-1}(x_0 - y_0) = \delta^{-1} \delta_0 x + y \quad \text{mit } x \in U \quad \text{und} \quad y \in F_0$$

dargestellt werden. Folglich hat man

$$p_U(x_0 - y_0 - \varrho_0\, y) = \varrho_0\, \delta^{-1} \delta_0 p_U(x) < \varrho .$$

Aus der Definition von ϱ folgt aber wegen $y_0 + \varrho_0\, y \in F_0$, daß auch die entgegengesetzte Ungleichung

$$p_U(x_0 - y_0 - \varrho_0\, y) \geqq \varrho$$

gilt. Dieser Widerspruch zeigt, daß die Beziehung $\delta_r(B) < \delta$ falsch ist.

9.1.3. SATZ. *Für die mit den Zahlen* $\delta_0 \geqq \delta_1 \geqq \delta_2 \geqq \cdots > 0$ *gebildete beschränkte Teilmenge*

$$B = \left\{[\xi_r, R] : \sum_R \delta_r^{-1} |\xi_r| \leqq 1\right\}$$

des Banachraumes $\boldsymbol{l}_R^1$ *gelten die Identitäten*

$$\delta_r(B) = \delta_r .$$

Beweis. Wir betrachten in $\boldsymbol{l}_R^1$ die linearen Teilräume

$$F_s = \{[\xi_r, R] : \xi_r = 0 \quad \text{für } r \geqq s\} .$$

Dann bestehen die Beziehungen

$$B \subset \delta_s U + F_s ,$$

in denen U die abgeschlossene Einheitskugel von $\boldsymbol{l}_R^1$ sein soll. Folglich hat man

$$\delta_s(B) \leqq \delta_s .$$

Wir setzen nun $\mathfrak{r}_s = \{0, 1, \ldots, s\}$. Dann erfüllen die durch den Ansatz

$$P[\xi_r, R] = [\xi_r(\mathfrak{r}_s), R]$$

definierten Abbildungen P_s die Voraussetzungen des vorangehenden Lemmas, und es gilt $F_{s+1} = \Re(P_s)$. Da außerdem noch die Beziehungen

$$U \cap F_{s+1} \subset \delta_s^{-1} B$$

bestehen, hat man

$$\delta_s(B) \leqq \delta_s .$$

9.1.4. SATZ. *Eine beschränkte Teilmenge B eines normierten Raumes E ist dann und nur dann präkompakt, wenn*

$$\lim_r \delta_r(B) = 0$$

gilt.

Beweis. Wir wollen zuerst annehmen, daß B präkompakt ist. Dann gibt es zu jeder positiven Zahl δ endlich viele Elemente $x_1, \ldots, x_s \in E$ mit

$$B \subset \bigcup_{n=1}^{s} \{x_n + \delta U\} .$$

Wenn F der aus diesen Elementen erzeugte höchstens s-dimensionale lineare Teilraum von E ist, hat man

$$B \subset \delta U + F .$$

Folglich ist

$$\delta_r(B) \leqq \delta \qquad \text{für } r \geqq s .$$

Da die positive Zahl δ beliebig war, ist damit die Beziehung

$$\lim_r \delta_r(B) = 0$$

bewiesen.

Betrachtet man andererseits eine beschränkte Teilmenge B mit

$$\lim_r \delta_r(B) = 0 ,$$

so gibt es zu jeder positiven Zahl δ eine natürliche Zahl r mit $\delta_r(B) < \delta$. Nach Definition des r-ten Durchmessers muß deshalb ein höchstens r-dimensionaler linearer Teilraum F von E mit

$$B \subset \delta U + F$$

existieren. Weil $U_0 = F \cap U$ als beschränkte Teilmenge eines endlichdimensionalen lokalkonvexen Raumes präkompakt ist, gibt es dann endlich viele Elemente $x_1, \ldots, x_s$ mit

$$[\delta + \delta_0(B)]\, U_0 \subset \bigcup_{n=1}^{s} \{x_n + \delta U\} .$$

Wir betrachten nun ein beliebiges Element $x \in B$ und stellen es in der Form

$$x = \delta y + z \qquad \text{mit } y \in U \quad \text{und} \quad z \in F$$

dar. Dann ergibt sich für die Norm von z die Abschätzung

$$p_U(z) \leqq \delta p_U(y) + p_U(x) \leqq \delta + \delta_0(B) .$$

Folglich hat man

$$x = \delta y + z \in \delta U + [\delta + \delta_0(B)]\, U_0 \subset \bigcup_{n=1}^{s} \{x_n + 2\,\delta U\} .$$

Damit haben wir gezeigt, daß es zu jeder positiven Zahl δ endlich viele Elemente $x_1, \ldots, x_s \in E$ mit

$$B \subset \bigcup_{n=1}^{s} \{x_n + 2\,\delta U\}$$

gibt. Demnach ist die beschränkte Teilmenge B präkompakt.

9.1.5. SATZ. *Eine beschränkte Teilmenge B eines normierten Raumes E liegt dann und nur dann in einem höchstens r-dimensionalen linearen Teilraum, wenn*

$$\delta_r(B) = 0$$

gilt.

Beweis. Falls die beschränkte Teilmenge B in einem höchstens r-dimensionalen linearen Teilraum F von E enthalten ist, besteht für alle positiven Zahlen δ die Beziehung

$$B \subset \delta U + F\,.$$

Folglich hat man

$$\delta_r(B) = 0\,.$$

Wir betrachten nun eine beschränkte Teilmenge B mit $\delta_r(B) = 0$ und nehmen an, daß es wenigstens $r + 1$ linear unabhängige Elemente $x_1, \ldots, x_{r+1} \in B$ gibt, zu denen man auf Grund des Hahn-Banach-Theorems 0.4.4 Linearformen $a_1, \ldots, a_{r+1} \in E'$ mit $\langle x_i, a_k\rangle = \delta_{ik}$ bestimmen kann.

Wegen $\det\{\delta_{ik}\} = 1$ existiert eine positive Zahl σ mit

$$\det\{\delta_{ik} - \alpha_{ik}\} \neq 0 \quad \text{für } |\alpha_{ik}| \leqq \sigma\,.$$

Setzt man

$$\delta = \sigma \max\{p_{U^0}(a_k) : k = 1, \ldots, r+1\}^{-1}\,,$$

so gibt es wegen $\delta_r(B) = 0$ einen höchstens r-dimensionalen linearen Teilraum F von E mit

$$B \subset \delta U + F\,.$$

Folglich kann man jedes Element $x_i \in B$ in der Form

$$x_i = \delta y_i + z_i \quad \text{mit } y_i \in U \quad \text{und} \quad z_i \in F$$

darstellen. Da die Elemente $z_1, \ldots, z_{r+1}$ linear abhängig ist, hat man

$$\det\{\langle z_i, a_k\rangle\} = 0\,.$$

Andererseits muß aber wegen

$$\delta\,|\langle y_i, a_k\rangle| \leqq \delta\, p_{U^0}(a_k) \leqq \sigma$$

die Beziehung

$$\det\{\langle z_i, a_k\rangle\} = \det\{\langle x_i, a_k\rangle - \delta\langle y_i, a_k\rangle\} \neq 0$$

gelten. Aus dem aufgetretenen Widerspruch entnehmen wir die Aussage, daß es in B höchstens r linear unabhängige Elemente geben kann. Damit ist aber unsere Behauptung bewiesen.

9.1.6. Sind E und F zwei normierte Räume mit den abgeschlossenen Einheitskugeln U und V, so betrachten wir eine beliebige Abbildung $T \in \mathfrak{L}(E, F)$ und fragen nach Beziehungen zwischen den in 8.1.1 definierten Approximationszahlen

$\alpha_r(T)$ und den Durchmessern der beschränkten Teilmenge

$$T(U) = \{T\,x : x \in U\}$$

von F. Als Anwort erhalten wir das folgende

LEMMA. *Für jede Abbildung $T \in \mathcal{L}(E, F)$ bestehen die Ungleichungen*

$$\delta_r(T(U)) \leqq \alpha_r(T) \leqq (r + 1)\, \delta_r(T(U))\,.$$

Beweis. Zu einer beliebig vorgegebenen positiven Zahl ε bestimmen wir eine Abbildung $A \in \mathcal{A}_r(E, F)$ mit

$$\beta\,(T - A) \leqq \alpha_r(T) + \varepsilon\,.$$

Dann ergibt sich aus der Beziehung

$$T(U) \subset \beta\,(T - A)\, V + \Re(A)$$

die Abschätzung

$$\delta_r(T(U)) \leqq \beta\,(T - A) \leqq \alpha_r(T) + \varepsilon\,.$$

Da aber die positive Zahl ε beliebig klein sein kann, gilt auch

$$\delta_r(T(U)) \leqq \alpha_r(T)\,.$$

Zum Beweis der zweiten Ungleichung bestimmen wir zu $\delta = \delta_r(T(U)) + \varepsilon$ mit $\varepsilon > 0$ einen höchstens r-dimensionalen linearen Teilraum G von F, für den die Beziehung

$$T(U) \subset \delta V + G$$

besteht. Dann gibt es auf Grund von Lemma 8.4.1 Elemente $z_1, \ldots, z_s \in G$ und Linearformen $b_1, \ldots, b_s \in F'$ mit $p_V(z_i) = 1$, $p_{V^0}(b_k) = 1$ und $\langle z_i, b_k\rangle = \delta_{ik}$, so daß für alle $z \in G$ die Identität

$$z = \sum_{i=1}^{s} \langle z, b_i\rangle\, z_i$$

gilt. Dabei ist s nicht größer als r. Nun wird durch den Ansatz

$$P\,y = \sum_{i=1}^{s} \langle y, b_i\rangle\, z_i \qquad \text{für } y \in F$$

eine lineare Abbildung $P \in \mathcal{A}_r(F, F)$ mit $\beta(P) \leqq s \leqq r$ definiert. Folglich gehört die Abbildung $A = P\,T$ zu $\mathcal{A}_r(E, F)$.

Ist x ein beliebiges Element aus U, so kann $T\,x$ in der Form

$$T\,x = \delta y + z \qquad \text{mit } y \in V \quad \text{und} \quad z \in G$$

dargestellt werden. Da aber die Beziehung $P\,z = z$ gilt, ergibt sich die folgende Abschätzung

$$p_V\,(T\,x - A\,x) = p_V\,(\delta y + z - \delta P\,y - P\,z) = \delta p_V\,(y - P\,y) \leqq \delta\,(r + 1)\,.$$

Demnach hat man

$$\alpha_r(T) \leqq \beta\,(T - A) \leqq (r + 1)\,(\delta_r(T\,(U)) + \varepsilon)\,,$$

und durch den Grenzübergang $\varepsilon \to 0$ ergibt sich die behauptete Ungleichung.

9.2. Die diametrale Dimension von lokalkonvexen Räumen

9.2.1. Wir betrachten in einem beliebigen lokalkonvexen Raum E zwei Nullumgebungen $U, V \in \mathfrak{U}(E)$ mit $V \prec U$. Wird das Infimum $\delta_r(V, U)$ aller positiven Zahlen δ, zu denen es einen höchstens r-dimensionalen linearen Teilraum F von E mit

$$V \subset \delta U + F$$

gibt, als **r-ter Durchmesser von V bezüglich U** bezeichnet, so zeigt sich, daß $\delta_r(V, U)$ mit dem r-ten Durchmesser der beschränkten Teilmenge

$$V(U) = \{x(U) : x \in V\}$$

des normierten Raumes $E(U)$ übereinstimmt.

9.2.2. Als **diametrale Dimension** $\Delta_{\mathfrak{U}}(E)$ eines lokalkonvexen Raumes E bezeichnen wir die Gesamtheit aller Folgen $[\delta_r, R]$ von nicht negativen Zahlen, die die Eigenschaft besitzen, daß es zu jeder Nullumgebung $U \in \mathfrak{U}(E)$ eine Nullumgebung $V \in \mathfrak{U}(E)$ mit $V \prec U$ und

$$\delta_r(V, U) \leqq \delta_r \quad \text{für } r \in R$$

gibt.

Es ist leicht einzusehen, daß man in dieser Definition $\mathfrak{U}(E)$ durch ein beliebiges Fundamentalsystem von Nullumgebungen ersetzen kann.

9.2.3. Bekanntlich bezeichnet man zwei lokalkonvexe Räume E und F als **isomorph,** wenn eine eineindeutige und in beiden Richtungen stetige lineare Abbildung T von E auf F existiert. Wegen

$$\mathfrak{U}(F) = \{T(U) : U \in \mathfrak{U}(E)\}$$

und

$$\delta_r(T(V), T(U)) = \delta_r(V, U) \quad \text{für } V, U \in \mathfrak{U}(E) \quad \text{mit } V \prec U$$

ergibt sich dann das

THEOREM. *Für zwei isomorphe lokalkonvexe Räume E und F gilt*

$$\Delta_{\mathfrak{U}}(E) = \Delta_{\mathfrak{U}}(F)\,.$$

9.2.4. Daß die diametrale Dimension eines lokalkonvexen Raumes eine sinnvolle Verallgemeinerung der gewöhnlichen Dimension ist, zeigt das

THEOREM. *Ein lokalkonvexer Raum E ist dann und nur dann höchstens s-dimensional, wenn die folgende Aussage gilt:*
Es gibt in $\Delta_{\mathfrak{U}}(E)$ eine Folge $[\delta_r^0, R]$ mit $\delta_s^0 = 0$.

Beweis. Hat man einen höchstens s-dimensionalen lokalkonvexen Raum E, so gilt für jede Nullumgebung $U \in \mathfrak{U}(E)$ die Beziehung $\delta_s(U, U) = 0$. Folglich enthält $\Delta_{\mathfrak{U}}(E)$ sogar alle Folgen $[\delta_r, R]$ mit $\delta_r > 0$ für $r < s$ und $\delta_r = 0$ für $r \geqq s$.

Wenn dagegen die Dimension des lokalkonvexen Raumes E größer als s ist, existieren $s + 1$ linear unabhängige Elemente $x_1, \ldots, x_{s+1} \in E$, und es ist klar, daß die abgeschlossene Menge

$$A = \left\{\sum_{i=1}^{s+1} \xi_i\, x_i : \sum_{i=1}^{s+1} |\xi_i| = 1\right\}$$

das Nullelement nicht enthält. Es gibt demnach eine Nullumgebung $U \in \mathfrak{U}(E)$ mit $A \cap U = \emptyset$. Dann sind aber die Elemente $x_1(U), \ldots, x_{s+1}(U)$ auch in $E(U)$ linear unabhängig, denn aus dem Bestehen einer Identität

$$\sum_{i=1}^{s+1} \xi_i\, x_i(U) = 0(U) \qquad \text{mit } \sum_{i=1}^{s+1} |\xi_i| = 1$$

würde die falsche Aussage

$$\sum_{i=1}^{s+1} \xi_i\, x_i \in N(U) \subset U$$

folgen. Ist nun V eine beliebige Nullumgebung aus $\mathfrak{U}(E)$ mit $V \prec U$, so gibt es eine positive Zahl ϱ mit

$$x_i(U) \in \varrho\, V(U) \qquad \text{für } i = 1, \ldots, s+1 .$$

Damit haben wir gezeigt, daß die beschränkte Teilmenge $V(U)$ des normierten Raumes $E(U)$ mindestens $s + 1$ linear unabhängige Elemente enthält. Folglich besteht wegen Satz 9.1.5 die Ungleichung

$$\delta_s(V, U) = \delta_s(V(U)) > 0 \qquad \text{für alle } V \in \mathfrak{U}(E) \qquad \text{mit } V \prec U ,$$

und die diametrale Dimension $\Delta_{\mathfrak{U}}(E)$ kann keine Folge $[\delta_r^0, R]$ mit $\delta_s^0 = 0$ enthalten.

9.2.5. Von einem vernünftigen Dimensionsbegriff wird man erwarten, daß er ein Maß für die Größe des betrachteten Raumes ist. Leider konnte bisher ohne zusätzliche Voraussetzungen nicht bewiesen werden, daß für jeden linearen Teilraum F eines lokalkonvexen Raumes E die Beziehung

$$\Delta_{\mathfrak{U}}(F) \supset \Delta_{\mathfrak{U}}(E)$$

besteht. Dagegen weiß man, daß für jeden Quotientenraum E/F die Aussage

$$\Delta_{\mathfrak{U}}(E/F) \supset \Delta_{\mathfrak{U}}(E)$$

gilt.

9.2.6. PROBLEM. *Unter welchen Voraussetzungen über den lokalkonvexen Raum E besteht die Identität*

$$\Delta_{\mathfrak{U}}(E'_b) = \Delta_{\mathfrak{U}}(E) \;?$$

9.2.7. Als **duale diametrale Dimension** $\Delta_{\mathfrak{B}}(E)$ eines lokalkonvexen Raumes E bezeichnen wir die Gesamtheit aller Folgen $[\delta_r, R]$ von nicht negativen Zahlen, die die Eigenschaft besitzen, daß es zu jeder Menge $A \in \mathfrak{B}(E)$ eine Menge $B \in \mathfrak{B}(E)$ mit $A \prec B$ und

$$\delta_r(A, B) \leqq \delta_r \qquad \text{für } r \in R$$

gibt. Dabei wird der r-te Durchmesser $\delta_r(A, B)$ von A bezüglich B genauso wie in 9.2.1 definiert.

Bis jetzt weiß man noch nicht, ob die duale diametrale Dimension stets mit der diametralen Dimension des starken topologischen Duals übereinstimmt.

PROBLEM. *Unter welchen Voraussetzungen über den lokalkonvexen Raum E besteht die Identität*

$$\Delta_{\mathfrak{B}}(E) = \Delta_{\mathfrak{U}}(E'_b) \;?$$

9.3. Die diametrale Dimension von Potenzreihenräumen

9.3.1. In jedem Potenzreihenraum Λ, der aus dem System aller Folgen $[\varrho^{\alpha_r}, R]$ mit $0 < \varrho < \varrho_0$ erzeugt wird, bilden die Mengen

$$\varepsilon\, U_\varrho = \left\{[\xi_r, R] \in \Lambda : \sum_R |\xi_r|\, \varrho^{\alpha_r} \leqq \varepsilon\right\} \quad \text{mit } 0 < \varrho < \varrho_0 \quad \text{und} \quad \varepsilon > 0$$

ein Fundamentalsystem von Nullumgebungen. Da nun genauso wie im Beweis von Satz 9.1.3 mit $\sigma \geqq \varrho$ die Identitäten

$$\delta_r(U_\sigma, U_\varrho) = (\sigma^{-1}\, \varrho)^{\alpha_r} \quad \text{für } r \in R$$

erhält, gilt das

THEOREM. *Die diametrale Dimension des Potenzreihenraumes Λ mit $\varrho_0 = +\infty$ bzw. $\varrho_0 < +\infty$ besteht aus allen positiven Zahlenfolgen $[\delta_r, R]$, für die die Beziehung*

$$\sup\,\{\delta_r^{-1}\, q^{\alpha_r} : r \in R\} < +\infty$$

mit einer bzw. jeder Zahl q zwischen 0 und 1 gilt.

9.3.2. Aus dem vorangehenden Theorem folgt, daß die zu allen endlichen positiven Zahlen ϱ_0 gehörigen Potenzreihenräume

$$\Lambda_{\varrho_0} = \{[\xi_r, R] : \sum_R |\xi_r|\, \varrho^{\alpha_r} < +\infty \quad \text{für } 0 < \varrho < \varrho_0\}$$

die gleiche diametrale Dimension haben, weil man $\Delta_{\mathfrak{U}}(\Lambda_{\varrho_0})$ nur unter Verwendung der Folge $[\alpha_r, R]$ beschreiben kann. Diese Tatsache ist jedoch nicht überraschend, denn es gilt der

SATZ. *Für jede Folge $[\alpha_r, R]$ sind alle Potenzreihenräume Λ_{ϱ_0} mit $0 < \varrho_0 < +\infty$ untereinander isomorph.*

Beweis. Der Potenzreihenraum Λ_{ϱ_0} wird durch die Diagonaltransformation D mit

$$D[\xi_r, R] = [\xi_r\, \varrho_0^{\alpha_r}, R]$$

isomorph auf Λ_1 abgebildet.

9.3.3. Wir zeigen nun, daß die diametrale Dimension eine vollständige Invariante der Potenzreihenräume ist.

THEOREM 1. *Jeder Potenzreihenraum Λ mit $\varrho_0 = +\infty$ wird durch seine diametrale Dimension eindeutig bestimmt.*

Beweis. Es sei P die Gesamtheit aller Folgen $[\delta_r^{-1}, R]$ mit $[\delta_r, R] \in \Delta_{\mathfrak{U}}(\Lambda)$. Dann hat man

$$[\varrho^{\alpha_r}, R] \in P \quad \text{für alle } \varrho > 0\,.$$

Andererseits gibt es zu jeder Folge $[\varrho_r, R] \in P$ wegen $[\varrho_r^{-1}, R] \in \Delta_{\mathfrak{U}}(\Lambda)$ eine Zahl q zwischen 0 und 1, so daß die Beziehung

$$\sigma = \sup\,\{\varrho_r\, q^{\alpha_r} : r \in R\} < +\infty$$

gilt. Deshalb ergibt sich mit $\varrho = q^{-1}$ die Abschätzung

$$\varrho_r \leqq \sigma\, \varrho^{\alpha_r} \quad \text{für } r \in R\,. \tag{*}$$

Damit haben wir aber gezeigt, daß die Menge P gerade aus allen positiven Zahlenfolgen $[\varrho_r, R]$ besteht, für die mit gewissen positiven Zahlen ϱ und σ die Beziehung (*) erfüllt ist. Deshalb stimmt Λ mit dem Folgenraum $\Lambda(P)$ überein.

THEOREM. *Jeder Potenzreihenraum Λ mit $\varrho_0 = 1$ wird durch seine diametrale Dimension eindeutig bestimmt.*

Beweis. Es sei P die Gesamtheit aller positiven Zahlenfolgen $[\varrho_r, R]$, für die mit $[\delta_r, R] \in \Delta_{\mathfrak{U}}(\Lambda)$ stets

$$\sup \{\delta_r^{-1} \varrho_r : r \in R\} < +\infty$$

gilt. Wegen Theorem 9.3.1 hat man dann

$$[\varrho^{\alpha_r}, R] \in P \qquad \text{für } 0 < \varrho < 1 .$$

Wir zeigen nun, daß P gerade aus allen positiven Zahlenfolgen $[\varrho_r, R]$ besteht, für die mit einer positiven Zahl σ und einer Zahl ϱ zwischen 0 und 1 die Beziehung

$$\varrho_r \leqq \sigma \varrho^{\alpha_r} \qquad \text{für } r \in R \tag{1}$$

erfüllt ist. Zu diesem Zweck setzen wir

$$R_n = \left\{r \in R : \varrho_r > n\left(1 - \frac{1}{n}\right)^{\alpha_r}\right\} \qquad \text{für } n \in N .$$

Dann hat man

$$R = R_1 \supset R_2 \supset \dots \quad \text{und} \quad \bigcap_N R_n = \emptyset . \tag{2}$$

Wenn man annimmt, daß alle Mengen R_n unendlich sind, gibt es eine Folge von verschiedenen Zahlen $r_n \in R_n$. Dann gehört aber die Folge $[\delta_r, R]$ mit

$$\delta_{r_n} = \frac{1}{n} \varrho_{r_n} \quad \text{und} \quad \delta_r = 1 \qquad \text{für } r \neq r_1, r_2, \dots$$

zu $\Delta_{\mathfrak{U}}(\Lambda)$. Man kann nämlich zu jeder Zahl q zwischen 0 und 1 eine natürliche Zahl n_0 mit

$$q \leqq \left(1 - \frac{1}{n}\right) \qquad \text{für } n \geqq n_0$$

bestimmen. Dann gelten aber die Abschätzungen

$$\delta_{r_n}^{-1} q^{\alpha_{r_n}} \leqq n \varrho_{r_n}^{-1} \left(1 - \frac{1}{n}\right)^{\alpha_{r_n}} \leqq 1 \qquad \text{für } n \geqq n_0$$

und

$$\delta_r^{-1} q^{\alpha_r} \leqq 1 \qquad \text{für } r \neq r_1, r_2, \dots .$$

Folglich besteht die Beziehung

$$\sup \{\delta_r^{-1} q^{\alpha_r} : r \in R\} < +\infty \qquad \text{für } 0 < q < 1 ,$$

und die Folge $[\delta_r, R]$ liegt in $\Delta_{\mathfrak{U}}(\Lambda)$. Wegen $[\varrho_r, R] \in P$ ergibt sich dann aber die falsche Aussage

$$\sup \{n : n \in N\} = \sup \{\delta_{r_n}^{-1} \varrho_{r_n} : n \in N\} < +\infty .$$

Nun folgt aus dem aufgetretenen Widerspruch, daß wenigstens eine Menge R_n endlich sein muß. Auf Grund der Aussagen (2) kann dieser Fall jedoch nur dann eintreten, wenn die Mengen R_n fast alle leer sind. Aus der Beziehung $R_n = \emptyset$

ergibt sich aber die gesuchte Abschätzung

$$\varrho_r \leqq n\left(1-\frac{1}{n}\right)^{\alpha_r} \quad \text{für alle } r \in R\,.$$

Die angegebene Charakterisierung der zu P gehörigen Folgen liefert abschließend die Aussage, daß Λ mit dem Folgenraum $\Lambda(P)$ übereinstimmt.

Aus 9.3.2 und dem vorangehenden Theorem ergibt sich noch das

THEOREM 3. *Jeder Potenzreihenraum Λ mit $\varrho_0 < +\infty$ wird durch seine diametrale Dimension bis auf eine Diagonaltransformation eindeutig bestimmt.*

9.3.4. Man überzeugt sich leicht, daß alle Potenzreihenräume, für die

$$\lim_r \alpha_r < +\infty$$

gilt, mit dem Banachraum l^1_R zusammenfallen. Dabei kann die positive Zahl ϱ_0 endlich oder unendlich sein. Wenn man von diesem trivialen Fall absieht, ergibt sich das

THEOREM. *Zwei Potenzreihenräume mit verschiedenen Typus können niemals isomorph sein.*

Beweis. Wir betrachten zwei Potenzreihenräume Λ_α und Λ_β, die zu den Systemen

$$P_\alpha = \{[\varrho^{\alpha_r}, R] : 0 < \varrho < +\infty\}$$

und

$$P_\beta = \{[\varrho^{\beta_r}, R] : 0 < \varrho < 1\}$$

gehören. Außerdem soll die Bedingung

$$\lim_r \alpha_r = +\infty$$

erfüllt sein. Nimmt man an, daß die beiden Räume Λ_α und Λ_β isomorph sind, so besteht die Identität

$$\Delta\mathfrak{u}(\Lambda_\alpha) = \Delta\mathfrak{u}(\Lambda_\beta)\,.$$

Dann liegen die Folgen

$$[n^{-\alpha_r}, R] \in \Delta\mathfrak{u}(\Lambda_\alpha) \qquad \text{mit } n \in N$$

auch in $\Delta\mathfrak{u}(\Lambda_\beta)$, und es gilt

$$\varrho_n = 1 + \sup\left\{n^{\alpha_r}\left(1-\frac{1}{n}\right)^{\beta_r} : r \in R\right\} < +\infty\,.$$

Aus der Ungleichung

$$\varrho_n^{-1}\, n^{\alpha_r} \leqq \left(1-\frac{1}{n}\right)^{-\beta_r}$$

folgt, daß für jedes $r \in R$ die Menge der Zahlen $\varrho_n^{-1}\, n^{\alpha_r}$ mit $n \in N$ beschränkt ist. Folglich kann man die Zahlen

$$\delta_r^{-1} = \sum_N 2^{-n}\, \varrho_n^{-1}\, n^{\alpha_r}$$

definieren. Wir bestimmen nun zu jeder Zahl q zwischen 0 und 1 eine natürliche Zahl n_0 mit

$$q \leqq \left(1-\frac{1}{n}\right) \quad \text{für } n \geqq n_0\,.$$

Außerdem stellen wir fest, daß wegen

$$[n^{-\alpha_r}, R] \in \Delta_{\mathfrak{U}}(\Lambda_\alpha) = \Delta_{\mathfrak{U}}(\Lambda_\beta)$$

die Beziehungen

$$\sigma_n = \sup \{n^{\alpha_r} q^{\beta_r} : r \in R\} < +\infty$$

gelten. Deshalb ergibt sich für alle $r \in R$ die Abschätzung

$$\delta_r^{-1} q^{\beta_r} \leqq \sum_{n=n_0}^{\infty} 2^{-n} \varrho_n^{-1} n^{\alpha_r} \left(1 - \frac{1}{n}\right)^{\beta_r} + \sum_{n=1}^{n_0-1} 2^{-n} \varrho_n^{-1} n^{\alpha_r} q^{\beta_r},$$

aus der man die Aussage

$$\sup \{\delta_r^{-1} q^{\beta_r} : r \in R\} \leqq 1 + \sum_{n=1}^{n_0-1} 2^{-n} \varrho_n^{-1} \sigma_n < +\infty$$

erhält. Damit ist aber nachgewiesen, daß die Folge $[\delta_r, R]$ zu $\Delta_{\mathfrak{U}}(\Lambda_\beta)$ und somit auch zu $\Delta_{\mathfrak{U}}(\Lambda_\alpha)$ gehört. Es existiert also eine natürliche Zahl m mit

$$\sigma = \sup \{\delta_r^{-1} m^{-\alpha_r} : r \in R\} < +\infty .$$

Das kann aber nicht sein, weil sich dann wegen

$$\delta_r^{-1} \geqq 2^{-2m} \varrho_{2m}^{-1} (2m)^{\alpha_r}$$

die falsche Aussage

$$2^{\alpha_r} \leqq 2^{2m} \varrho_{2m} \delta_r^{-1} m^{-\alpha_r} \leqq 2^{2m} \varrho_{2m} \sigma \quad \text{für } r \in R$$

ergibt. Aus dem aufgetretenen Widerspruch folgt, daß die beiden Potenzreihenräume Λ_α und Λ_β nicht isomorph sein können.

9.4. Die diametrale Dimension von nuklearen lokalkonvexen Räumen

9.4.1. Wir geben nun eine Charakterisierung der nuklearen lokalkonvexen Räume mit Hilfe der diametralen Dimension an.

THEOREM. *Ein lokalkonvexer Raum E ist dann und nur dann nuklear, wenn für eine (jede) positive Zahl λ die Aussage*

$$[(r+1)^{-\lambda}, R] \in \Delta_{\mathfrak{U}}(E)$$

gilt.

Notwendigkeit. Ist $U \in \mathfrak{U}(E)$ eine Nullumgebung des nuklearen lokalkonvexen Raumes E, so kann man nach Theorem 8.6.1 zu jeder positiven Zahl p eine Nullumgebung $V \in \mathfrak{U}(E)$ mit $V \prec U$ bestimmen, so daß die kanonische Abbildung von $E(V)$ auf $E(U)$ vom Typus l^p ist. Dabei darf man stets voraussetzen, daß sogar die Beziehung

$$\sum_R \alpha_r(E(V, U))^p \leqq 1$$

besteht. Da wegen Lemma 9.1.6 die Ungleichungen

$$\delta_r(V, U) \leqq \alpha_r(E(V, U))$$

gelten, ergibt sich die Abschätzung

$$(s+1)\, \delta_s(V, U)^p \leqq \sum_{r=0}^{s} \delta_r(V, U)^p \leqq 1 \quad \text{für } s = 0, 1, \ldots .$$

Folglich hat man

$$\delta_s(V, U) \leqq (s + 1)^{-1/p} \quad \text{für } s = 0, 1, \ldots .$$

Hinlänglichkeit. Wir betrachten nun einen lokalkonvexen Raum E, für den mit einer positiven Zahl λ die Aussage

$$[(r + 1)^{-\lambda}, R] \in \Delta_{\mathfrak{U}}(E)$$

gilt. Dann kann man zu jeder Nullumgebung $U = U_0 \in \mathfrak{U}(E)$ Nullumgebungen $U_1, \ldots, U_n \in \mathfrak{U}(E)$ mit $U_n \prec \cdots \prec U_1 \prec U_0$ und

$$\delta_r(U_k, U_{k-1}) \leqq (r + 1)^{-\lambda} \quad \text{für } r \in R$$

bestimmen. Dabei soll die natürliche Zahl n so groß sein, daß $n\lambda > 2$ gilt. Ist nun ε eine beliebige positive Zahl, so gibt es zu jeder Zahl r lineare Teilräume F_k von E, deren Dimension höchstens gleich r ist und für die die Beziehungen

$$U_k \subset \left((r + 1)^{-\lambda} + \varepsilon\right) U_{k-1} + F_k$$

bestehen. Folglich hat man

$$V = U_n \subset \left((r + 1)^{-\lambda} + \varepsilon\right)^n U + F .$$

Dabei ist $F = F_1 + \cdots + F_n$ ein höchstens $n\,r$-dimensionaler linearer Teilraum von E. Demnach gilt die Abschätzung

$$\delta_{nr}(V, U) \leqq \left((r + 1)^{-\lambda} + \varepsilon\right)^n ,$$

aus der sich durch den Grenzübergang $\varepsilon \to 0$ die Ungleichung

$$\delta_{nr}(V, U) \leqq (r + 1)^{-n\lambda} \quad \text{für } r \in R$$

ergibt. Unter Verwendung von Lemma 9.1.6 erhalten wir abschließend mit $S = \{0, 1, 2, \ldots\}$ die Aussage

$$\begin{aligned}
\sum_S \alpha_s\big(E(V, U)\big) &\leqq \sum_S (s + 1)\, \delta_s(V, U) \\
&\leqq \sum_R \sum_{i=0}^{n-1} (n\,r + i + 1)\, \delta_{nr+i}(V, U) \\
&\leqq n^2 \sum_R (r + 1)\, \delta_{nr}(V, U) \\
&\leqq n^2 \sum_R (r + 1)^{-n\lambda+1} < +\infty .
\end{aligned}$$

Folglich ist die kanonische Abbildung $E(V, U)$ vom Typus l^1, und der lokalkonvexe Raum E muß auf Grund von Theorem 8.6.1 nuklear sein.

9.4.2. Unter Verwendung der gleichen Schlüsse wie in 9.4.1 ergibt sich das

THEOREM. *Ein lokalkonvexer Raum E ist dann und nur dann dualnuklear, wenn für eine (jede) positive Zahl λ die Aussage*

$$[(r + 1)^{-\lambda}, R] \in \Delta_{\mathfrak{B}}(E)$$

gilt.

9.5. Eine Charakterisierung der dualnuklearen lokalkonvexen Räume

9.5.1. Für jede Nullfolge $[x_r, R]$ von Elementen eines lokalkonvexen Raumes E setzen wir

$$A[x_r, R] = \{x \in E : x = \sum_R \xi_r x_r \quad \text{mit} \sum_R |\xi_r| \leqq 1\} .$$

Man kann zeigen, daß $A[x_r, R]$ die kleinste abgeschlossene und absolutkonvexe Teilmenge von E ist, die alle Elemente x_r enthält.

9.5.2. THEOREM. *Ein lokalkonvexer Raum E ist dann und nur dann dualnuklear, wenn es zu jeder beschränkten Teilmenge A eine totalsummierbare Familie $[x_r, R]$ aus E mit*

$$A \subset A[x_r, R]$$

gibt.

Notwendigkeit. Ohne Beschränkung der Allgemeinheit können wir annehmen, daß die Menge A zu $\mathfrak{B}(E)$ gehört. Weil der lokalkonvexe Raum E dualnuklear sein soll, gibt es dann eine Menge $B \in \mathfrak{B}(E)$ mit $A \prec B$, so daß die kanonische Abbildung von $E(A)$ in $E(B)$ vom Typus $l^{1/2}$ ist. Auf Grund von Satz 8.4.2 existieren dann Linearformen $\mathfrak{a}_r$ aus der abgeschlossenen Einheitskugel von $E(A)'$, Elemente $y_r \in B$ und Zahlen λ_r mit

$$1 + \sum_R |\lambda_r| = \lambda < +\infty ,$$

so daß die Beziehung

$$x = \sum_R \lambda_r^2 \langle x, \mathfrak{a}_r\rangle y_r \qquad \text{für alle } x \in E(A)$$

besteht.

Setzt man $x_r = \lambda \lambda_r y_r$, so folgt aus der Ungleichung

$$\sum_R p_B(x_n) \leqq \lambda^2 ,$$

daß die Familie $[x_r, R]$ totalsummierbar ist. Außerdem läßt sich jedes Element $x \in A$ in der Form

$$x = \sum_R \xi_r x_r \qquad \text{mit } \xi_r = \lambda^{-1} \lambda_r \langle x, \mathfrak{a}_r\rangle \quad \text{und} \sum_R |\xi_r| \leqq 1$$

darstellen.

Hinlänglichkeit. Wir betrachten eine beliebige Menge $A \in \mathfrak{B}(E)$ und bestimmen dazu eine totalsummierbare Familie $[x_r, R]$ mit

$$A \subset A[x_r, R] .$$

Dann muß für eine Menge $B \in \mathfrak{B}(E)$ die Ungleichung

$$\sum_R p_B(x_r) \leqq 1$$

bestehen, und man kann durch eine Umordnung von R erreichen, daß die Folge der Zahlen $p_B(x_r)$ monoton fällt.

Wir stellen nun jedes Element $x \in A$ in der Form

$$x = \sum_R \xi_r x_r \quad \text{mit} \sum_R |\xi_r| \leqq 1$$

dar und setzen

$$y = \sum_{r=s}^{\infty} \xi_r x_r .$$

Dann hat man

$$p_B(y) \leqq \sum_{r=s}^{\infty} |\xi_r| p_B(x_r) \leqq p_B(x_s) .$$

Wird der aus den Elementen $x_0, \ldots, x_{s-1}$ erzeugte lineare Teilraum von E mit F bezeichnet, so besteht wegen

$$x = y + \sum_{r=0}^{s-1} \xi_r x_r \in p_B(x_s) B + F$$

die Aussage

$$A \subset p_B(x_s) B + F .$$

Wegen $\dim F \leqq s$ ist damit die Beziehung

$$\delta_s(A, B) \leqq p_B(x_s) \qquad \text{für } s \in R$$

bewiesen. Deshalb hat man

$$(r + 1) \delta_r(A, B) \leqq \sum_{s=0}^{r} \delta_s(A, B) \leqq 1 \qquad \text{für } r \in R .$$

Also gehört die Folge $[(r + 1)^{-1}, R]$ zu $\Delta_{\mathfrak{B}}(E)$, und der lokalkonvexe Raum E ist auf Grund von Theorem 9.4.2 dualnuklear.

9.5.3. Eine Folge $[x_r, R]$ von Elementen eines lokalkonvexen Raumes E heißt **schnell fallend**, wenn alle Folgen $[(r + 1)^n x_r, R]$ mit $n = 1, 2, \ldots$ beschränkt sind.

In der nun folgenden Verschärfung von Theorem 9.5.2 dürfte die Voraussetzung der Quasivollständigkeit überflüssig sein.

THEOREM. *Ein (quasivollständiger) lokalkonvexer Raum E ist dann und nur dann dualnuklear, wenn es zu jeder beschränkten Teilmenge A eine schnell fallende Folge $[x_r, R]$ aus E mit*

$$A \subset A[x_r, R]$$

gibt.

Notwendigkeit. Nach 0.11.4 und Satz 4.4.1 existiert in E ein Fundamentalsystem $\mathfrak{B}_{\mathfrak{H}}(E)$ von beschränkten Teilmengen, so daß die normierten Räume $E(A)$ mit $A \in \mathfrak{B}_{\mathfrak{H}}(E)$ sogar Hilberträume sind. Dabei ergibt sich die Vollständigkeit von $E(A)$ aus der Quasivollständigkeit von E.

Ohne Beschränkung der Allgemeinheit können wir annehmen, daß die beschränkte Teilmenge A zu $\mathfrak{B}_{\mathfrak{H}}(E)$ gehört. Dann gibt es zu jeder natürlichen Zahl n eine Menge $B_n \in \mathfrak{B}_{\mathfrak{H}}(E)$, so daß die kanonische Abbildung von $E(A)$ in $E(B_n)$ vom Typus $l^{1/n}$ ist. Deshalb existieren auf Grund von Theorem 8.3.2 zwei Orthonormalsysteme $[e_r^{[n]}, R]$ und $[f_r^{[n]}, R]$ von $E(A)$ bzw. $E(B_n)$ mit

$$x = \sum_R \alpha_r^{[n]} (x, e_r^{[n]})_A f_r^{[n]} \qquad \text{für } x \in E(A) ,$$

$$\alpha_0^{[n]} \geqq \alpha_1^{[n]} \geqq \cdots \geqq 0 \quad \text{und} \quad \left\{\sum_R |\alpha_r^{[n]}|^{1/n}\right\}^n = \varrho_n < +\infty .$$

Folglich hat man

$$(r + 1)^n \alpha_r^{[n]} \leqq \varrho_n \qquad \text{für } r \in R .$$

Da aus

$$(x, e_r^{[n]})_A = 0 \quad \text{für } r \in R$$

stets $x = 0$ folgt, sind die Orthonormalsysteme $[e_r^{[n]}, R]$ für alle natürlichen Zahlen n vollständig.

Durch Orthonormalisierung der Folge

$$e_1^{[1]}, e_1^{[2]}, e_2^{[2]}, e_2^{[1]}, e_1^{[3]}, e_2^{[3]}, \ldots$$

(Abzählverfahren für die positiven rationalen Zahlen) ergibt sich in $E(A)$ ein vollständiges Orthonormalsystem $[e_r, R]$ mit

$$(e_s, e_r^{[n]})_A = 0 \quad \text{für } s > \max(n^2, r^2).$$

Deshalb gilt die Identität

$$e_s = \sum_{r^2 \geqq s} (e_s, e_r^{[n]})_A \, e_r^{[n]} \quad \text{für } s > n^2,$$

aus der sich zusammen mit der Beziehung

$$e_r^{[n]} = \alpha_r^{[n]} f_r^{[n]}$$

die Abschätzung

$$p_{B_n}(e_s)^2 = \sum_{r^2 \geqq s} |(e_s, e_r^{[n]})_A|^2 \, |\alpha_r^{[n]}|^2 \leqq (s+1)^{-n} \varrho_n^2 \quad \text{für } s > n^2$$

ergibt. Folglich hat man

$$(s+1)^{n/2} e_s \in \varrho_n B_n \quad \text{für } s > n^2.$$

Damit haben wir nachgewiesen, daß die Folge

$$x_r = \varrho\,(r+1)\,e_r \quad \text{mit } \varrho = \left\{\sum_R (r+1)^2\right\}^{1/2}$$

schnell fallend ist. Abschließend erhalten wir aus der Identität

$$x = \sum_R \xi_r x_r \quad \text{mit } \xi_r = \varrho^{-1}(r+1)^{-1}(x, e_r)_A$$

die gesuchte Beziehung

$$A \subset A[x_r, R].$$

Die Hinlänglichkeit der angegebenen Bedingung folgt unmittelbar aus Theorem 9.5.2, denn jede schnell fallende Folge ist totalsummierbar.

9.6. Der ε-Inhalt von beschränkten Teilmengen in normierten Räumen

9.6.1. Ist B eine beliebige beschränkte Teilmenge in einem normierten Raum E mit der abgeschlossenen Einheitskugel U, so wird für jede positive Zahl ε das Supremum $M_\varepsilon(B)$ aller natürlichen Zahlen m, zu denen es Elemente

$$x_1, \ldots, x_m \in B \quad \text{mit } x_i - x_k \notin \varepsilon U \quad \text{für } i \neq k$$

gibt, als ***ε-Inhalt*** von B bezeichnet. Demnach ist $M_\varepsilon(B)$ entweder eine natürliche Zahl oder $+\infty$, und es gilt stets

$$M_{\varepsilon'}(B) \geqq M_\varepsilon(B) \quad \text{für } 0 < \varepsilon' < \varepsilon.$$

9.6.2. Daß die Bildung des ε-Inhaltes eigentlich nur für präkompakte Teilmengen sinnvoll ist, zeigt der folgende

SATZ. *Eine beschränkte Teilmenge B eines normierten Raumes E ist dann und nur dann präkompakt, wenn für alle positiven Zahlen ε stets*

$$M_\varepsilon(B) < +\infty$$

gilt.

Beweis. Wenn die Menge B präkompakt ist, gibt es zu jeder positiven Zahl ε endlich viele Elemente $y_1, \ldots, y_n \in E$ mit

$$B \subset \bigcup_{s=1}^{n} \left\{y_s + \frac{1}{2}\,\varepsilon\, U\right\}.$$

Dann gilt aber

$$M_\varepsilon(B) \leqq n\,.$$

Würden nämlich $n+1$ Elemente $x_1, \ldots, x_{n+1} \in B$ mit $x_i - x_k \notin \varepsilon\, U$ für $i \neq k$ existieren, so müßten mindestens zwei verschiedene Elemente x_i und x_k in der gleichen Menge $y_s + \frac{1}{2}\,\varepsilon\, U$ liegen. Das kann aber nicht sein, weil sich in diesem Fall die falsche Aussage $x_i - x_k \in \varepsilon\, U$ ergibt.

Nun betrachten wir eine beschränkte Menge B mit

$$M_\varepsilon(B) < +\infty \qquad \text{für } \varepsilon > 0\,,$$

und bestimmen zu der natürlichen Zahl $m = M_\varepsilon(B)$ Elemente $x_1, \ldots, x_m \in B$ mit $x_i - x_k \notin \varepsilon\, U$ für $i \neq k$. Ist dann x ein beliebiges Element aus B, so muß für wenigstens ein x_i die Aussage $x \in x_i + \varepsilon\, U$ gelten, da man anderenfalls das System $\{x_1, \ldots, x_m\}$ durch Hinzunahme des Elementes x vergrößern könnte, was zu der falschen Beziehung $M_\varepsilon(B) \geqq m + 1$ führen würde. Folglich hat man

$$B \subset \bigcup_{i=1}^{m} \{x_i + \varepsilon\, U\}\,.$$

9.6.3. Durch die beiden folgenden Lemmata stellen wir Beziehungen zwischen den in 9.1.1 definierten Durchmessern und dem ε-Inhalt einer beschränkten Teilmenge B eines reellen normierten Raumes E auf.

LEMMA 1. *Für jede beschränkte Teilmenge B eines reellen normierten Raumes E folgt aus*

$$\delta_r(B) < \frac{1}{3}\,\varepsilon$$

die Ungleichung

$$M_\varepsilon(B) \leqq \left(3\,\delta_0(B)\,\varepsilon^{-1} + 2\right)^r.$$

Beweis. Nach Voraussetzung gibt es einen linearen Teilraum F von E mit

$$B \subset \frac{1}{3}\,\varepsilon\, U + F \qquad \text{und} \qquad s = \dim F \leqq r\,.$$

Wir betrachten nun endlich viele Elemente $x_1, \ldots, x_m \in B$ mit $x_i - x_k \notin \varepsilon\, U$ für $i \neq k$ und stellen sie in der Form

$$x_i = \frac{1}{3}\,\varepsilon\, y_i + z_i \qquad \text{mit } y_i \in U \qquad \text{und} \qquad z_i \in F$$

dar. Dann zeigt sich, daß wegen

$$z_i = x_i - \frac{1}{3}\varepsilon\, y_i \in B + \frac{1}{3}\varepsilon\, U$$

alle Elemente $z_1, \ldots, z_m$ in der Menge

$$B_0 = \left\{B + \frac{1}{3}\varepsilon\, U\right\} \cap F$$

liegen. Da aus der Annahme

$$z_i - z_k \in \frac{2}{3}\varepsilon\, U \qquad \text{für } i \neq k$$

die falsche Aussage

$$x_i - x_k = \frac{1}{3}\varepsilon\,(y_i - y_k) + (z_i - z_k) \in \varepsilon\, U$$

folgt, muß

$$z_i - z_k \notin \frac{2}{3}\varepsilon\, U \qquad \text{für } i \neq k$$

gelten. Folglich sind die abgeschlossenen Mengen

$$S_i = z_i + \frac{1}{3}\varepsilon\, S \qquad \text{mit } S = U \cap F$$

disjunkt. Außerdem besteht wegen $B \subset \delta_0(B)\, U$ die Beziehung

$$S_i \subset \left(B_0 + \frac{1}{3}\varepsilon\, S\right) \subset \left(B + \frac{2}{3}\varepsilon\, U\right) \cap F \subset \left(\delta_0(B) + \frac{2}{3}\varepsilon\right) S\,.$$

Wir führen nun auf dem s-dimensionalen reellen linearen Raum F ein Maß μ ein, indem wir ihn eineindeutig und linear auf den s-dimensionalen euklidischen Raum abbilden und das dort definierte Lebesguesche Maß übernehmen. Dann gilt die Abschätzung

$$m\left(\frac{1}{3}\varepsilon\right)^s \mu(S) = \sum_{i=1}^{m} \mu(S_i) \leqq \left(\delta_0(B) + \frac{2}{3}\varepsilon\right)^s \mu(S)\,,$$

aus der wegen $\mu(S) > 0$ die Beziehung

$$m \leqq (3\,\delta_0(B)\,\varepsilon^{-1} + 2)^s$$

folgt. Wegen $s \leqq r$ ist damit die behauptete Ungleichung

$$M_\varepsilon(B) \leqq (3\,\delta_0(B)\,\varepsilon^{-1} + 2)^r$$

bewiesen.

LEMMA 2. *Für jede absolutkonvexe beschränkte Teilmenge B eines reellen normierten Raumes E gilt für alle Zahlen $r = 0, 1, \ldots$ und $\varepsilon > 0$ die Ungleichung*

$$\delta_0(B) \ldots \delta_r(B) \leqq (r+1)!\, \varepsilon^{r+1} M_\varepsilon(B)\,.$$

Beweis. Da unsere Behauptung für $\delta_r(B) = 0$ trivial ist, brauchen wir im folgenden nur noch den Fall $\delta_r(B) > 0$ zu behandeln. Zu diesem Zweck betrachten wir beliebige Zahlen $\delta_0, \ldots, \delta_r$ mit $0 < \delta_s < \delta_s(B)$ und bestimmen rekursiv Elemente $x_0, \ldots, x_r \in B$, so daß

$$x_s \notin \delta_s U + E_s \qquad \text{für } s = 0\,, \ldots, r$$

gilt. Dabei soll E_s der aus den Elementen x_i mit $i < s$ erzeugte s-dimensionale lineare Teilraum von E sein.

Ist ε eine beliebige positive Zahl, so betrachten wir die Gesamtheit aller Elemente

$$y(\alpha_0, \ldots, \alpha_r) = \varepsilon \sum_{s=0}^{r} \alpha_s \, \delta_s^{-1} \, x_s ,$$

wobei die Koeffizienten $\alpha_0, \ldots, \alpha_r$ ganze Zahlen sind. Dann gilt

$$y(\alpha_0, \ldots, \alpha_r) - y(\beta_0, \ldots, \beta_r) \notin \varepsilon U \quad \text{für } (\alpha_0, \ldots, \alpha_r) \neq (\beta_0, \ldots, \beta_r) .$$

Setzt man nämlich

$$k = \sup \{s : \alpha_s \neq \beta_s\} ,$$

so würde sich aus der gegenteiligen Annahme wegen

$$\varepsilon (\alpha_k - \beta_k) \, \delta_k^{-1} \, x_k = y(\alpha_0, \ldots, \alpha_r) - y(\beta_0, \ldots, \beta_r) - \varepsilon \sum_{s=0}^{k-1} (\alpha_s - \beta_s) \, \delta_s^{-1} \, x_s$$

die Aussage

$$\varepsilon (\alpha_k - \beta_k) \, \delta_k^{-1} \, x_k \in \varepsilon U + E_k$$

ergeben, aus der die falsche Beziehung

$$x_k \in (\alpha_k - \beta_k)^{-1} \, \delta_k \, U + E_k \subset \delta_k \, U + E_k$$

folgt.

Wir bestimmen nun eine untere Schranke für die Anzahl m derjenigen Elemente $y(\alpha_0, \ldots, \alpha_r)$, die in der Menge

$$S = \left\{ \sum_{s=0}^{r} \xi_s \, x_s : \sum_{s=0}^{r} |\xi_s| \leqq 1 \right\}$$

liegen. Zu diesem Zweck stellen wir fest, daß die zu diesen Elementen gehörigen Quader

$$Q(\alpha_0, \ldots, \alpha_r) = \left\{ \varepsilon \sum_{s=0}^{r} (\alpha_s + \eta_s) \, \delta_s^{-1} \, x_s : |\eta_s| \leqq 1 \right\}$$

eine Überdeckung von S bilden. Werden die Elemente $x_0, \ldots, x_r$ als Einheitsvektoren aufgefaßt, so kann man E_{r+1} mit dem $(r+1)$-dimensionalen euklidischen Raum identifizieren. Für das auf E_{r+1} übertragene Lebesguesche Maß μ gelten dann die folgenden Aussagen:

$$\mu(S) = \frac{2^{r+1}}{(r+1)!} \quad \text{und} \quad \mu\big(Q(\alpha_0, \ldots, \alpha_r)\big) = (2\,\varepsilon)^{r+1} \, (\delta_0 \ldots \delta_r)^{-1} .$$

Wegen

$$\mu(S) \leqq \sum \mu\big(Q(\alpha_0, \ldots, \alpha_r)\big)$$

ergibt sich nun die Ungleichung

$$\frac{2^{r+1}}{(r+1)!} \leqq m \, (2\,\varepsilon)^{r+1} \, (\delta_0 \ldots \delta_r)^{-1} .$$

Weil die beschränkte Menge B nach Voraussetzung absolutkonvex sein soll, gilt $S \subset B$. Folglich gibt es in B mindestens m verschiedene Elemente $y(\alpha_0, \ldots, \alpha_r)$, und man hat $m \leqq \mathrm{M}_\varepsilon(B)$. Demnach besteht die Abschätzung

$$\delta_0 \ldots \delta_r \leqq (r+1)! \, \varepsilon^{r+1} \, M_\varepsilon(B) ,$$

aus der man die behauptete Ungleichung durch die Grenzübergänge $\delta_s \to \delta_s(B)$ erhält.

9.6.4. Als erste Folgerung aus den in 9.6.3 bewiesenen Ungleichungen ergibt sich das

LEMMA. *Für eine absolutkonvexe und beschränkte Teilmenge B eines reellen normierten Raumes E sind die Aussagen*

$$\delta_s(B) = 0 \quad \text{und} \quad \lim_{\varepsilon \to 0} \varepsilon^\lambda M_\varepsilon(B) = 0 \quad \textit{für } \lambda > s$$

äquivalent.

Beweis. Hat man $\delta_s(B) = 0$, so besteht wegen Lemma 1 für alle positiven Zahlen ε die Ungleichung

$$M_\varepsilon(B) \leqq (2\,\delta_0(B)\,\varepsilon^{-1} + 2)^s\,,$$

aus der sich die Beziehung

$$\lim_{\varepsilon \to 0} \varepsilon^\lambda M_\varepsilon(B) = 0 \quad \text{für } \lambda < s$$

ergibt.

Ist andererseits diese Limesbedingung erfüllt, so erhält man aus der in Lemma 2 angegebenen Abschätzung

$$\delta_0(B) \ldots \delta_s(B) \leqq (s+1)!\,\varepsilon^{s+1} M_\varepsilon(B)$$

durch den Grenzübergang $\varepsilon \to 0$ die Aussage

$$\delta_0(B) \ldots \delta_s(B) = 0\,.$$

Somit gilt $\delta_s(B) = 0$.

9.7. Die approximative Dimension von lokalkonvexen Räumen

9.7.1. Wir betrachten in einem beliebigen lokalkonvexen Raum E zwei Nullumgebungen $U, V \in \mathfrak{U}(E)$ mit $V \prec U$. Wird für jede positive Zahl ε das Supremum $M_\varepsilon(V, U)$ aller natürlichen Zahlen m, zu denen es Elemente $x_1, \ldots, x_m \in V$ mit $x_i - x_k \notin \varepsilon\, U$ für $i \neq k$ gibt, als **ε-Inhalt von V bezüglich U** bezeichnet, so zeigt sich, daß $M_\varepsilon(V, U)$ mit dem ε-Inhalt der beschränkten Teilmenge

$$V(U) = \{x(U) : x \in V\}$$

des normierten Raumes $E(U)$ übereinstimmt.

9.7.2. Als **approximative Dimension $\Phi_{\mathfrak{U}}(E)$** eines lokalkonvexen Raumes E bezeichnen wir die Gesamtheit aller auf dem Intervall $(0, +\infty)$ erklärten positiven Funktionen $\varphi = [\varphi(\varepsilon)]$, die die Eigenschaft besitzen, daß es zu jeder Nullumgebung $U \in \mathfrak{U}(E)$ eine Nullumgebung $V \in \mathfrak{U}(E)$ mit $V \prec U$ gibt, so daß die Beziehung

$$\lim_{\varepsilon \to 0} \varphi(\varepsilon)^{-1} M_\varepsilon(V, U) = 0$$

besteht.

Es ist leicht einzusehen, daß man in dieser Definition $\mathfrak{U}(E)$ durch ein beliebiges Fundamentalsystem von Nullumgebungen ersetzen kann.

9.7.3. Auf Grund der gleichen Bemerkung wie in 9.2.3 ergibt sich das

THEOREM. *Für zwei isomorphe lokalkonvexe Räume E und F gilt*

$$\Phi_{\mathfrak{U}}(E) = \Phi_{\mathfrak{U}}(F)\,.$$

9.7.4. Daß die approximative Dimension eines lokalkonvexen Raumes eine sinnvolle Verallgemeinerung der gewöhnlichen Dimension ist, zeigt das

THEOREM. *Ein reeller lokalkonvexer Raum E ist dann und nur dann höchstens s-dimensional, wenn die folgende Aussage gilt:*

Für alle Zahlen $\lambda > s$ gehört die Funktion $[\varepsilon^{-\lambda}]$ zu $\Phi_{\mathfrak{U}}(E)$.

Beweis. Hat man zwei Nullumgebungen $U, V \in \mathfrak{U}(E)$ mit $V \prec U$, so ist

$$V(U) = \{x(U) : x \in V\}$$

eine beschränkte Teilmenge des normierten Raumes $E(U)$, für die die Identitäten

$$\delta_s(V, U) = \delta_s(V(U)) \quad \text{und} \quad M_\varepsilon(V, U) = M_\varepsilon(V(U))$$

bestehen. Deshalb sind wegen Lemma 9.6.4 die Aussagen

$$\delta_s(V, U) = 0 \quad \text{und} \quad \lim_{\varepsilon \to 0} \varepsilon^\lambda M_\varepsilon(V, U) = 0 \quad \text{für } \lambda > s$$

äquivalent, und unsere Behauptung folgt aus Theorem 9.2.4.

Bemerkung. Im Falle eines komplexen lokalkonvexen Raumes muß man s durch $2\,s$ ersetzen.

9.7.5. Daß die approximative Dimension $\Phi_{\mathfrak{U}}(E)$ tatsächlich ein Maß für die Größe des lokalkonvexen Raumes E ist, ergibt sich aus den beiden folgenden Sätzen.

SATZ 1. *Für jeden linearen Teilraum F eines lokalkonvexen Raumes E gilt die Beziehung*

$$\Phi_{\mathfrak{U}}(F) \supset \Phi_{\mathfrak{U}}(E) .$$

Beweis. Ist φ eine beliebige Funktion aus $\Phi_{\mathfrak{U}}(E)$, so gibt es zu jeder Nullumgebung $U \in \mathfrak{U}(E)$ eine Nullumgebung $V \in \mathfrak{U}(E)$ mit $V \prec U$, so daß die Beziehung

$$\lim_{\varepsilon \to 0} \varphi(\varepsilon)^{-1} M_\varepsilon(V, U) = 0$$

besteht. Da aber für m beliebige Elemente $x_1, \ldots, x_m \in V_0 = F \cap V$ mit $x_i - x_k \notin \varepsilon\, U_0 = \varepsilon\,(F \cap U)$ für $i \neq k$ stets auch $x_i - x_k \notin \varepsilon\, U$ für $i \neq k$ gilt, hat man

$$M_\varepsilon(V_0, U_0) \leqq M_\varepsilon(V, U) .$$

Demnach besteht auch die Beziehung

$$\lim_{\varepsilon \to 0} \varphi(\varepsilon)^{-1} M_\varepsilon(V_0, U_0) = 0 .$$

Beachtet man die Tatsache, daß die Mengen $U_0 = F \cap U$ mit $U \in \mathfrak{U}(E)$ ein Fundamentalsystem von Nullumgebungen in F bilden, so ergibt sich die Aussage $\varphi \in \Phi_{\mathfrak{U}}(F)$, und unsere Behauptung ist bewiesen.

SATZ 2. *Für jeden abgeschlossenen linearen Teilraum F eines lokalkonvexen Raumes E gilt die Beziehung*

$$\Phi_{\mathfrak{U}}(E/F) \supset \Phi_{\mathfrak{U}}(E) .$$

Beweis. Da die Mengen

$$\overline{U(F)} = \{x(F) \in E/F : \alpha\, x \in U + F \quad \text{für } |\alpha| < 1\} \quad \text{mit} \quad U \in \mathfrak{U}(E)$$

ein Fundamentalsystem von Nullumgebungen in dem Quotientenraum E/F

bilden, ergibt sich unsere Behauptung aus der für zwei Nullumgebungen U, $V \in \mathfrak{U}(E)$ mit $V \prec U$ bestehenden Ungleichung

$$M_\varepsilon(\overline{V(F)}, \overline{U(F)}) \leqq M_\varepsilon(V, U),$$

die wir im folgenden beweisen werden.

Zu diesem Zweck betrachten wir m Restklassen $x_1(F), \ldots, x_m(F)$ aus $\overline{V(F)}$ mit $x_i(F) - x_k(F) \notin \varepsilon\, \overline{U(F)}$ für $i \neq k$. Auf Grund der Definition von $\overline{U(F)}$ gibt es dann Zahlen α_{ik} zwischen 0 und 1, für die

$$\alpha_{ik}(x_i - x_k) \notin \varepsilon\, U + F$$

gilt. Demzufolge besteht erst recht für das Maximum $\alpha < 1$ dieser Zahlen die Beziehung

$$\alpha(x_i - x_k) \notin \varepsilon\, U + F.$$

Außerdem hat man

$$\alpha x_i \in V + F.$$

Deshalb lassen sich die Elemente αx_i in der Form

$$\alpha x_i = y_i + z_i \quad \text{mit} \quad y_i \in V \quad \text{und} \quad z_i \in F$$

darstellen. Dabei gilt $y_i - y_k \notin \varepsilon\, U$ für $i \neq k$, denn aus der gegenteiligen Annahme würde man die falsche Aussage

$$\alpha(x_i - x_k) = (y_i - y_k) + (z_i - z_k) \in \varepsilon\, U + F$$

erhalten. Auf diese Weise haben wir m Elemente $y_1, \ldots, y_m \in V$ mit $y_i - y_k \notin \varepsilon\, U$ für $i \neq k$ gefunden. Folglich kann $M_\varepsilon(V, U)$ niemals kleiner als $M_\varepsilon(\overline{V(F)}, \overline{U(F)})$ sein.

9.7.6. PROBLEM. *Unter welchen Voraussetzungen über den lokalkonvexen Raum E besteht die Identität*

$$\Phi_{\mathfrak{U}}(E_b') = \Phi_{\mathfrak{U}}(E)\,?$$

9.7.7. Als **duale approximative Dimension** $\Phi_{\mathfrak{B}}(E)$ eines lokalkonvexen Raumes E bezeichnen wir die Gesamtheit aller auf dem Intervall $(0, +\infty)$ erklärten positiven Funktionen $\varphi = [\varphi(\varepsilon)]$, die die Eigenschaft besitzen, daß es zu jeder Menge $A \in \mathfrak{B}(E)$ eine Menge $B \in \mathfrak{B}(E)$ mit $A \prec B$ gibt, so daß die Beziehung

$$\lim_{\varepsilon \to 0} \varphi(\varepsilon)^{-1} M_\varepsilon(A, B) = 0$$

besteht. Dabei wird der ε-Inhalt $M_\varepsilon(A, B)$ von A bezüglich B genauso wie in 9.7.1 definiert.

Bis jetzt weiß man noch nicht, ob die duale approximative Dimension stets mit der approximativen Dimension des starken topologischen Duals übereinstimmt.

PROBLEM. *Unter welchen Voraussetzungen über den lokalkonvexen Raum E besteht die Identität*

$$\Phi_{\mathfrak{B}}(E) = \Phi_{\mathfrak{U}}(E_b')\,?$$

9.8. Die approximative Dimension von nuklearen lokalkonvexen Räumen

9.8.1. Wir betrachten in einem beliebigen lokalkonvexen Raum E zwei Nullumgebungen $V, U \in \mathfrak{U}(E)$ mit $V \prec U$ und bezeichnen das Infimum $\varrho(V, U)$ aller positiven Zahlen ϱ, zu denen es eine positive Zahl ε_0 mit

$$M_\varepsilon(V, U) \leqq \exp(\varepsilon^{-\varrho}) \quad \text{für } 0 < \varepsilon < \varepsilon_0$$

gibt, als **Ordnung von V bezüglich U.** Falls keine positive Zahl ϱ mit der angegebenen Eigenschaft existiert, setzen wir $\varrho(V, U) = +\infty$. Man kann sich leicht überzeugen, daß die Identität

$$\varrho(V, U) = \limsup_{\varepsilon \to 0} \frac{\ln \ln M_\varepsilon(V, U)}{\ln \varepsilon^{-1}}$$

besteht.

9.8.2. LEMMA. *Für drei Nullumgebungen U, V, $W \in \mathfrak{U}(E)$ mit $W \prec V \prec U$ gilt*

$$\frac{1}{\varrho(W, U)} \geqq \frac{1}{\varrho(W, V)} + \frac{1}{\varrho(V, U)}.$$

Beweis. Wir beschränken uns auf den Fall, in dem die Ordnungen $\varrho(V, U)$ und $\varrho(W, V)$ endlich sind, und betrachten beliebige Zahlen mit

$$\varrho > \varrho' > \varrho(V, U) \quad \text{und} \quad \sigma > \sigma' > \varrho(W, V).$$

Setzt man dann

$$\alpha = \sigma(\varrho' + \sigma)^{-1} \quad \text{und} \quad \beta = \varrho(\varrho' + \sigma)^{-1},$$

so gilt $\alpha\,\varrho = \beta\,\sigma$ und $\alpha + \beta > 1$. Wir bestimmen nun eine positive Zahl ε_0, so daß für alle Zahlen ε mit $0 < \varepsilon < \varepsilon_0$ die folgenden Ungleichungen bestehen:

$$2\,\varepsilon^{\alpha+\beta} \leqq \varepsilon, \qquad 2\,\varepsilon^{-\varrho\sigma(\varrho'+\sigma)^{-1}} \leqq \varepsilon^{-\varrho\sigma(\varrho'+\sigma')^{-1}},$$

$$M_{\varepsilon^\alpha}(V, U) \leqq \exp(\varepsilon^{-\alpha\varrho}), \qquad M_{\varepsilon^\beta}(W, V) \leqq \exp(\varepsilon^{-\beta\sigma}).$$

Für eine feste Zahl ε mit $0 < \varepsilon < \varepsilon_0$ betrachten wir nun maximale Systeme von Elementen

$$x_1, \ldots, x_r \in V \quad \text{mit } x_i - x_k \notin \varepsilon^\alpha U \quad \text{für } i \neq k$$

und

$$y_1, \ldots, y_s \in W \quad \text{mit } y_i - y_k \notin \varepsilon^\beta V \quad \text{für } i \neq k.$$

Dann hat man

$$V \subset \bigcup_{i=1}^{r} \{x_i + \varepsilon^\alpha U\} \quad \text{und} \quad W \subset \bigcup_{k=1}^{s} \{y_k + \varepsilon^\beta V\}.$$

Folglich gilt die Beziehung

$$W \subset \bigcup_{i=1}^{r} \bigcup_{k=1}^{s} \{\varepsilon^\beta x_i + y_k + \varepsilon^{\alpha+\beta} U\}.$$

Es können deshalb höchstens $r \cdot s$ Elemente

$$z_1, \ldots, z_t \in W \quad \text{mit } z_p - z_q \notin \varepsilon U \quad \text{für } p \neq q$$

existieren, weil sonst mindestens zwei verschiedene Elemente z_p und z_q in der gleichen Menge

$$e^\beta x_i + y_k + \varepsilon^{\alpha+\beta} U$$

liegen müßten, was die falsche Aussage

$$z_p - z_q \in 2\,\varepsilon^{\alpha+\beta} U \subset \varepsilon U$$

zur Folge haben würde. Deshalb gilt die Abschätzung

$$M_\varepsilon(W, U) \leqq r \cdot s = M_{\varepsilon^\alpha}(V, U) \cdot M_{\varepsilon^\beta}(W, V) \leqq \exp(\varepsilon^{-\alpha\varrho} + \varepsilon^{-\beta\sigma})$$
$$\leqq \exp(2\,\varepsilon^{-\varrho\sigma(\varrho'+\sigma)^{-1}}) \leqq \exp(\varepsilon^{-\varrho\sigma(\varrho'+\sigma')^{-1}}) .$$

Damit ist aber die Beziehung

$$\varrho(W, U) \leqq \varrho\,\sigma(\varrho' + \sigma')^{-1}$$

bewiesen, aus der man durch die Grenzübergänge $\varrho \to \varrho(V, U)$ und $\sigma \to \varrho(W, V)$ die behauptete Ungleichung erhält.

9.8.3. Nach diesen Vorbereitungen ergibt sich das

THEOREM. *Ein lokalkonvexer Raum E ist dann und nur dann nuklear, wenn für eine (jede) positive Zahl ϱ die folgende Aussage gilt:*

Zu jeder Nullumgebung $U \in \mathfrak{U}(E)$ gibt es eine Nullumgebung $V \in \mathfrak{U}(E)$ mit $V \prec U$ und $\varrho(V, U) \leqq \varrho$.

Beweis. Jeder komplexe lokalkonvexe Raum E läßt sich in natürlicher Weise auch als reeller lokalkonvexer Raum auffassen. Da man aber die Nuklearität von E und die Zahlen $\varrho(V, U)$ ohne Verwendung des Koeffizientenkörpers definieren kann, dürfen wir uns im folgenden auf die Betrachtung von rellen lokalkonvexen Räumen beschränken.

Als erstes zeigen wir, daß die angegebene Bedingung für alle positiven Zahlen ϱ erfüllt ist, wenn sie nur für eine positive Zahl ϱ_0 gilt. Zu diesem Zweck bestimmen wir zu einer beliebig vorgegebenen Nullumgebung $U = U_0 \in \mathfrak{U}(E)$ Nullumgebungen $U_1, \ldots, U_n \in \mathfrak{U}(E)$ mit

$$U_k \prec U_{k-1} \quad \text{und} \quad \varrho(U_k, U_{k-1}) \leqq \varrho_0 \quad \text{für } k = 1, \ldots, n$$

und setzen $V = U_n$. Hat man dabei die natürliche Zahl n so groß gewählt, daß $n\,\varrho \geqq \varrho_0$ gilt, so besteht die Ungleichung

$$\frac{1}{\varrho(V, U)} \geqq \sum_{k=1}^{n} \frac{1}{\varrho(U_k, U_{k-1})} \geqq \frac{n}{\varrho_0} \geqq \frac{1}{\varrho} .$$

Also hat man $\varrho(V, U) \leqq \varrho$, und unsere Behauptung ist bewiesen.

Notwendigkeit. Nach Theorem 9.4.1 gibt es in einem lokalkonvexen Raum E zu jeder Nullumgebung $U \in \mathfrak{U}(E)$ eine Nullumgebung $V \in \mathfrak{U}(E)$ mit $V \prec U$ und

$$\delta_r(V, U) \leqq (r + 1)^{-1} \quad \text{für } r \in R .$$

Für eine beliebige positive Zahl ε bestimmen wir nun diejenige Zahl $s \in R$, für die

$$3\,\varepsilon^{-1} - 1 < s \leqq 3\,\varepsilon^{-1}$$

gilt. Dann hat man

$$\delta_s(V, U) \leqq (s + 1)^{-1} < \frac{1}{3}\varepsilon ,$$

und auf Grund von Lemma 1 aus 9.6.3 gilt die Ungleichung

$$M_\varepsilon(V, U) \leqq (3\,\varepsilon^{-1} + 2)^s \leqq (3\,\varepsilon^{-1} + 2)^{3\varepsilon^{-1}} \quad \text{für alle } \varepsilon > 0 .$$

Wird nun die positive Zahl ε_0 so bestimmt, daß

$$(3\,\varepsilon^{-1} + 2)^3 \leqq \exp(\varepsilon^{-1}) \quad \text{für } 0 < \varepsilon < \varepsilon_0$$

gilt, dann hat man

$$M_\varepsilon(V, U) \leqq \exp(\varepsilon^{-2}) \quad \text{für } 0 < \varepsilon < \varepsilon_0 \quad \text{oder} \quad \varrho(V, U) \leqq 2 .$$

Damit haben wir gezeigt, daß die angegebene Bedingung für die positive Zahl 2 erfüllt ist.

Hinlänglichkeit. Wir betrachten einen lokalkonvexen Raum E, in dem es zu jeder Nullumgebung $U \in \mathfrak{U}(E)$ eine Nullumgebung $V \in \mathfrak{U}(E)$ mit $V \prec U$ und $\varrho(V, U) \leqq \frac{1}{3}$ gibt. Dann existiert eine positive Zahl ε_0 mit

$$M_\varepsilon(V, U) \leqq \exp(\varepsilon^{-1/3}) \quad \text{für } 0 < \varepsilon < \varepsilon_0 .$$

Ist jetzt r_0 eine natürliche Zahl mit $(r_0 + 1)^2 \varepsilon_0 \geqq 1$, so gilt die Aussage

$$\delta_r(V, U) \leqq e(r + 1)^{-1} \quad \text{für alle } r \geqq r_0 .$$

Wenn man nämlich annimmt, daß es eine natürliche Zahl $s \geqq r_0$ mit

$$\delta_s(V, U) > e(s + 1)^{-1}$$

gibt, erhält man auf Grund von Lemma 2 aus 9.6.3 die Ungleichung

$$e^{s+1}(s + 1)^{-(s+1)} \leqq \delta_0(V, U) \ldots \delta_s(V, U) \leqq (s + 1)!\, \varepsilon^{s+1} M_\varepsilon(V, U) .$$

Setzt man dabei

$$\varepsilon = (s + 1)^{-2} ,$$

so ergibt sich unter Verwendung der Abschätzungen

$$M_\varepsilon(V, U) \leqq \exp\left((s + 1)^{2/3}\right) \quad \text{und} \quad (s + 1)! \leqq (s + 1)^{s+1}$$

eine Ungleichung, aus der durch Multiplikation mit $(s + 1)^{s+1}$ und Übergang zu den natürlichen Logarithmen die falsche Aussage

$$s + 1 \leqq (s + 1)^{2/3}$$

folgt.

Abschließend bestimmen wir eine positive Zahl $\sigma \leqq e^{-1}$ so, daß die Ungleichungen

$$\sigma\, \delta_r(V, U) \leqq (r + 1)^{-1} \quad \text{für } r = 0, \ldots, r_0 - 1$$

bestehen. Dann hat man

$$\delta_r(\sigma V, U) \leqq (r + 1)^{-1} \quad \text{für alle } r \in R ,$$

und aus Theorem 9.4.1 folgt die Nuklearität des betrachteten lokalkonvexen Raumes E.

9.8.4. Als unmittelbare Folgerung aus 9.8.3 ergibt sich das

THEOREM. *Ein lokalkonvexer Raum E ist dann und nur dann nuklear, wenn für eine (jede) positive Zahl ϱ die Aussage*

$$[\exp(\varepsilon^{-\varrho})] \in \Phi_{\mathfrak{U}}(E)$$

gilt.

9.8.5. Wenn man für zwei Mengen $A, B \in \mathfrak{B}(E)$ mit $A \prec B$ die Ordnung $\varrho(A, B)$ genauso wie in 9.8.1 definiert, erhält man das

THEOREM. *Ein lokalkonvexer Raum E ist dann und nur dann dualnuklear, wenn für eine (jede) positive Zahl ϱ die folgende Aussage gilt:*

Zu jeder Menge $A \in \mathfrak{B}(E)$ gibt es eine Menge $B \in \mathfrak{B}(E)$ mit $A \prec B$ und $\varrho(A, B) \leqq \varrho$.

9.8.6. Als Analogon zu Theorem 9.8.4 formulieren wir das

THEOREM. *Ein lokalkonvexer Raum E ist dann und nur dann dualnuklear, wenn für eine (jede) positive Zahl ϱ die Aussage*

$$\exp(\varepsilon^{-\varrho}) \in \Phi_{\mathfrak{B}}(E)$$

gilt.

9.8.7. Abschließend bemerken wir, daß man in einem beliebigen lokalkonvexen Raum E für jede Menge $K \in \mathfrak{K}(E)$ und alle Nullumgebungen $U \in \mathfrak{U}(E)$ den stets endlichen ε-Inhalt $M_\varepsilon(K, U)$ als Supremum aller natürlichen Zahlen m definiert, zu denen es Elemente

$$x_1, \ldots, x_m \in K \quad \text{mit } x_i - x_k \notin \varepsilon U \quad \text{für } i \neq k$$

gibt. Setzt man dann wie in 9.8.1

$$\varrho(K, U) = \limsup_{\varepsilon \to 0} \frac{\ln \ln M_\varepsilon(K, U)}{\ln \varepsilon^{-1}},$$

so kann man unter Verwendung von Theorem 9.8.3 leicht zeigen, daß in einem nuklearen lokalkonvexen Raum E stets $\varrho(K, U) = 0$ gilt. Die gleiche Aussage ergibt sich für dualnukleare lokalkonvexe Räume.

Ohne Beweis erwähnen wir noch das

THEOREM. *Ein metrischer oder dualmetrischer lokalkonvexer Raum E ist dann und nur dann nuklear, wenn für $K \in \mathfrak{K}(E)$ und $U \in \mathfrak{U}(E)$ stets $\varrho(K, U) = 0$ gilt.*

KAPITEL 10

Nukleare lokalkonvexe Räume mit Basis

Eine Folge von Elementen $e_0, e_1, \ldots$ aus einem lokalkonvexen Raum E wird als *Basis* bezeichnet, wenn es zu jedem Element $x \in E$ eine eindeutig bestimmte Folge von Zahlen $\xi_0, \xi_1, \ldots$ gibt, so daß die Beziehung

$$x = \lim_s \sum_{r=0}^{s} \xi_r e_r$$

besteht. Dabei darf die Anordnung der Elemente $e_0, e_1, \ldots$ im allgemeinen nicht beliebig verändert werden. Als Beispiel führen wir den Banachraum $\mathscr{C}[0, 1]$ an, in dem bereits von J. Schauder eine Basis konstruiert wurde, und von dem man zeigen konnte, daß in ihm keine Basis existiert, für die alle Reihen

$$\sum_R \xi_r e_r$$

unbedingt konvergent sind. Noch seltener tritt in Banachräumen der Fall ein, daß die Reihen

$$\sum_R \xi_r e_r$$

sogar absolut konvergieren. Aus Theorem 10.1.4 folgt nämlich, daß diese Räume zu den Folgenraum l_R^1 isomorph sind.

Um so überraschender war es, als von A. S. Dynin und B. S. Mitiagin gezeigt wurde, daß für jede Basis in einem nuklearen (F)-Raum alle Reihen

$$\sum_R \xi_r e_r$$

absolut konvergieren. Aus diesem fundamentalen Basis-Theorem, das wir im folgenden in einer sehr allgemeinen Form beweisen, folgt in Verbindung mit einer von S. Rolewicz [1] stammenden Methode, daß alle nuklearen vollständigen lokalkonvexen Räume mit gleichstetiger Basis zu nuklearen Folgenräumen isomorph sind (Theorem 10.2.2). Als wichtigstes Problem im Hinblick auf die angestrebte Klassifikation der nuklearen lokalkonvexen Räume erhebt sich deshalb die Frage nach allgemeinen Isomorphiekriterien für nukleare Folgenräume (10.1.3).

In Abschnitt 10.3 geben wir in einigen konkreten nuklearen lokalkonvexen Räumen eine Basis an. Genauso wie für separable Banachräume konnte jedoch bis jetzt noch nicht bewiesen werden, daß in jedem nuklearen (F)-Raum eine Basis existiert.

10.1. Lokalkonvexe Räume mit Basis

10.1.1. Eine Folge $[e_r, R]$ von Elementen aus einem lokalkonvexen Raum E wird als **Basis** bezeichnet, wenn es zu jedem Element $x \in E$ eine eindeutig bestimmte Zahlenfolge $[\xi_r, R]$ gibt, so daß die Beziehung

$$x = \lim_s \sum_{r=0}^{s} \xi_r e_r$$

besteht.

Für jede Basis werden durch die Zuordnungen $x \to \xi_s$ auf E Linearformen f_s mit $\xi_s = \langle x, f_s \rangle$ definiert. Dabei hat man

$$\langle e_r, f_s \rangle = \delta_{rs} \quad \text{für } r, s \in R\,.$$

10.1.2. Wir sagen, daß eine Basis $[e_r, R]$ **gleichstetig** ist, wenn es zu jeder Nullumgebung $U \in \mathfrak{U}(E)$ eine Nullumgebung $V \in \mathfrak{U}(E)$ gibt, so daß die Ungleichungen

$$|\langle x, f_r \rangle|\, p_U(e_r) \leqq p_V(x) \quad \text{für } x \in E \quad \text{und} \quad r \in R$$

gelten. Insbesondere sind dann alle Linearformen f_r stetig.

Ohne Beweis erwähnen wir das folgende

THEOREM. *Jede Basis in einem* (F)*-Raum ist gleichstetig.*

10.1.3. Wir nennen eine gleichstetige Basis $[e_r, R]$ **absolut,** wenn es zu jeder Nullumgebung $U \in \mathfrak{U}(E)$ eine Nullumgebung $V \in \mathfrak{U}(E)$ gibt, für die sogar die Ungleichungen

$$\sum_R |\langle x, f_r \rangle|\, p_U(e_r) \leqq p_V(x) \quad \text{mit } x \in E \text{ und } r \in R$$

gelten. Dann besteht für alle Elemente $x \in E$ die Identität

$$x = \sum_R \langle x, f_r \rangle\, e_r\,,$$

wobei die rechtsstehende Reihe absolutsummierbar ist.

10.1.4. Vollständige lokalkonvexe Räume, in denen es eine absolute gleichstetige Basis gibt, lassen sich sehr einfach darstellen. Es gilt nämlich das

THEOREM. *Jeder vollständige lokalkonvexe Raum* E *mit einer absoluten gleichstetigen Basis* $[e_r, R]$ *kann mit einem Folgenraum* Λ *identifiziert werden.*

Beweis. Wir setzen

$$P = \{[p_U(e_r), R] : U \in \mathfrak{U}(E)\}$$

und erzeugen den zugehörigen Folgenraum Λ, dessen lokalkonvexe Topologie aus den Halbnormen

$$q_U[\xi_r, R] = \sum_R |\xi_r|\, p_U(e_r) \quad \text{mit } U \in \mathfrak{U}(E)$$

gewonnen wird. Weil es nach Voraussetzung zu jeder Nullumgebung $U \in \mathfrak{U}(E)$ eine Nullumgebung $V \in \mathfrak{U}(E)$ mit

$$q_U[\langle x, f_r \rangle, R] = \sum_R |\langle x, f_r \rangle|\, p_U(x) \leqq p_V(x) \quad \text{für } x \in E$$

gibt, ist die durch den Ansatz

$$K\,x = [\langle x, f_r \rangle, R]$$

definierte eineindeutige lineare Abbildung von E in Λ stetig. Da alle Familien $[\xi_r e_r, R]$ mit $[\xi_r, R] \in \Lambda$ in E absolutsummierbar sind, kann man

$$x = \sum_R \xi_r e_r$$

setzen. Dann gilt aber die Beziehung $K x = [\xi_r, R]$, und wir haben gezeigt, daß K sogar eine Abbildung auf Λ ist. Abschließend folgt aus der für $[\xi_r, R] \in \Lambda$ und $U \in \mathfrak{U}(E)$ gültigen Ungleichung

$$p_U\left(\sum_R \xi_r e_r\right) \leqq \sum_R |\xi_r| \, p_U(e_r) = q_U[\xi_r, R]$$

die Stetigkeit der inversen Abbildung K^{-1}.

10.1.5. Weil die Einheitsfolgen $e_s = [\delta_r^{[s]}, R]$ in jedem Folgenraum Λ eine absolute gleichstetige Basis bilden, ergibt sich aus 10.1.4 das

THEOREM. *Die Gesamtheit aller vollständigen lokalkonvexen Räume, in denen es eine absolute gleichstetige Basis gibt, fällt mit der Gesamtheit aller Folgenräume zusammen.*

10.2. Darstellung von nuklearen lokalkonvexen Räumen mit Basis

10.2.1. Von größter Bedeutung für die Theorie der nuklearen lokalkonvexen Räume ist das

BASIS-THEOREM. *Jede gleichstetige Basis $[e_r, R]$ in einem nuklearen lokalkonvexen Raum E ist absolut.*

Beweis. Nach Voraussetzung gibt es zu jeder Nullumgebung $U \in \mathfrak{U}(E)$ eine Nullumgebung $U_0 \in \mathfrak{U}(E)$ mit

$$|\langle y, f_r\rangle| \, p_U(e_r) \leqq p_{U_0}(y) \quad \text{für } y \in E \quad \text{und} \quad r \in R\,.$$

Deshalb erhält man für jede Menge $\mathfrak{r} \in \mathfrak{F}(R)$ durch den Ansatz

$$S[y(U_0)] = [\langle y, f_r\rangle \, p_U(e_r), \mathfrak{r}]$$

eine stetige lineare Abbildung von $E(U_0)$ in $\boldsymbol{m}_\mathfrak{r}$ mit $\beta(S) \leqq 1$.

Wir wiederholen nun den ersten Schritt und bestimmen zu einer Nullumgebung $V_0 \in \mathfrak{U}(E)$ eine Nullumgebung $V \in \mathfrak{U}(E)$ mit

$$|\langle x, f_r\rangle| \, p_{V_0}(e_r) \leqq p_V(x) \quad \text{für } x \in E \quad \text{und} \quad r \in R\,.$$

Für jede Familie $[\alpha_r, R] \in \boldsymbol{l}_R^2$ mit $\boldsymbol{\lambda}_2[\alpha_r, R] \leqq 1$ und alle Elemente $x \in V$ wird dann durch den Ansatz

$$T[\xi_r, \mathfrak{r}] = \sum_\mathfrak{r} \alpha_r^2 \langle x, f_r\rangle \, \xi_r \, e_r(V_0)$$

eine stetige lineare Abbildung von $\boldsymbol{m}_\mathfrak{r}$ in $E(V_0)$ definiert. Da für jede Familie $[\xi_r, \mathfrak{r}]$ mit $|\xi_r| \leqq 1$ die Ungleichung

$$p(T[\xi_r, \mathfrak{r}]) \leqq \sum_\mathfrak{r} |\alpha_r|^2 \, |\langle x, f_r\rangle| \, p_{V_0}(e_r) \leqq 1$$

besteht, hat man $\beta(T) \leqq 1$.

Weil der lokalkonvexe Raum E nuklear sein soll, kann man die Nullumgebung V_0 nach Theorem 8.6.1 inbesondere so wählen, daß die kanonische Abbildung von $E(V_0)$ auf $E(U_0)$ vom Typus $\boldsymbol{l}^{1/2}$ ist. Dabei läßt sich zusätzlich erreichen, daß $\varrho_{1/2}(E(V_0, U_0)) \leqq 1$ gilt. Deshalb folgt aus Satz 8.2.8 für die Abbildung $K = S\,E(V_0, U_0)\,T$ die Abschätzung

$$\varrho_{1/2}(K) \leqq \beta(S)\,\varrho_{1/2}(E(V_0, U_0))\,\beta(T) \leqq 1\,.$$

Da aber $K \in \mathscr{L}(\boldsymbol{m}_{\mathfrak{r}}, \boldsymbol{m}_{\mathfrak{r}})$ die Form

$$K[\xi_r, \mathfrak{r}] = [\alpha_r^2 \langle x, f_r \rangle \, p_U(e_r) \, \xi_r, \mathfrak{r}]$$

hat, muß nach Satz 8.2.9 die Ungleichung

$$\sum_{\mathfrak{r}} |\alpha_r| \, |\langle x, f_r \rangle \, p_U(e_r)|^{1/2} \leqq \varrho_{1/2}(K) \leqq 1$$

bestehen, aus der wir auf Grund von Lemma 1.1.7 die Beziehung

$$\sum_{\mathfrak{r}} |\langle x, f_r \rangle| \, p_U(e_r) \leqq 1$$

erhalten. Da aber $\mathfrak{r}$ eine beliebige Menge aus $\mathfrak{F}(R)$ war, gilt die Abschätzung

$$\sum_{R} |\langle x, f_r \rangle \, | \, p_U(e_r) \leqq 1 \quad \text{für alle } x \in V .$$

Folglich hat man

$$\sum_{R} |\langle x, f_r \rangle| \, p_U(e_r) \leqq p_V(x) \quad \text{mit } x \in E ,$$

und unsere Behauptung ist bewiesen.

10.2.2. Durch Zusammenfassung der Ergebnisse aus 10.1.5 und 10.2.1 erhalten wir das

THEOREM. *Die Gesamtheit aller nuklearen vollständigen lokalkonvexen Räume, in denen es eine gleichstetige Basis gibt, fällt mit der Gesamtheit aller nuklearen Folgenräume zusammen.*

10.2.3. Auf Grund des vorangehenden Theorems lassen sich alle Betrachtungen über nukleare vollständige lokalkonvexe Räume mit gleichstetiger Basis auf Untersuchungen in nuklearen Folgenräumen zurückführen. Das gilt insbesondere für die Frage nach der Isomorphie von zwei solchen Räumen.

Es ist klar, daß zwei Folgenräume isomorph sind, wenn sie sich durch eine **Permutation** von R und eine **Diagonaltransformation**

$$D[\xi_r, R] = [\delta_r \xi_r, R] \quad \text{mit } \delta_r \neq 0$$

ineinander überführen lassen. Ob man allerdings auf diese Weise aus einem nuklearen Folgenraum alle isomorphen Folgenräume erhält, ist bis heute noch ungeklärt. Immerhin konnte bewiesen werden, daß diese Aussage für nukleare Potenzreihenräume richtig ist (B. Mitiagin [4]).

10.3. Basen in speziellen nuklearen lokalkonvexen Räumen

10.3.1. Das fundamentale

PROBLEM. *Gibt es in jedem nuklearen (F)-Raum eine Basis?*
ist bis heute noch ungelöst. In einigen interessanten Spezialfällen konnte jedoch eine positive Antwort gefunden werden.

10.3.2. Ein reeller linearer Raum E heißt **halbgeordnet** (vgl. H. H. Schaefer [1]), wenn in ihm ein Kegel P von positiven Elementen ausgezeichnet ist, so daß die folgenden Bedingungen erfüllt sind:

(H_1) *Aus $x, y \in P$ folgt $x + y \in P$.*
(H_2) *Aus $x \in P$ und $\alpha \geqq 0$ folgt $\alpha x \in P$.*
(H_3) *Aus $x \in P$ und $-x \in P$ folgt $x = 0$.*

Man schreibt $x \geqq y$, falls $x - y \in P$ gilt. Existiert für je zwei Elemente x und y stets das Supremum $\sup(x, y)$, so wird E als **linearer Verband** bezeichnet, und man setzt $|x| = \sup(x, -x)$.

Ein **lokalkonvexer Verband** ist ein linearer Verband mit einer lokalkonvexen Topologie, die sich aus einem System von Halbnormen p mit der Eigenschaft

(*V*) *Aus* $|x| \geqq |y|$ *folgt* $p(x) \geqq p(y)$.

erzeugen läßt. Ein vollständiger metrischer lokalkonvexer Verband heißt (F)-**Verband.**

Von Y. Komura und S. Koshi [1] stammt das wichtige

THEOREM. *Jeder nukleare* (F)-*Verband besitzt eine Basis.*

Neuere Untersuchungen von B. Walsh [1] haben gezeigt, daß man die Nuklearität durch eine wesentlich schwächere Eigenschaft ersetzen kann.

10.3.3. Ist A ein positiv definiter selbstadjungierter Operator in einem Hilbertraum H, so bilden diejenigen Elemente $x \in H$, für die sämtliche Potenzen $x, A\,x, A^2\,x, \ldots$ definiert sind, einen reflexiven (F)-Raum $D(A^\infty)$, dessen Topologie aus den Normen

$$p_r(x) = (A^r\,x, x)^{1/2}$$

erzeugt wird. A. Pietsch [10] hat gezeigt, daß dieser (F)-Raum dann und nur dann nuklear ist, wenn der Operator A ein reines Punktspektrum besitzt, so daß für die entsprechend ihrer Vielfachheit gezählten Eigenwerte λ_r mit einer positiven Zahl ϱ die Ungleichung

$$\sum_R \lambda_r^{-\varrho} < +\infty$$

besteht. Die zugehörigen Eigenelemente e_r bilden dann eine Basis in $D(A^\infty)$. Diese Methode kann zur Konstruktion von Basen in vielen nuklearen Funktionenräumen verwendet werden (vgl. H. Triebel [1], [2]).

Ein verwandter Existenzsatz für Basen in nuklearen (F)-Räumen stammt von W. Wojtyński [1].

10.3.4. In dem nuklearen lokalkonvexen Raum $\mathscr{S}$ bilden die Hermiteschen Funktionen

$$h_r(t) = e^{t^2/2} \frac{d^r}{dt^r} e^{-t^2}$$

eine Basis.

10.3.5. In dem nuklearen lokalkonvexen Raum $\mathscr{E}[-1, +1]$ bilden die Tschebyscheffschen Polynome

$$T_r(t) = \cos(r \arccos t)$$

eine Basis.

10.3.6. In dem nuklearen lokalkonvexen Raum $\mathscr{E}_0[-1, +1]$ bilden die transformierten Hermiteschen Funktionen

$$g_r(t) = h_r\left(\operatorname{tg} \frac{\pi}{2} t\right)$$

eine Basis, weil die Zuordnung

$$[f(t)] \to \left[f\left(\operatorname{tg} \frac{\pi}{2} t\right)\right]$$

einen Isomorphismus zwischen den Räumen $\mathscr{S}$ und $\mathscr{E}_0[-1, +1]$ liefert.

10.3.7. In dem nuklearen lokalkonvexen Raum der in einer 3-dimensionalen offenen Kugel harmonischen Funktionen bilden die Kugelfunktionen eine Basis.

10.3.8. In dem nuklearen lokalkonvexen Raum der in einer offenen Kreisscheibe analytischen Funktionen bilden die Potenzen z^r eine Basis.

10.3.9. Durch den Übergang zu den Koeffizientenfolgen können die nuklearen lokalkonvexen Räume $\mathscr{E}[-1, +1]$, $\mathscr{E}_0[-1, +1]$ und $\mathscr{S}$ mit dem nuklearen Folgenraum Σ identifiziert werden. Sie sind deshalb auch untereinander isomorph. Weitergehende Isomorphieaussagen findet man bei Z. Ogrodzka [1], S. Rolewicz [3] und H. Triebel [1], [2].

KAPITEL 11

Universelle nukleare lokalkonvexe Räume

Bekanntlich läßt sich jeder normierte Raum in einen Banachraum $\mathcal{C}(M)$ einbetten. Dabei kann für separable normierte Räume $M = [0, 1]$ gesetzt werden. Wie schon A. GROTHENDIECK vermutete, treten in der Theorie der nuklearen lokalkonvexen Räume an die Stelle der Banachräume $\mathcal{C}(M)$ die I-fachen topologischen Produkte $(\sum)^I$ des Folgenraumes $\sum$. Dieses wichtige Strukturtheorem wurde inzwischen von T. und Y. KOMURA bewiesen. Für nukleare (F)-Räume mit Basis konnte die Gültigkeit dieser Behauptung bereits früher von C. BESSAGA und A. PEŁCZYŃSKI gezeigt werden.

Als einfache Folgerung ergibt sich der Satz, daß man jeden nuklearen (F)-Raum mit einem linearen Teilraum des Funktionenraumes $\mathcal{E}$ identifizieren kann.

Ein weiteres Universalitätstheorem stammt von A. MARTINEAU, der gezeigt hat, daß sich jeder s-nukleare lokalkonvexe Raum in ein I-faches topologisches Produkt $(\sum')^I$ des dualen Folgenraumes $\sum'$ einbetten läßt.

11.1. Einbettung in die Produkträume $(\Sigma)^I$

11.1.1. Es gilt das

THEOREM. *Jeder nukleare lokalkonvexe Raum E kann mit einem linearen Teilraum von $(\sum)^I$ identifiziert werden.*

Beweis. Wir betrachten in E ein beliebiges Fundamentalsystem

$$\mathfrak{U}_{\mathfrak{F}}(E) = \{U_i : i \in I\}$$

von Nullumgebungen. Auf Grund eines dualen Analogons von Theorem 9.5.3 gibt es zu jeder Nullumgebung U_i eine Folge von Linearformen $a_r^{[i]}$ mit

$$U_i^0 \subset A\,[a_r^{[i]}, R]\,,$$

so daß die Mengen

$$G_n = \{(r+1)^n\, a_r^{[i]} : r \in R\}$$

für alle natürlichen Zahlen n gleichstetig sind. Folglich gilt

$$p_i(x) = \sup\,\{|\langle x, a\rangle| : a \in U_i^0\} \leqq \sup\,\{|\langle x, a_r^{[i]}\rangle| : r \in R\}$$

und

$$q_n\,[\langle x, a_r^{[i]}\rangle, R] = \sup\,\{|\langle x, a_r^{[i]}\rangle|\,(r+1)^n : r \in R\} \leqq \sup\,\{|\langle x, a\rangle| : a \in G_n\}\,.$$

Da man die lokalkonvexe Topologie von $\sum$ nach Tbeorem 6.1.3 aus den Halbnormen

$$q_n\,[\xi_r, R] = \sup\,\{|\xi_r|(r+1)^n : r \in R\}$$

erzeugen kann, werden durch den Ansatz

$$K_i\, x = [\langle x, a_r^{[i]}\rangle, R]$$

stetige lineare Abbildungen K_i von E in Σ definiert, aus denen sich die gesuchte Einbettung K durch Zusammensetzung ergibt:

$$K\, x = [K_i\, x, I]\,.$$

11.1.2. Von B. Mitiagin [4] wurde gezeigt, daß der lokalkonvexe Raum E zu dem N-fachen topologischen Produkt $(\Sigma)^N$ isomorph ist. Wir beweisen hier jedoch nur eine schwächere Aussage.

SATZ. *Der nukleare lokalkonvexe Raum* $(\Sigma)^N$ *kann mit einem linearen Teilraum von* $\mathscr{E}$ *identifiziert werden.*

Beweis. Das topologische Produkt

$$\Pi\, \mathscr{E}_0\, [2\,(n-1)\,\pi,\, 2\,n\,\pi]$$

läßt sich als linearer Teilraum von $\mathscr{E}$ auffassen, wenn man der Familie $[f_n, N]$ mit $f_n \in \mathscr{E}_0\,[2\,(n-1)\,\pi,\, 2\,n\,\pi]$ die Funktion $f \in \mathscr{E}$ mit

$$f(t) = 0 \quad \text{für} \quad t \leqq 0 \quad \text{und}\ f(t) = f_n(t)\ \text{für}\ 2\,(n-1)\,\pi \leqq t \leqq 2\,n\,\pi$$

zuordnet. Da aber alle lokalkonvexen Räume $\mathscr{E}_0\,[2\,(n-1)\,\pi,\ 2\,n\,\pi]$ nach 10.3.9 zu dem Folgenraum Σ isomorph sind, hat man damit die gesuchte Einbettung von $(\Sigma)^N$ in $\mathscr{E}$ gefunden.

11.1.3. Durch Zusammenfassung der Ergebnisse von 11.1.2 und 11.1.2 erhält man das

THEOREM. *Jeder nukleare* (F)*-Raum kann mit einem linearen Teilraum von* $(\Sigma)^N$ *oder* $\mathscr{E}$ *identifiziert werden.*

11.1.4. Die vorangehenden Betrachtungen haben gezeigt, daß die Räume $(\Sigma)^I$ und $\mathscr{E}$ unter den nuklearen lokalkonvexen Räumen etwa die gleiche Stellung einnehmen, wie die Räume $\mathscr{C}(M)$ unter den normierten Räumen. Deshalb ergibt sich das folgende

PROBLEM. *Lassen sich die nuklearen Räume* $(\Sigma)^I$ *und* $\mathscr{E}$ *abstrakt charakterisieren?*

11.1.5. Da man jeden beliebigen Banachraum als Quotientenraum eines speziellen Banachraumes l_I^1 darstellen kann, erhebt sich die Frage nach einer analogen Aussage innerhalb der Theorie der nuklearen lokalkonvexen Räume. A. Martineau [1] formulierte deshalb das folgende

PROBLEM. *Kann jeder nukleare* (F)*-Raum als Quotientenraum des Folgenraumes* Σ *dargestellt werden?*

11.2. Einbettung in die Produkträume $(\Sigma')^I$

11.2.1. Ein lokalkonvexer Raum E heißt *s-nuklear*, wenn es in ihm ein Fundamentalsystem $\mathfrak{U}_{\mathfrak{F}}(E)$ von Nullumgebungen gibt, das die beiden folgenden äquivalenten Eigenschaften besitzt:

(S') *Zu jeder Nullumgebung* $U \in \mathfrak{U}_{\mathfrak{F}}(E)$ *existiert eine Nullumgebung* $V \in \mathfrak{U}_{\mathfrak{F}}(E)$ *mit* $V \prec U$, *so daß die kanonische Abbildung von* $E(V)$ *auf* $E(U)$ *vom Typus* **s** *ist.*

(S) *Zu jeder Nullumgebung* $U \in \mathfrak{U}_{\mathfrak{F}}(E)$ *existiert eine Nullumgebung* $V \in \mathfrak{U}_{\mathfrak{F}}(E)$ *mit* $V \prec U$, *so daß die kanonische Abbildung von* $E'(U^0)$ *in* $E'(V^0)$ *vom Typus* **s** *ist.*

11.2.2. Selbstverständlich ist jeder s-nukleare lokalkonvexe Raum erst recht nuklear. Andererseits gibt es zahlreiche nukleare lokalkonvexe Räume, die nicht s-nuklear sind. Als Beispiel erwähnen wir den Folgeraum $\sum$ und die zu ihm isomorphen Funktionenräume $\mathscr{E}[-1, +1]$ und $\mathscr{S}$.

Die in 8.6.2 formulierte Aussage liefert direkt das folgende

THEOREM. *Jeder nukleare dualmetrische lokalkonvexe Raum ist sogar-s-nuklear.*

11.2.3. Da die s-Nuklearität die gleichen Permanenzeigenschaften wie die Nuklearität besitzt (vgl. B. S. Brudowskji [1] und A. Martineau [1]), sind mit dem Folgenraum $\sum'$ auch alle I-fachen topologischen Produkte $(\sum')^I$ und ihre linearen Teilräume s-nuklear. Andererseits gilt nach A. Martineau [1] das folgende

THEOREM. *Jeder s-nukleare lokalkonvexe Raum E kann mit einem linearen Teilraum vom* $(\sum')^I$ *identifiziert werden.*

Beweis. Wir betrachten in E ein beliebiges Fundamentalsystem

$$\mathfrak{U}_{\mathfrak{F}}(E) = \{U_i : i \in I\}$$

von Nullumgebungen und bestimmen weitere Nullumgebungen V_i, so daß die kanonischen Abbildungen von $E(V_i)$ auf $E(U_i)$ vom Typus **s** sind. Nach Theorem 8.5.6 gibt es dann Linearformen $a_r^{[i]} \in V_i^0$, Elemente $y_r^{[i]} \in U_i$ und schnell fallende Zahlenfolgen $[\lambda_r^{[i]}, R]$ mit

$$x(U_i) = \sum_R \lambda_r^{[i]} \langle x, a_r^{[i]} \rangle\, y_r^{[i]}(U_i) \quad \text{für} \quad x \in E\,.$$

Folglich gilt

$$P_{u_i}(x) \leqq \sum_R |\lambda_r^{[i]}|\, |\langle x, a_r^{[i]} \rangle|$$

und

$$\sum_R |\langle x, a_r^{[i]} \rangle|\, \varrho_r \leqq P_{v_i}(x) \sum_R \varrho_r$$

Da man die lokalkonvexe Topologie von $\sum'$ aus den Halbnormen

$$p[\xi_r, R] = \sum_R |\xi_r|\, \varrho_r \quad \text{mit} \quad [\varrho_r, R] \in \sum \quad \text{und} \quad \varrho_r \geqq 0$$

erzeugen kann, werden durch den Ansatz

$$K_i\, x = [\langle x, a_r^{[i]} \rangle, R]$$

stetige lineare Abbildungen K_i von E in $\sum'$ definiert, aus denen sich die gesuchte Einbettung K durch Zusammensetzung ergibt:

$$K\, x = [K_i\, x, I]\,.$$

LITERATURVERZEICHNIS

ACHIESER, N. I., und GLASMAN, I. M. — Ахиезер, Н. И., и Глазман, И. М.

[1] Теория линейных операторов в Гильбертовом пространстве, Москва 1950.
Theorie der linearen Operatoren im Hilbert-Raum. 3. Auflage, Berlin 1960 (Übersetzung aus dem Russischen).

AMEMIYA, I. and SHIGA, K.

[1] On tensor products of Banach spaces, Kodai Math. Sem. Report **9** (1957) 161 to 178.

BANACH, S.

[1] Théorie des opérations linéaires, Warschau 1932.

BAUER, H.

[1] Harmonische Räume und ihre Potentialtheorie, Lecture Notes in Mathematics **22**, Berlin–Heidelberg–New York 1966.

BESSAGA, C., und PEŁCZYŃSKI, A. — Бессага, Ч., и Пелчинский, А.

[1] О вложении ядерных пространств в пространство всех дифференцируемых функций на прямой, ДАН СССР (Doklady) **134** (1960) 745—748.
Über die Einbettung von nuklearen Räumen in den Raum der auf der Geraden beliebig oft differenzierbaren Funktionen.

BESSAGA, C., PEŁCZYŃSKI, A. and ROLEWICZ, S.

[1] Approximative dimension of linear topological spaces and some of its applications, Reports of the Conference on Functional Analysis, Warsaw 1960; Studia Math. Seria specjalna **1** (1963) 27—29.

[2] On diametral approximative dimension and linear homogeneity of F-spaces, Bull. Acad. Polon. Sci. **9** (1961) 677—683.

BOGDANOWICZ, W.

[1] A proof of Schwartz's theorem on kernels, Studia Math. **20** (1961) 77—85.

BOURBAKI, N.

[1] Topologie générale, Paris 1940/49.

[2] Algébre multilinéaire, Paris 1948.

[3] Intégration, Paris 1952.

[4] Espaces vectoriels topologiques, Paris 1953/55.

BRUDOWSKJI, B. S. — Брудовский, Б. С.

[1] Ассоциированная ядерная топология, отображения типа s и усилнио ядерные пространства, Д.А.Н. СССР **178** (1968) 271—273.
Die assoziierte nukleare Topologie, Abbildungen vom Typ s und starknukleare Räume.

CHANG, S. H.

[1] On the distribution of the characteristic values and singular values of linear integral equations, Trans. Amer. Math. Soc. **67** (1949) 351—367.

CHEVET, S.

[1] Sur certains produits tensoriels topologiques d'espaces de Banach, C. R. Acad. Sci. Paris **266** (1968) 413—415.

Day, M. M.
[1] Normed linear spaces, Berlin-Göttingen-Heidelberg 1958.

Dragilew, M. M. – Драгилеь, М. М.
[1] Каноническая форма базиса пространства аналитических функций, Усп. мат. наук (Uspechi) **15** (2) (1960) 181—188.
Die kanonische Form der Basis des Raumes der analytischen Funktionen.
[2] О правильных базисах в ядерных пространствах, Мат. сб. **68** (1965) 153—173.
Über reguläre Basen in nuklearen Räumen.

Dunford, N., and Schwartz, J. T.
[1] Linear Operators, New York 1958.

Dvoretzky, A., and Rogers, C. A.
[1] Absolute and unconditional convergence in normed linear spaces, Proc. Nat. Acad. Sci. USA **36** (1950) 192–197.

Dynin, A. S. – Дынин, А. С.
[1] О пространствах, ядерных в различных смыслах, ДАН СССР (Doklady) **121** (1958) 790—792.
Über verschiedene Arten von nuklearen Räumen.
[2] Базисы в ядерных простраствах,
Basen in nuklearen Räumen, Reports of the Conference on Functional Analysis, Warsaw 1960.

Dynin, A. S., and Mitiagin, B. S.
[1] Criterion for nuclearity in terms of approximative dimension, Bull. Acad. Polon. Sci. 8 (1960) 535–540.

Ehrenpreis, L.
[1] On the theorem of kernels of Schwartz, Proc. Amer. Math. Soc. **7** (1956) 713–718.

Eisenberg, L. A. – Айзенберг, Л. А.
[1] О пространствах функций, аналитических в (p, q)-круговых областях, ДАН СССР (Doklady) **136** (1961) 521—524.
Über Räume von analytischen Funktionen auf (p, q)-Kreisgebieten.

Eisenberg, L. A. und Mitiagin, B. S. – Айзенберг, Л. А., и Митягин, Б. С.
[1] Пространство функций, аналитических в кратно-круговых областях, Сиб. мат. Ж. (Sibirisches math. J.) **1** (1960) 153—170.
Der Raum der analytischen Funktionen auf mehrfachen Kreisgebieten.

Erochin, W. D. – Ерохин, В. Д.
[1] Об асимтотике ε-знтропии аналитических функций, ДАН СССР (Doklady) **120** (1958) 949—952.
Über das asymptotische Verhalten der ε-Entropie von analytischen Funktionen.

Fiedler, M., und Pták, V.
[1] Sur la meilleure approximation des transformations linéaires par des transformations de rang prescript, C. R. Acad. Sci. Paris **254** (1962) 3805–3807.

Gask, H.
[1] A proof of Schwartz's kernel theorem, Math. Scand 8 (1960) 327–332.

Gelfand, I. M., und Schilow, G. E. – Гельфанд, И. М. и Шилов, Г. Е.
[1] Обобщенные функции, выпуск 1, 2, Москва 1958.
Verallgemeinerte Funktionen (Distributionen), Band 1, 2, Berlin 1960/62 (Übersetzung aus dem Russischen).

Gelfand, I. M., und Wilenkin, N. J. – Гельфанд, И. М., и Виленкин, Н. Я.
[1] Обобщенные функции, выпуск 4, Москва 1961.
Verallgemeinerte Funktionen (Distributionen), Band 4, Berlin 1964 (Übersetzung aus dem Russischen).

Gelfand, I. M. – Гельфанд, И. М.

[1] О некоторых проблемах функционального анализа, Усп. мат. наук (Uspechi) **11** (6) (1956) 3—12.
Über einige Probleme der Funktionsanalysis.

Grothendieck, A.

[1] Sur une notion de produit tensoriel topologique d'espaces vectoriels topologiques, et une classe remarquable d'espaces vectoriels liées à cette notion, C. R. Acad. Sci. Paris **233** (1951) 1556–1558.

[2] Résumé des résultats essentiels dans la théorie des produits tensoriels topologiques et des espacas nucléaires, Ann. Inst. Fourier **4** (1954) 73–112.

[3] Produits tensoriels topologiques et espaces nucléaires, Memoires Amer. Math. Soc. **16** (1955).

[4] Resultats noveaux dans la théorie des operations linéaires, C. R. Acad. Sci. Paris **239** (1954) 577–579, 607–609.

[5] Résumé de la théorie métrique des produits tensoriels topologiques, Boletim Soc. Mat. Sao Paulo **8** (1956) 1–79.

[6] Sur certains classes de suites dans les espaces de Banach, et le théoréme de Dvoretzky-Rogers, Boletim Soc. Mat. Sao Paulo **8** (1956) 81–110.

[7] Sur certains espaces de fonctions holomorph, J. reine angew. Math. **192** (1953) 35–64, 77–95.

[8] Espaces vectoriels topologiques, Sao Paulo 1954.

Halmos, P. R.

[1] Measure theory, Princeton 1950.

[2] Indroduction to Hilbert spaces and the theory of spectral multiplicity, New York 1951.

Hilbert, D.

[1] Grundzüge einer allgemeinen Theorie der linearen Integralgleichungen, Leipzig 1912.

Hildebrandt, T. H.

[1] On unconditional convergence in normed vector spaces, Bull. Amer. Math. Soc. **46** (1940) 959–962.

Hinrichsen, D.

[1] Randintegrale und nukleare Funktionenräume, Ann. Inst. Fourier **17** (1967) 225 bis 271.

Horn, A.

[1] On the singular values of a product of completely continuous operators, Proc. Nat. Acad. Sci. USA **36** (1950) 374–375.

Kaczmarz, S., und Steinhaus, H.

[1] Theorie der Orthogonalreihen, Warschau 1935.

Kamil, J.

[1] Zwei Charakterisierungen der nuklearen lokalkonvexen Räume, Comment. Math. Univ. Carolinae **8** (1967) 117–128.

Kantorowitsch, L. W., und Akilow, G. P. – Канторович, Л. В., и Акилов, Г. П.

[1] Функциональный анализ в нормированных пространствах, Москва 1959.
Funktionalanalysis in normierten Räumen, Berlin 1964 (Übersetzung aus dem Russischen).

Kelley, J. L.

[1] General topology, Princeton 1955.

Kelley, J. L., and Namioka, I.

[1] Linear topological spaces, Princeton 1963.

Köthe, G., und Toeplitz, O.
[1] Lineare Räume mit unendlich vielen Koordinaten und Ringe unendlicher Matrizen, J. reine angew. Math. **171** (1934) 193–226.
Köthe, G.
[1] Die Stufenräume, eine einfache Klasse linearer vollkommener Räume, Math. Z. **51** (1948) 317–345.
[2] Neubegründung der Theorie der vollkommenen Räume, Math. Nachr. **4** (1951) 70–80.
[3] Dualität in der Funktionentheorie, J. reine angew. Math. **191** (1953) 30–49.
[4] Topologische lineare Räume, Berlin-Göttingen-Heidelberg 1960.

Kolmogorow, A. N. – Колмогоров, А. Н.
[1] О некоторых асимптотических характеристиках вполне ограниченных пространств, ДАН СССР (Doklady) **108** (1956) 385—388.
Über einige asymptotische Charakterisierungen totalbeschränkter (präkompakter) metrischer Räume.
[2] О линейной размерности топологических векторных пространств, ДАН СССР (Doklady) **120** (1958) 239—241.
Über die lineare Dimension topologischer Vektorräume.

Kolmogorow, A. N., und Tichomirow, W. M. – Колмогоров, А. Н., и Тихомиров, В. М.
[1] ε-энтропия и ε-емкость множеств в функциональных пространствах, Усп. матем. наук (Uspechi) **14** (2) (1959) 3—86.
ε-Entropie und ε-Kapazität in Funktionenräumen.
Komūra, Y.
[1] Die Nuklearität der Lösungsräume der Hypoelliptischen Gleichungen, Funkcial. Ekvac. **9** (1966) 313–324.
Komūra, T. und Y.
[1] Über die Einbettung der nuklearen Räume in $(s)^A$, Math. Ann. **162** (1966) 284 bis 288.
Komūra, Y., and Koshi, S.
[1] Nuclear vector lattices, Math. Ann. **163** (1966) 105–110.

Kostjutschenko, A. G., und Mitiagin, B. S. – Костюченко, А. Г., и Митягин., Б. С.
[1] Положительно-определенные функционалы на ядерных пространствах, Труды Моск. мат. об-ва **9** (1960) 283—316.
Positiv definite Funktionen auf nuklearen Räumen.

Krein, M. G., Krasnoselski, M. A., und Milman, D. P. – Крейн, М. Г., Красносельский, М. А., и Мильман, Д. П.
[1] О дефектных числах операторов в Банаховом пространстве и о некоторых геометрических вопросах, Сборник трудов института матем. АН УССР **11** (1948) 97—112.
Über die Defektzahlen von Operatoren in Banachräumen und einige geometrische Fragen.
Lindenstrauss, J., and Pełczyński, A.
[1] Absolutly summing operators between L_p-spaces, Studia Math. **29** (1968) 275 bis 326.
Littlewood, J. E.
[1] On bounded bilinear forms in an infinity of variables, Quart. J. Math. (Oxford) **1** (1930) 164–174.
Loeb, P. A., and Walsh, B.
[1] Nuclearity in axiomatic potential theory, Bull. Amer. Math. Soc. **72** (1966) 685 bis 689.

Mac Phail, M. S.

[1] Absolute and unconditional convergence, Bull. Amer. Math. Soc. **53** (1947) 121–123.

Martinéau, A.

[1] Sur une proprieté universelle de l'espace des distribution de M. Schwartz, C. R. Acad. Sci. Paris **259** (1964) 3162–3164.

Maurin, K.

[1] Abbildungen vom Hilbert-Schmidtschen Typus und ihre Anwendungen, Math. Scand. **9** (1961) 359–371.

Minlos, R. A. – Минлос, Р. А.

[1] Продолжение обобщенного случайного процесса до аддитивной меры, ДАН СССР (Doklady) **119** (1948) 439—442.
Die Fortsetzung eines verallgemeinerten stochastischen Prozesses zu additiven Maßen.

[2] Обобщенные случайные процессы и их продолжение до меры, Турды Моск. матем. об-ва **8** (1959) 497—518.
Verallgemeinerte stochastische Prozesse und ihre Fortsetzung zu Maßen.

Mitiagin, B. S. – Митягин, Б. С.

[1] Ядерность и другие свойства пространств типа S, Труды Моск. мзтем. об-ва **9** (1960) 377—328.
Die Nuklearität und andere Eigenschaften der Räume vom Typus S.

[2] Связь между ε-энтропией, скоростью аппроксимации и ядерностью компакта в линейном пространстве, ДАН СССР (Doklady) **134** (1960) 765—768.
Der Zusammenhang zwischen ε-Entropie, Approximierbarkeit und Nuklearität von kompakten Mengen in einem linearen Raum.

[3] Ядерные шкалы Рисса, ДАН СССР (Doklady) **137** (1961) 519—522.
Nukleare Rieszsche Skalen.

[4] Аппроксимативная размерность и базисы в ядерных пространствах, Усп. матем. наук (Uspechi) **16** (4) (1961) 63—132.
Die approximative Dimension und Basen in nuklearen Räumen.

[5] Замечание о квазиинвариантной мере, Усп. матем. наук **16** (5) (1961) 191—193.
Eine Bemerkung über quasiinvariante Maße.

Moore, E. H.

[1] General analysis II, Memoirs Amer. Phil. Soc. Philadelphia 1939.

Munroe, M. E.

[1] Absolute and unconditional convergence in Banach spaces, Duke Math. J. **13** (1946) 351–365.

Murray, F. J., and Neumann, J. von

[1] On rings of operators, Ann. of Math. **37** (1936) 116–229.

Neumann, J. von

[1] Some matrix inequalities and metrization of matrix-spaces,
Известия НИИ матем. и мех. при Томском университете **1** (1937) 286—300.

Ogradzka, Z.

[1] On simultaneous extension of infinitely differentiable functions, Studia Math. **28** (1967) 193–207.

ORLICZ, W.

[1] Beiträge zur Theorie der Orthogonalreihen II, Studia Math. **1** (1929) 241–255.

[2] Über unbedingte Konvergenz in Funktionenräumen, Studia Math. **4** (1933) 33–37, 41–47.

PEŁCZYŃSKI, A. — Пелчински, А.

[1] On the approximation of S-spaces by finite dimensional spaces, Bull. Acad. Polon. Sic. **5** (1957) 879–881.

[2] Доказательство теоремы Гротендика о характеризации ядерных пространств, Beweis eines Grothendieckschen Theorems über die Charakterisierung der nuklearen Räume, Prace Mat. **7** (1962) 155–167.

[3] A characterization of Hilbert-Schmidt operators, Studia Math. **28** (1967) 355 bis 360.

PEŁCZYŃSKI, A., et SZLENK, W.

[1] Sur l'injection naturelle de l'espace (l) dans l'espaces (l_p), Coll. Math. **10** (1963) 313–323.

PERSSON, A., und PIETSCH, A.

[1] p-nukleare und p-integrale Abbildungen in Banachräumen, Studia Math. **33** (1969) 19–62.

PETTIS, B. J.

[1] On integration in vector spaces, Trans. Amer. Math. Soc. **44** (1938) 277–304.

PIETSCH, A.

[1] Unbedingte und absolute Summierbarkeit in F-Räumen, Math. Nachr. **23** (1961) 215–222.

[2] Eine neue Charakterisierung der nuklearen lokalkonvexen Räume, Monatsberichte Dt. Akad. Wiss. **4** (1962) 325–329.

[3] Eine neue Charakterisierung der nuklearen lokalkonvexen Räume, Math. Nachr. **25** (1963) 31–36, 51–58.

[4] Absolut summierende Abbildungen in lokalkonvexen Räumen, Math. Nachr. **27** (1963) 77–103.

[5] Einige neue Klassen von kompakten linearen Abbildungen, Revue de Math. pures et appl. (Bukarest) 8 (1963) 427–447.

[6] Zur Theorie der topologischen Tensorprodukte, Math. Nachr. **25** (1963) 19–31.

[7] Verallgemeinerte vollkommene Folgenräume, Berlin 1962.

[8] Quasinukleare Abbildungen in normierten Räumen, Math. Ann. **165** (1966) 76 bis 90.

[9] Absolute Summierbarkeit in Vektorverbänden, Math. Nachr. **26** (1963) 15–23.

[10] Über die Erzeugung von (F)-Räumen durch selbstadjundierte Operatoren, Math. Ann. **164** (1966) 219–224.

[11] Nukleare Funktionenräume, Math. Nachr. **33** (1967) 377–384.

[12] (F)-Räume mit absoluter Basis, Studia Math. **26** (1966) 233–238.

[13] Absolut p-summierende Abbildungen in normierten Räumen, Studia Math. 28 (1967) 333–353.

[14] Hilbert-Schmidt-Abbildungen in Banach-Räumen, Math. Nachr. **37** (1968) 237 bis 245.

[15] Ideale von Operatoren in Banachräumen, Mitteilungen der MGdDDR 1968, 1–13.

PIETSCH, A., und TRIEBEL, H.

[1] Interpolationstheorie für Banachideale von beschränkten linearen Operatoren, **31** (1968) 203–217.

RHAM, G. DE
[1] Variétés différentiables, Paris 1955.

RAIKOW, D. A. – Райков, Д. А.
[1] Об одном свойстве ядерных пространств, Усп. матем. наук (Uspechi) **12** (5) (1957 (231—236.
Über eine Eigenschaft der nuklearen Räume.

ROLEWICZ, S. – Ролевич, С.
[1] Remarks on linear metric Montel spaces, Bull. Acad. Polon. Sci. **7** (1959) 195–197.
[2] Об изоморфизме и аппроксимативной размерности пространств голоморфных функций, ДАН СССР (Doklady) **133** (1960) 32—33.
Über die Isomorphie und die approximative Dimension von Räumen analytischer Funktionen.
[3] On spaces of holomorphic functions, Studia Math. **21** (1962) 135–160.

RUSTON, A. F.
[1] On the Fredholm theory of integral equations for operators belonging to the trace class of a general Banach space, Proc. London Math. Soc. (2) **53** (1951) 109–124.
[2] Direct products of Banach spaces and linear functional equations, Proc. London Math. Soc. (3), **1** (1951) 327–384.

RUTOVITZ, D.
[1] Absolute and unconditional convergence in normed linear spaces, Proc. Cambridge Phil. Soc. **58** (1962) 575–579.

SAPHAR, P.
[1] Applications à puissance nucléaire et applications de Hilbert-Schmidt dans le espaces de Banach, Ann. l'école norm. sup. **3**. série **83** (1966) 113–151.
[2] Produits tensoriels topologiques et classes d'applications linéaires, C. R. Acad. Sci. Paris **266** (1968) 526–528.
[3] Comparaison de normes sur des produits tensoriels d'espaces de Banach. Applications. C. R. Acad. Sci. Paris **266** (1968) 809–811.

SASONOW, W. – Сазонов, В.
[1] Замечание о характеристических функционалах, Теория вероятностей и ее применения **3** (1958) 201—205.
Eine Bemerkung über charakteristische Funktionale.

SCHAEFER, H. H.
[1] Topological vector spaces, New York 1965.

SCHATTEN, R.
[1] On the direct product of Banach spaces, Trans. Amer. Math. Soc. **53** (1943) 516 to 541.
[2] The cross-space of linear transformations I, Ann. of Math. **47** (1946) 73–84.
[3] A theory of cross-spaces, Princeton 1950.
[4] Norm ideals of completely continuous operators, Berlin-Göttingen-Heidelberg 1960.

SCHATTEN, R., and NEUMANN, J. VON
[1] The cross-space of linear transformations II, III, Ann. of Math. **47** (1946) 608–630; **49** (1948) 557–582.

SCHMIDT, E.
[1] Zur Theorie der linearen und nicht linearen Integralgleichungen, Math. Ann. **63** (1907) 433–476; **64** (1907) 161–174.

SCHWARTZ, L.
[1] Théorie des noyaux, Proc. Intern. Congr. of Math. Cambridge Mass. Vol. **1** (1950) 220–230.
[2] Théorie des distributions, Paris 1950/51.
[3] Espaces de fonctions différentiables à valeurs vectorielles, J. d'Analyse Math. **4** (1954/55) 88–148.
[4] Théorie des distributions à valeurs vectorielles, Ann. Inst. Fourier **7** (1957) 1–141; **8** (1958) 1–209.
[5] (Séminaire) Produits tensoriels topologiques d'espaces vectoriels topologiques. Espaces vectoriels topologiques nucléaires. Applications, Paris 1953/54.
[6] Mesures de Radon sur des espaces topologiques arbitraires (Vorlesungsausarbeitung) Paris 1964/65.

SINGER, I.
[1] Sur les applications linéaires integrales des espaces de fonctions continues, Revue de Math. pures appl. (Bukarest) **4** (1959) 391–401.

SUDAKOW, W. N. – Судаков, В. Н.
[1] Линейные множества с квазиинвариантной мерой, ДАН СССР (Doklady) **127** (1959) 524—525.
Lineare Mengen mit quasiinvariantem Maß.

TANAKA, S.
[1] ε-Entropie of subsets of the spaces of solutions of certain partial differential equations, J. of Math. Kyoto Univ. **6** (1967) 313–322.

TICHOMIROW, B. M. – Тихомиров, В. М.
[1] Об n-мерных поперечниках компактов, ДАН СССР (Doklady) **130** (1960) 734—737.
Über die n-dimensionalen Durchmesser von kompakten Mengen.
[2] Поперечники множеств в функцональных пространствах и теория наилучших приближений, Усп. матем. наук (Uspechi) **15** (3) (1960) 81—120.
Durchmesser von Mengen in Funktionalräumen und die Theorie der besten Approximation.

TILLMANN, H. G.
[1] Dualität in der Potentialtheorie, Portugal. Math. **13** (1954) 55–86.

TOEPLITZ, O.
[1] Die linearen vollkommenen Räume der Funktionentheorie, Comm. math. Helvetici **23** (1949) 222–242.

TREVES, F.
[1] Topological vector spaces, distributions and kernels, New York – London 1967.

TRIEBEL, H.
[1] Erzeugung nuklearer lokalkonvexer Räume durch singuläre Differentialoperatoren zweiter Ordnung, Math. Ann. **174** (1967) 163–176.
[2] Erzeugung des nuklearen lokalkonvexen Raumes $C^\infty(\overline{\Omega})$ durch elliptische Differentialoperatoren zweiter Ordnung, Math. Ann. **177** (1968) 247–264.

UMEMURA, Y.
[1] Measures on infinite dimensional vector spaces, Pub. Res. Inst. Math. Sci., Kyoto Univ. Ser. A, **1** (1965).

WALSH, B.
[1] On Characterizing Köthe Sequence Spaces as Vector Lattices, Math. Ann. **175** (1968) 253–256.

WEYL, H.
[1] Inequalities between the two kinds of eigenvalues of a linear transformation, Proc. Nat. Acad. Sci. USA **35** (1949) 408–411.

WILDE, M. DE
[1] Espaces de fonctions à valeurs dans un espace linéaires à semi-normes, Memoires Soc. R. Sc. de Liégé **12**, 2 (1966).
[2] Sur les operateurs prènucléaires et integraux, Bull. Soc. R. de Liége **35** (1966) 22–39.

WŁOKA, J.
[1] Kernel functions and nuclear spaces, Bull. Amer. Math. Soc. **71** (1965) 720–723.
[2] Reproduzierende Kerne und nukleare Räume, Math. Ann. **163** (1966) 167–188; **172** (1967) 79–93.
[3] Nukleare Räume aus M. K.-Funktionen, Math. Z. **92** (1966) 295–306.

WOJTYŃSKI, W.
[1] On Bases on Certain Countably Hilbert Spaces, Bull. Acad. Polon. Sci. **14** (1966) 681–684.

SACHVERZEICHNIS

SYMBOLVERZEICHNIS

Bei Fragen zur Produktsicherheit wenden Sie sich bitte an:
If you have any questions regarding product safety,
please contact:

Walter de Gruyter GmbH
Genthiner Straße 13
10785 Berlin
productsafety@degruyterbrill.com